현대과학으로 풀어낸

精·氣·神

도영진 지음

지식산업사

현대과학으로 풀어낸 精·氣·神

초판 1쇄 발행   2002. 3. 10
초판 1쇄 인쇄   2002. 3. 15

지은이   도영진
펴낸이   김경희
펴낸곳   (주)지식산업사
　　　　서울시 종로구 통의동 35-18
　　　　전화(02)734-1978(대) 팩스(02)720-7900
　　　　홈페이지 www.jisik.co.kr
　　　　e-mail   jsp@jisik.co.kr
　　　　　　　　 jisikco@chollian.net
　　　　등록번호 1-363
　　　　등록날짜 1969. 5. 8

책값   15,000원

ⓒ 도영진. 2002
ISBN 89-423-8031-X   03400

이 책을 읽고 지은이에게 문의하고자 하는 이는
지식산업사 e-mail로 연락 바랍니다.

머리말

서두르지 말고

천천히 읽어나가

사람과 만물에 깃든

생명의 비밀을

바라볼 수 있는

눈을 떠서

당신이

행복해지기를

바랍니다.

차 례

머리말 / 3

1. 들어가는 이야기 ― 삶은 자연이다 / 7

2. 생활 속의 신 / 31

3. 뇌사를 어떻게 봐야 하는가? / 39

4. 창 조 / 47
　　제 1 절 딸우주의 생성과 소멸 / 47
　　제 2 절 2차 생기를 찾아서 / 59

5. 에너지 밀도체 / 73
　　제 1 절 현대과학과 만나다 / 73
　　제 2 절 물질과 에너지의 탄생 / 75
　　제 3 절 에너지체와 에너지 밀도체의 기본적 성질 / 78
　　제 4 절 에너지 밀도체와 정·기·신 / 82
　　제 5 절 에너지 밀도체와 지구 위의 물의 비유 / 85

6. 기본입자의 에너지 밀도체 구조 / 89

7. 물질과 반물질 / 99
　　제 1 절 물질과 반물질 / 99
　　제 2 절 물질과 반물질에 대한 에너지 밀도체적 견해 / 101

8. 쿼크·양성자·중성자 / 109

　제 1 절 쿼크 / 109

　제 2 절 쿼크의 에너지 밀도체적 해석 / 111

　제 3 절 양성자의 에너지 밀도체적 해석 / 114

　제 4 절 물질과 에너지에 대한 인식의 비유 / 119

　제 5 절 중성자와 메존의 에너지 밀도체적 해석 / 122

9. 랩톤과 질량 / 125

　제 1 절 랩톤 / 125

　제 2 절 질량과 에너지 밀도체의 밀도 / 133

10. 에너지체(에너지)와 질량 / 137

　제 1 절 입자의 붕괴 / 137

　제 2 절 에너지 밀도체의 밀도와 질량 / 140

11. 뉴트리노·광자 / 149

　제 1 절 뉴트리노 / 149

　제 2 절 광자 / 158

12. 상호작용과 에너지체 이동 / 165

　제 1 절 상호작용 / 165

　제 2 절 에너지체의 이동 / 169

13. 강　력 / 177

　제 1 절 강력 / 177

　제 2 절 글루온 / 184

　제 3 절 색중립의 의미 / 190

　제 4 절 하드론과 하드론의 결합 / 196

14. 약　력 / 205

　제 1 절 약력 / 205

　제 2 절 하이젠베르그의 불확정성 원리 / 210

제 3 절 파울리의 배타율 / 215

15. 우라늄 원자핵의 붕괴 / 221

16. 에너지 밀도체 장벽 / 229

17. 전자기력 / 239

18. 중　력 / 243

19. 물질대사를 통한 기의 변화 / 247

20. 신의 존재에 대한 인식 / 265

21. 신의 원리 / 269

22. 생명체 균형식 / 279

23. 인간의 신 / 285

24. 신과 의식 또는 사고작용의 경계 / 307

25. 기수련 원리 / 311
　　제 1 절 생기 / 311
　　제 2 절 진기 / 318
　　제 3 절 총절대생존의지 등량곡선 / 325
　　제 4 절 생기의 진기 한계대체율 / 328
　　제 5 절 최적의 진기량 산출 / 336

26. 무념무상의 의미 / 343

27. 문명과 타생명체 / 349

1 들어가는 이야기 ─ 삶은 자연이다.

바람을
본 사람이
있는가?

그러면
흔들리는 대나무는
무엇 때문인가?

우리들의 몸속에도
이 바람은
불고 있는가?

이야기는
여기서 출발한다.

보이지는 않지만
존재하는 실체를 찾아서
사고의 여행을 떠나보자.

이정 '바람에 날리는 대나무'

사람의 몸은 정(精)과 기(氣)와 신(神)으로 이루어져 있다.

정은 피와 살이요, 기는 움직이게 하는 힘이요, 신은 의지이다.

사람은 육체(정)를 가지고, 의미(목적) 있는 말(신)을 하며 살아 움직인다(기). 이 셋은 서로 통하면서 하나로 작용한다.

지금 여기에 달리고 있는 자동차 한 대가 있다고 하자.

이때 자동차의 차체는 정이라 할 수 있고, 자동차를 달리게 하는 힘은 기라 할 수 있고, 이 자동차가 달리는 속도는 신이라 할 수 있다.

기는 신에 따라 정을 움직인다.

신은 기를 통하여 정을 변화시킨다.

정은 신의 지배를 받아 기를 생성·소멸한다.

형태를 가지고 있는 모든 생명체는 이 세 가지 모습(양태)을 동시에 갖추어 존재한다.

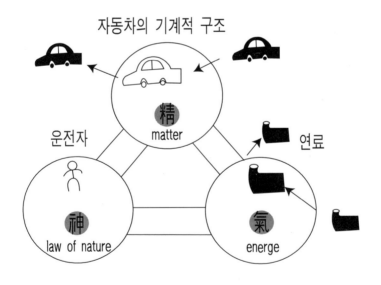

〔그림 1-1〕

화력발전소의 석탄은 정이요, 석탄이 타서 만들어진 전기가 다시 화력발전소를 가동시킬 때 전기는 기요, 석탄을 전기로 전환시키는 화력발전소의 시스템은 신이다. 이것들 가운데 어느 한 요소라도 없으면 더 이상 발전소로 볼 수 없다.

컴퓨터의 몸체(Hardware)는 정이요, 회로를 통해 흐르는 전류는 기요, 운용되는 프로그램은 신이다. 모든 인간의 인체구조는 같음에도 각각의 인간이 다르다고 말할 수 있는 것은 각자의 신(2차 사고작용, 의식)이 다르기 때문이다.

어떤 프로그램이 작동되는가(컴퓨터의 하드에 어떤 신호들이 입력되어 있는가)에 따라 컴퓨터의 기능이 달라지는 것과 같은 이치다. 컴퓨터의 프로그램은 그것을 만든 사람의 의지대로 작동될 때만 사용되며, 그렇지 못할 때는 폐기 처분된다.

마찬가지로 인간의 정 또한 그것을 있게 한 의지(신)를 따르지 못할 때는 더 이상 존재할 수 없다. 죽게 된다는 것이다.

수정(受精)과 동시에 신은 작용한다. 모태(자궁) 속의 태아는 생존을 위해 스스로 모체로부터 영양분을 흡수한다. 따라서 신은 어머니의 태 속에서부터 있었고 부모에게서 기원한다. 결국 조상으로부터 왔고 태초의 생명체에서 시작했다.

처음의 생명체는 태양과 지구와 달이 만든 우연으로 탄생했다. 따라서 생명체의 신은 우연히 이루어진 우주(태양계)의 질서(조화)가 그대로 생명체에 드리워진 현상이다.

결국 생명을 구성하는 정·기·신은 자연의 산물이며, 인간은 자연으로부터 온 것이다. 따라서 정·기·신은 자연의 원리에 따른다. 그러므로 인간을 비롯한 모든 생명체는 하나의 소우주(小宇宙)다.

부처의 '천상천하 유아독존(天上天下 唯我獨尊)', 예수의 '내가 바로 하느님', 최제우의 '인내천(人乃天)'과 같은 말들은, 생명체의 신이 가진 우주적 속성을 깊이 자각한 자라면 누구나 도달할 수밖에 없는 당연한 결론들이다. 이것은 '이 시점 이 우주 속에 존재하는 자신'을 이해한 이들의 공통적인 깨달음이다.

생명체가 정·기·신으로 구성되었다는 것은, 또 다른 하나의 생명체인 사람의 정자(精子) 역시 정·기·신으로 이루어져 있다는 것을 의미한다.

정자는 현미경으로 볼 수 있다. 그러므로 정자는 정으로 이루어져 있다.

정자는 스스로 움직인다. 그러므로 정자는 기를 가지고 있다.

정자의 움직임에는 수정을 하여 계속 생명을 유지하려는 목적(의지)이 있다. 그러므로 정자는 신을 가지고 있다.

인간의 출발점인 정자의 운동은 신의 본질이 무엇인가를 보여주고 있다.

결론부터 말하면, 신이란 생명체의 생존하려는 의지다.

생명체의 몸속에서 만들어진 또 하나의 생명체인 정자는 엄연히 살아 있는 존재다. 다만 그 크기가 작고, 기거하는 장소가 모체의 몸속인 것뿐이다. 정자는 난자와 수정하지 못하면 단 며칠밖에 살 수 없다는 것을 알고 있다. 그래서 그것은 생겨난 그 순간부터 모체의 몸 밖으로 나가 난자와 만나고자 하는 것이다.

"성인 남자가 가진 사정(射精)의 욕구는 단순한 생리적 현상이다"라는 말로 덮어버린다면, 이는 그 속에 숨어 있는 큰 진실을 간과하는 잘못을 범하는 것이다.

"성숙한 수컷이 암컷과 교미하는 것은, 종족을 보존하려는 수컷 자신의 욕구에 따른 행위이다"라고 말하는 것은, 표면적인 이유를 말하는 것일 뿐이며 더 근본적인 이유는 따로 있다. 바로 생존하려는 정자의 의지, 즉 정자에 작용하는 신 때문이다. 그래서 그들은 그토록 암컷의 몸속에 있는 난자와 만나고 싶어하는 것이다. 그래야만 살 수 있으므로……

수많은 정자들의 한결같은 생존의지는 모체의 기를 도구로 삼아, 모체의 정의 메커니즘을 변화시켜 사정의 추진력을 확보했다. 이것은 정·기·신이 서로 통하고 있으며, 생명체에 작용하고 있는 신은 개체를 초월하여 모든 생명체에 공통한 것임을 보여준다. 그래서 지구 위에 존재하는 모든 생명체들 사이에는 보이지 않는 질서가 부여되고 있으며, 이 질서에 따라 생명체 하나하나의 삶과 죽음이 일정한 조율 속에서 반복되고 있다.

생명체와 생명체 사이의 연결 고리는 신이다. 인간도 이 질서 속에서만 존재할 수 있으며, 인간이 이 고리를 자의적으로 끊어서는 안 된다. 다시 한번 말하지만 생명체에 작용하는 신은 정을 변화시킬 수 있다. 감정에 따른 호르몬의 변화가 이를 말해준다. 그래서 의사들은 환자들에게 먼저 "회복될 수 있다는 믿음을 가지고 치료를 받으세요"라고 말하는 것이다.

정자는 수많은 경쟁자들을 물리치고 나서야 난자와 결합할 수 있다. 생명체가 아무런 활동을 하지 않아도 계속해서 살 수 있다면, 생명체에게 신이라는 것이 나타나지는 않았을 것이다. 생명체는 살기 위해 노력해야만 살 수 있도록 되어 있다. 이것은 이 우주(지구)에 존재하는 모든 생명체가 마주쳐야만 하는 공통의 운명이다. 생명체가 지니고 있는 태생적 한계인 것이다.

다시 말하면 생명체는 생존의지인 신이라는 속성을 태생적으로 지니게 된 것이다. 결국 생명체에 이러한 신을 지니게 한 것은 생명체를 만들고 그 속에서 살게 하는 우주(자연)다.

신은 우주작용이 생명체에 부여한 하나의 특징이다. 신은 인간뿐만 아니라 동물과 식물 모두에게 적용되는 공통의 원리이다.

사람의 신은 정자 상태일 때부터 존재한다. 정자와 난자의 수명은 짧다. 그러나 일단 수정되면 그 수명은 자연사하는 인간의 수명까지 연장된다. 정자는 수정되기 전까지는 단지 하나의 생명체로서 존재했지만 일단 수정되면 그때부터는 우리와 같은 인간인 것이다. 그 전까지는 짧은 시간만 생존할 수 있었던 생명체가 이제는 긴 시간 자신의 생명을 유지할 수 있게 되었다. 살아남으려는 정자의 의지가 자신의 정을 변화시킨 것이다.

　사람의 경우, 어머니의 모태(자궁) 속에서 열 달을 살고 나서 자궁 밖에서 60년 넘게 사는 생명체로 그 존재형식을 달리했지만, 살아남고자 하는 정자와 난자의 본질은 그대로 유지되고 있다. 정자와 난자에 작용하는 신은, 인간으로 존재형식을 달리한 때에도 여전히 작용한다는 의미이다.

　사람의 일생은 태어남과 동시에 시작되는 것이 아니라 수정과 동시에 시작된 것이다. 왜냐하면 수정이라는 사건을 통해, 정자라는 생물체의 정에서 사람이라는 생물체의 정으로 탈바꿈하기 때문이다. 따라서 자궁 속에 있는 생명체는 살아 있는 인간인 것이다.

　그러므로 일부러 유산을 하는 짓은 살인행위다. 만약 산부인과 의사가 유산수술을 했다면, 그는 돈을 받고 살인을 대행해 주는 살인청부업자가 된 것이다. 인간 존중의 출발은 이 낙태 문제에서부터 시작해야 한다.

　예를 들어 직장에 다니는 한 여성이 있다고 하자. 이 여성의 남편은 실직자이며 이들 부부는 여성이 직장에서 받는 급여만으로 생활하고 있다. 이런 경우 여성은 출산과 육아 때문에 직장을 잃는 것을 원치 않을 것이다. 직장을 잃는 것은 자신의 생존에 중대한 위협이 될 수 있기 때문이다. 이런 관점에서 보면 낙태행위 또한 모체의 생존의지의 한 표현이다. 낙태를 하는 사람은 모체 자신의 생존(아름다운 외모, 직장의 유지 등)이 더 중요하다고 보고 있는 것이다.

　그러나 이것은 대부분 모체의 지나친 생존의지이다. 사자가 굶주림을 면하기 위해 토끼를 죽이는 것과는 차원이 다른 문제이다.

　인간의 생존의지는 대뇌를 거치면서 즉, 2차 사고 과정을 거치면서 지나치게 증폭되고 있다. 그 결과 욕심이라는 것이 생기며, 이것이 비극의 근원이 되고 있다.

　모체의 자궁 속에서 살고 있는 인간이 지금 이 순간 직접적으로 모체의 생존을 위협하지 않고 있음에도, 그 생명체를 제거하는 것은 배부른 사자가 장난삼아 토끼를 죽이는 행위와 같다 할 것이다. 대부분의 낙태행위는 모체 자신의 지나친 생존의지 때문이다. 자신의 몸속에 있는 생명체가 모체의 생존을 방해할 것이라는 모체의 2차 사고작용 때문에 그 방해물(태아)을 제거하게 되는 것이다. 모체의 당연한 생존의지가 대뇌를 거치면서 왜곡되어 버렸다.

그러나, 이 때문에 그 궁극원인이라 할 모체의 생존의지인 신이 잘못되었다고 말할 수는 없다. 모체가 자신의 생존이 우선이라고 생각하는 이상 낙태하지 않을 수 없다. 다시 말해 자신의 생존을 위해서는 살인할 수 있다는 것이다. 인간사회에서 벌어지는 살인은 이미 여기서부터 시작되고 있는 것이다. 낙태는 마치 전쟁터에서 적을 죽이는 살인이 정당화되는 것과 비슷하게 사회와 법이 묵인해 주고 있다. 왜냐하면 우리 모두가 다 함께 생존의지가 왜곡된 상태가 되어버렸기 때문이다. 이러한 상태가 계속된다면 생명체의 고유한 속성인 신과 인간의 2차 사고작용은 분리될 것이다. 즉, 인간은 더 이상 고유한 의미의 생명체로 볼 수 없는 상태에 도달할 것이다.

이와 같은 상태가 고도로 진행되면, 끝내는 인간에게 삶과 죽음의 문제가 없어질지도 모른다. 다시 말해 기계인간의 상태가 되는 것이다. 대뇌에 입력된 대로 움직이는 인간 로봇이 되는 것이다. 자연으로부터 주어진 생명체 고유의 생존의지가 더 이상 작용하지 않기 때문이다.

자신이 살기 위해 다른 생명체를 스스로의 의지로 죽이고 있는 지금의 이 상태가 차라리 생명체로서 참다운 인간의 모습이다. 인간의 의사결정을 컴퓨터가 계산해 준 수학적 통계를 근거로 행하며, 이를 매우 합리적인 것으로 인정하는 현대의 보편화된 사고방식은 결국 인간의식의 상실이라는 종착역에 도달할 것이다.

대뇌를 사용하여 고민해야 할 것은 "어떻게 하는 것이 진정으로 사는 길인가?" 즉, 자신의 생존의지를 진정으로 실현하는 길이 무엇인가이다. 인간을 제외한 다른 생명체(2차 사고기능이 발달하지 않은 생명체)들을 둘러보면 그들은 뱃속에 있는 자신의 새끼를 스스로 죽이는 경우란 없다. 이것은 생명체가 자연으로부터 부여받은 속성이 무엇인가를 우리에게 알려주고 있다.

모체가 자신의 자궁 속에 있는 생명체를 죽이고 살리는 것은 모체 스스로 결정할 문제이다. 그럼에도 낙태는 분명 살인행위다. 이것은 임신에 대한 지식을 가진 인간의식이 만들어낸 신의 증폭현상이다. 분명 알아야 할 것은 자궁 속에 있는 생명체 또한 살려고 발버둥치다 죽어간다는 것이다. 뒤에 다시 이야기하겠지만 자신의 자궁 속에 있는 생명체는 바로 자기 자신이다. 낙태행위는 자기 자신이 스스로를 죽이는 행위라고 말할 수 있다.

반면에 임신을 즐거워하는 모체는 자궁 속에 있는 생명체가 여러모로 자신을 더욱더 잘 생존시켜 줄 것이라고 생각한다. 그래서 임신을 즐거워하고 임신을 희망하는 것이다. 이 모체에게 임신은 자신의 생존의지의 또 다른 실현인 것이다. 사랑하는 사람의 아이를 낳고 싶다는 것은, 생존의지가 대뇌를 통해 증폭된 2차 사고에 따른 겉으로 드러난 이유에 지나지 않는다. 더 근본적인 이유는 모체 자신이 생존에 대한 안정을 보장받으려는 데 있다.

모체가 늙고 병들면 그 자식이 부모를 공양한다. 요즘은 사회의 의식구조가 달라져 자신의 노후대비를 자식에게 의존하지 않고 스스로 해결하는 추세다. 그 이유는 자식이 자신의 노후를 보장해 주지 않을 것이란 불안 때문이다. 그럼에도 자식이 없는 것보다는 있는 것이 장차 자신의 생존에 더 유리할 것이라고 보기 때문에 임신을 기뻐하는 것이다. 부모의 자식사랑은 주기만 하는 희생적인 것이 아니다. 감추어진 밑바닥에는 그 보상(자신의 생존에 대한 보장)을 기대하고 있다. 부모이기 이전에 하나의 생명체이기 때문에 그 보상에 대한 기대는 지극히 당연한 것이다.

그래서 태어난 자식이 말을 알아듣는 그 순간부터 훗날 자신의 생존을 조금이라도 더 보장받기 위하여 온갖 방법을 동원하여 부모에게 효도하라고 가르치고 있다. 그리고 자식의 성공을 위해 아낌없이 투자한다. 왜냐하면 의식의 밑바닥(신)에는 자식의 성공은 곧 자신의 생존에 도움이 된다고 보기 때문이다.

신은, 인간사회에 존재하는 도덕적 윤리 속에 이렇게 그 모습을 감추고 있다. 정확히 말해서 생존의지가 대뇌를 거치면서, 그 생존 목적을 달성하려는 수단으로 도덕이나 윤리 같은 고상해 보이는 것들을 만들어내고 있다는 것이다. 따라서 도덕이나 윤리는 인간의 신의 한 표현에 지나지 않는다. 이들 도덕과 윤리는 인간에 작용하는 신이 정(대뇌)을 도구로 하여 만들어낸 매우 고상해 보이는 하나의 포장물일 뿐이다. 사상·문명 등과 같은 인간의 정신활동의 내용이란, 인간의 신이 의식(2차 사고작용)을 통해 만들어낸 산물이며, 의식은 인간의 대뇌(정) 구조의 특이함 때문에 생긴 현상이다.

종소리를 들을 때마다 먹이를 공급받는 개는 먹이가 있든 없든 종소리만 들리면 침을 흘린다는 개의 조건반사 실험은, 생명체의 신이 어떤 과정을 거쳐 정에 영향을 미치는가를 단적으로 보여주는 실험이다. 먹이를 먹으려는 개의 욕구, 즉 개의 생존의지가 개의 신체(정)에 어떤 변화를 불러일으킨 것이다.

새들이 날개가 발달한 것은 새 조상의 날고자 한 의지가 다른 종류의 동물들보다 더 강했기 때문이고, 그 당시 그를 둘러싸고 있던 환경에서 자신의 생존에 가장 절실히 필요했던 수단은 바로 하늘을 나는 것이었을 것이다. 하늘을 날고자 한 새의 의지는 새의 정의 메커니즘에 변화를 일으켜 날개를 발달시킨 것이다. 마찬가지 이유로 인간의 조상은 대뇌를 발달시킨 것뿐이다.

모든 생명체의 정·기·신은 서로 통하고 있다.

물질(질량)과 에너지에 대한 유명한 공식 $E=mc^2$은 무생명체에게만 적용되는 것은 아니다. 정·기·신의 관계를 이해하는 데 E= mc^2을 적용할 수 있는 근거는, 생명체는 자연인 무생명체로부터 창조되었으므로 궁극적으로 자연의 법칙에서 벗어날 수는 없기 때문이다. 마찬가지로 인간의 몸도 자연계에 존재하는 몇 가지 원소들로 구성되어 있기 때문에, 이 공식을 인간을 비롯한 모든 생명체에게 적용할 수 있는 것이다.

$$E = mc^2$$

위의 공식은 아래와 같이 생명체에 적용되는 것으로 본다.(단 아래의 수학적 표현은 E=mc^2의 물리적 의미를 초월하고 있음을 유의해야 한다).

$$기 = 정 \times 신^2$$
$$= 정 \times 생존의지^2$$

물질을 수단으로 하는 인간의 과학기술은, 정과 기의 어떤 한 순간만을 포착하여 설명할 수 있을 뿐이며, 신은 직접 설명하지 못한다. 숲속에 들어가면 나무 한 그루는 자세히 살펴볼 수 있으나 숲 전체는 볼 수 없는 것처럼, 생명체의 신의 현상은 물질을 다루는 과학기술로는 규명할 수 없는 것이다. 달리는 자동차에서 나타나는 속도처럼 생명체에 나타나는 신은 눈에 보이는 것이 아니다.

속도의 변화가 자동차 자체에 영향을 끼치듯이―예를 들어 바퀴의 회전속도가 빨라지는 것처럼―신의 변화는 생명체의 기와 정에 영향을 끼친다. 우리는 달리는 자동차의 움직임을 속도라는 보이지 않는 개념을 사용하여 이해하듯이, 생명체가 존재하고 있는 모습들을 신이라는 보이지 않는 개념을 사용하여 이해해야 한다는 것이다.

이것은 과학적 사실을 철학적으로 해석할 때만이 진정한 앎을 달성할 수 있다는 것을 의미한다. 오늘날 철학적 해석이 병행되지 않는 과학의 진보가, 인간을 비롯한 모든 다른 생명체들을 얼마나 위협하고 있는가에 대한 증거는 곳곳에서 드러나고 있다. 여기에는 자연과학의 진보만이 아니라 경제학과 같은 사회과학의 잘못된 논리(황금만능의 자본주의 원리에 기초한 경제논리)도 한몫을 하였다. 인간의 한정되고 불완전 학문적 논리가 자연의 질서 위에 군림하게 된 것이 현대의 비극이며, 더 심각한 것은 이러한 비극을 누구도 지적하지 않으려 하며 오히려 상을 줌으로써 그러한 것이 최고의 가치인 양 치켜세우고 있다는 사실이다.

다시 말해 사람들이 자연의 질서에 따라 살려 하지 않고, 인간 스스로 만든 논리에 따라 살려 한다는 것이다. 쉽게 이야기해서 도덕 위에 성문화한 법이 군림하게 되었다는 것이다. 우리 모두가 알다시피 인간의 머리에서 나온 성문화한 법들이 얼마나 불완전한 것들인가? 국회의원들이 그 법을 만든다고 하는데, 그들이 얼마나 불안정한 영혼의 소유자들인가? 그들이 만든 법에 따라 우리들의 삶이 얼마나 불평등한 차별을 받고 있는가?

우리들 인간에게 신의 지나친 증폭현상은 언제까지 계속될 것인가? 인간의 생존은 자연 속에서만 가능하다는 것을 언제 사람들이 깨닫게 될 것인가!

열 사람이 있고 열 개의 사과가 있는데 왜 한 사람이 열 개의 사과를 독차지하려 할까?

우리가 무엇을 잘못 생각하고 있기에 이런 현상이 일어나고 있는지, 이를 탐구하는 것이 이 글의 궁극적 목표다.

생명체가 외부 환경에 대해 한순간도 쉬지 않고 물리·화학적으로 반응할 때, 그 결과들이 신호로 생명체 내부에 쌓임으로써 생명체에서 일어나는 기적!

물질계의 차원을 넘어선 완전히 새로운 존재방식으로 실존하는 것. 인간이 사용하는 말로 표현하면 '의지'이다. 하느님의 의지, 나무의 의지, 박테리아의 의지, 당신 자신의 의지, 당신 친구의 의지……

생명체의 신을 규명한다는 것은 바로 "모든 생명체가 어떤 원리로 자신의 의지를 형성하는가"와 "정과 기는 어떤 메커니즘으로 상호작용하고 있는가"를 알아보는 것이다.

생명체가 외부 환경에 반응하는 데는 두 가지 양상이 있다. 생명체의 이러한 독특한 반응 양상이 바로 신의 현상을 만들어내는 원인이다.

그 하나는 저량(stock) 개념이다.(수없이 많이 그리고 매우 빠른 속도로 자극에 반응한 신호들이 생명체 안에 물질의 형태로 저장된다는 것임).

이것은 정지된 장면들이 빠른 속도로 연결될 때 움직이는 영상이 되는 현상과 같다. 영사기의 회전속도가 0이 되는 순간 영화는 정지되고 움직임은 사라진다. 정지된 장면 한장 한장을 보고는 영화 전체의 내용을 알 수 없다. 장면 한장 한장들이 쌓여서 그것이 빠른 속도로 움직일 때, 비로소 전체적으로 어떤 내용을 가진 영화를 이루는 것이다. 나무 한그루 한그루가 모이면 숲이라는 전혀 새로운 존재방식을 가진 현상이 만들어지는 것과 같다.

물에 가해지는 열(자극)이 1도 1도 쌓여서 물 속에 섭씨 100도까지 저장되면, 액체상태의 물은 전혀 새로운 존재방식인 기체상태로 변하는 것과 같다. 열이라는 외부자극에 계속적으로 반응하던 물 분자는 비록 그 분자구조는 그대로지만 기체상태로 그 존재형식을 달리하게 된다.

서로 다른 내용을 가진 한 페이지 한 페이지가 모이면 전체적인 하나의 주제를 가진 소설이 된다. 소설책 한 페이지 한 페이지로부터 받아들인 자극이 대뇌에 축적되어야만 소설 전체에 대한 특정한 느낌을 만들어낼 수 있는 것이다. 마찬가지로 생명체 또한 외부 환경에서 오는 물리·화학적 자극에 반응한 결과(신호) 들이 생명체 내부(인간의 경우 대뇌)에 지속적으로 쌓이면, 위에서 말한 것과 같은 양상으로 새로운 현상을 만들어내는 것이다.

그 현상을 신이라 부르며 인간이 사고, 의지 등의 말로 부르는 것의 실체이다. 더 정확히 말해서 생존의지가 생명체 내부에 주어진 것이다. 이는 자극과 반응의 궁극적 귀결점이 생명체의 생존과 관련되어 있기 때문이다. 생명체가 이러한 생존의지를 가지게 되면 비로소 독자적인 존재가 된다.

자극에 대한 생명체의 반응 가운데 끊임없이 계속되는 반응은 생존에 직접적으로 필요한 것들이다. 생명체가 잠시도 쉬지 않고 하는 물질대사도 오직 생명현상을 유지하기 위한 것이다. 예를 들어 외부 자극에 대한 인간의 반응 가운데 호흡은 잠시도 쉬지 않고 계속되는 가장 중요한 반응이다. 이러한 오직 생명유지를 위한 기본적 반응에 대한 신호의 축적으로, 생명체 내부에 일어난 기적인 신의 근본 속성은 생존의지가 된 것이다.

지성이라든가 사고작용은 생존의지인 신이 다시 정(대뇌)에 피드백(feedback)됨으로써 그 의지의 명령에 따라 이루어지는 대뇌작용의 산물일 뿐이다. 따라서 엄밀한 의미에서 신이란 생명체가 가진 생존하려는 스스로의 의지를 의미한다.

이렇게 볼 때 인간이 하는 모든 사고작용의 가장 기본적인 목적은 생존을 위한 것임을 알 수 있다. 대뇌에 저장된 자극에 반응한 신호들이 다시 조합되어 사고작용을 일으키는 원인은 자극에 대항하는 생명체가 가진 생존의지 때문이다. 따라서 생존의지가 바로 '나'인 것이며, 우리가 그토록 알고자 하는 '나'라는 것의 실체이다. '나'는 정자 상태일 때부터 생존을 위해 외부 환경과 끊임없이 반응하면서 만들어진 생존의지가 정(육체)을 통해 구현되고 있는 상태이다.

지금까지 수많은 철학자들이 대뇌의 2차 사고작용(의식, 이성)을 통해서만 설명되는 '나'를 밝히려 해왔기 때문에, 그동안 '나'의 실체에 접근하지 못했던 것이다. 그래서 오늘날까지 많은 사람들이 "나는 무엇인가?"하고 고민해 왔다.

이제 대뇌의 2차 사고작용 그 밑바닥에 있는 생존의지를 이해하고 나면 우리는 나의 본질이 무엇인가에 대한 이해에 한발 더 접근할 수 있을 것이다.

우리가 매일 하는 생각의 내용은 단순히 대뇌의 기능에 의한 것일 뿐이고, 그 생각한 내용은 다시 대뇌에 자극으로 전달되어 저장된다. 이러한 과정이 반복되는 가운데 처음에 사고작용을 주관했던 생존의지(신)의 사고내용에 대한 영향력은 점점 희미해지고—그럼에도 불구하고 사고작용에 막대한 영향을 끼친다—2차로 입력된 정보들끼리의 자율적인 조합이 물리적으로 이루어진다.

이것을 2차 사고(의식)라고 부르는 것이다. 그래서 뇌기능이 다른 생명체보다 특별히 발달한 인간은 일반 생물들—생존의지가 사고작용의 거의 모두를 통제하는 생명체들—과는 매우 다른 복잡한 생존양식을 가지게 된 것이다.

인간이 문명을 이룩할 수 있었던 것은 바로 다양한 자극들에 대한 정보들이, 생존의지인 신의 원리에 따라 정인 대뇌에 계속하여 피드백됨으로써, 증폭된 대뇌기능에 의한 2차 사고가 가능했기 때문이다. 대뇌기능의 증폭은 약물에 대한 병원균들의 내성능력으로 비유할 수 있다.

병원균들의 신은 자신을 죽이도록 고안된 치료약물에 저항할 수 있는 구조로 자신의 정을 진화시킨다. 새의 신이 새의 날개(정)를 진화시켜 온 것도 마찬가지 원리이다.(물론 이러한 진화과정을 위해서는 일정한 시간이 필요하며, 이것이 생명체에게 있어 시간이 가지는 중요한 의미이다).

인간 또한 마찬가지 원리로 자신의 대뇌를 진화(증폭)시켜 왔다. 이것은 근본적으로 정과 신이 서로 통하기 때문이다.

정인 대뇌로 하여금 사고작용을 할 수 있도록 하는 힘은 신의 생존의지이다.

생명체가 외부 자극에 반응하는 또 다른 양상은 유량(flow) 개념이다. 이것은 코일 속으로 전류가 흐르는 동안 코일 주변에 자기장이 형성되는 것과 유사한 현상이다. 못은 자석의 성질이 없지만 못 주위를 코일로 감고 전류를 흐르게 하면 못은 자석의 성질을 가지게 된다.

전류는 코일 속으로만 흐르는데 그 효과로 코일과는 아무 상관없는 주변 공간에 자기장이 형성된다. 그러다가 코일에 전류가 흐르지 않으면, 못은 자석의 성질을 잃고 원래의 성질로 되돌아온다. 전류의 흐름이 멈추는 순간 자기장은 사라진다. 이러한 변화가 생명체의 정에 나타난다는 것이다.

다시 한번 상기하지만 생명체 역시 물리적 원리에 지배당하고 있음을 기억해야 한다. 다만 우리는 아직 그 매개체를 과학적으로 발견하지 못했을 뿐이다.

매우 빠르고 많은 자극에 반응한, 신호의 전달경로가 매우 복잡하면서도 일정한 목적에 알맞게 배치되어 있다면, 저량 개념에 따른 신호의 전달과 축적이 일어나는 동안, 생명체의 정 전체에는 파생된 새로운 자극이 발생한다는 것이다.

즉, 저량 개념에 따른 신호의 축적과정에서 부차적으로 유도 발생된, 2차 내부신호의 축적이 생명체에 또 다른 현상을 만들어낸다는 것이다.

이 현상이 감정, 마음이라는 말로 불려지는 것의 실체이다. 이것은 인간에게만 있는 것은 아니고 식물이나 동물에게도 물론 있다. 그리고 이렇게 만들어진 2차 내부신호의 축적은, 다시 2차 사고작용에 영향을 미침으로써 그 사람만의 성격이 형성되는 것이다.

인간을 제외한 식물이나 동물들은 대뇌구조가 발달하지 않았기 때문에 이러한 현상이 구체적으로 드러나지 않는다. 그러나 이들이 가진 생존의지 속에는 이러한 속성들 또한 포함되어 있다. 물론 인간이 이것을 인식하기 위해서는 특별한 감각을 지녀야 한다.

생명체의 물질대사의 결과로 세포 안에 기(생체에너지)가 축적되고, 모세포가 더 이상 기의 축적을 감당할 수 없는 순간, 세포 안에서는 신에 의해 순간적으로 기의 폭발이 일어난다. 그 결과 기는 정으로 변환되어 딸세포가 만들어진다. 그러나 이것은 현상을 나타낸 표현일 뿐이며 본질은 아니다.

정은 물질 그 자체이며, 기는 자유에너지 밀도체(뒤에 구체적으로 설명)를 나타내는 용어이다. 다시 말해 생명체 안에서 자기복제를 위한 기의 폭발이 일어나는 순간(자유에너지 밀도체의 급격한 이동이 일어나는 순간), 기=정×신^{2}의 관계를 근거로 물질인 딸세포가 만들어지는 것이다.

난자와 수정된 이후 지금 이 순간까지 수없이 반복되는 세포분열은, 기의 축적과 폭발을 통한 정과 기의 상호변환이 우리 몸 안에서 끊임없이 일어나고 있음을 말해주는 것이다.(기를 열심히 수련하는 사람들에게 나타나는 육체적 변화는 바로 이것 때문이다).

사람이 죽으면, 그 시간대에 그 사람이게 했던 신은 사라진다. 그러나 생존시에 그의 정·기·신은 서로 통했기 때문에 그의 신의 속성은 물질적 정보로 입력되어 정자를 통해 후손에 전해져 존재한다.

우주의 물리·화학적 법칙의 지배를 받는 생명체에서, 정은 시간이 지남에 따라 그 외관을 달리하면서 계속되고, 신은 정의 외관이 달라지는 것과 무관하게 동일한 원리로 작용하며, 기는 그 결과 매번 달라진 외관을 가진 정을 살아 있는 것으로 만든다.

시간이 지나면서 정은 성장·변화하고 신(의식) 또한 구체화한다. 성장함은 살아있음을 의미하고, 살아 있다는 것은 정에 기가 작용하고 있다는 의미이다.

유아기, 아동기, 청소년기, 성년기, 노년기를 거치면서 육체는 성장 후 노쇠해지고 후천적 환경에 따라 사고의 방식과 수준이 사람마다 달라지게 된다.

죽은 뒤 천국에 갈려고 생존시에 착하게 사는 사람들을 어떻게 봐야 하는가? 변질된 종교가 사람을 속이고 있다. 구름 위의 하늘나라 없이도 사람에게 평화와 희망을 줄 수 있음에도, 하늘나라라는 달콤한 환상으로 사람들을 세뇌시킨다.

깨달은 사람 예수가 말한 하늘나라는 생명체에 작용하고 있는 신의 우주적 속성을 자각한 그 상태인 것이지, 죽은 뒤 내 영혼이 가서 편히 쉴 수 있는 그러한 장소가 아니다.

"우주를 창조한 절대적 존재를 믿는다."는 것은 언어의 함정이다. 사람은 태어난 뒤 자기와 자기 아닌 것과의 관계를 언어가 가진 의미로 이해해 왔다. 언어는 표현 수단으로써의 기능뿐만 아니라, 인간의 사고를 언어가 가진 의미의 범위 이내로 한정시켜 버리는 역할까지 해왔다.

그래서 생명체에 내재하는 신의 속성을 자각하지 못한 사람들은 특정한 절대적 존재가 따로 있다는 착각을 하게 되는 것이다. 이것은 순전히 언어가 지닌 의미의 한계 때문에 나타나는 현상이다. 그래서 노자는 도가도 비상도(道可道 非常道 ; 도를 도라 말해 버리면 영원한 도가 아니다)라 한 것이다.

이러한 이유로 민족, 나라, 사람마다 본질적으로는 같은 대상(절대적 존재)을 의미하면서도, 그들의 종교적 대상은 달라진 것이다.

절대적 존재라는 대상 없이도 인간이 마주치는 한계상황들을 극복할 수 있을까? 노쇠한 육체에 찾아오는 죽음과 질병은 필연적이며 지극히 당연한 것으로, 극복의 대상이 아니라는 점을 이해하는 것이 중요하다.

인간이 생존하기 위해 발버둥치는 것은 생명체에 작용하는 신의 속성에 대해서 무지하기 때문이다. 죽을 나이가 되어 죽는 것은 두려워해야 할 대상이 아니다. 별들에게도 일생이 있는데 하물며 생명체인 사람이 어찌 영속하기를 바라는가? 늙어 죽는 것을 두려워하는 일은 부질없는 짓이다. 노화방지 물질을 개발하려는 인간의 노력은 단지 그것을 만들어 돈을 벌어보자는 시도일 뿐,

그 이상의 의미는 거짓이고 헛된 것이다.

　모든 생명체가 그러하듯 사람이 죽는다는 것은 너무나도 당연한 것이다. 나 자신도 결코 예외일 수 없다는 것도⋯⋯

　이것을 자각한 사람은 비록 죽지만, 죽음과 질병의 공포에서는 벗어날 수 있다. 죽을 수밖에 없는 줄 알면서도 죽기 싫어하는 이유는 무엇인가? 그것은 죽음 이후의 세계에 대한 불확실성 때문이다. 이것은 아직까지 자신을 자연과 분리된 하나의 독립된 실체로 보고 있기 때문이다. 더 정확히 말해서 이 우주 속에 존재하고 있는 자신이 어떤 존재인지를 이해하지 못하고 있기 때문이다.

　죽음과 동시에 자신을 구성하고 있던 정과 기는 사라지나 신의 행방은 어떻게 되는가?

　살아있을 때 자신에게 주어진 신은 무형의 현상이지 질량이 있는 실체가 아니다. 죽은 뒤 자신(신)은 어디로도 가지 않는다. 유한했던 한 현상이 사라지는 것뿐이다. 봄에 꽃이 피었다 지듯이 그렇게 사라지는 것이다.

　신은 특정한 생명체가 살아 있는 동안 적용되었던 하나의 원리일 뿐이다. 고요한 수면에 돌을 던지면 수면에 생겼다 사라지는 물결처럼 그렇게 그 생명체에게서 사라지는 것이다.

　영원히 계속되는 것은 수면에 돌을 던지면 파문이 생긴다는 원리, 바로 그것이다. 인간의 후손은 계속 인간일 수밖에 없는 것처럼⋯⋯

　수면에 던져진 각각의 돌은 조상과 나와 나의 후손이며, 태어나기 전부터 존재하는 수면은 사람이 직면하는 자연적·사회적 환경으로 비유할 수 있다. 그리고 파문은 인간과 환경의 상호작용에 따라 나타나는 일관된 법칙, 신의 현상에 해당한다.

　수면과 돌이 만나면 항상 파문이 생기듯, 인간이 가진 신도 지구(수면) 위에 인간(돌)이 존재하는 그 날까지 후손으로 이어진다. 이 때문에 삶과 죽음이 연결되고 있는 것이다.

　생명체에 투영된 우주적 질서(신)에는 선·악이란 없다. 다만 환경에 적응하여 생존하려는 의지만 존재하고 있다. 우연히 탄생한 생명체는 처음 탄생할 때의 자연적 환경의 산물이므로, 그 속성은 당연히 자연적일 수밖에 없고, 신은 끊임없이 환경에 반응하면서 정과 기에 영향을 끼치며 후손으로 이어진다.

모든 생명체가 가진 신의 속성(자연과 합일하려는 의지)은 하나이고 동일하다.

종교·철학·과학·예술·법률·사랑·희생 등은 인간사회에서만 나타나는 신의 현상들이다. 이 가운데서 어떤 항목이라도 그 사고의 깊이를 근원적 출발지인 자연적 속성에까지 피드백할 수 있다면, 그는 죽는 순간까지 참다운 기쁨 속에서 살 수 있다. 왜냐하면 각기 다른 인간의 의식이라 하더라도, 그 의식의 근거는 모든 인간에게 공통한 신에서 출발하기 때문이다.

사람에게는 볼 수 있는 눈이 있지만 거울을 통하지 않고는 자신의 얼굴을 볼 수 없는 것처럼, 자신의 신(의식)이 스스로를 인식한다는 것은 불가능한 일이다. 그래서 인간은 다른 대상을 통해 자신을 인식해 왔다. 그러다 보니 자각의 세계까지는 도달하지 못하고 다만 믿음의 세계에 머물게 되었다.

믿음의 세계는 불확실의 세계다. 이것이 종교가 지금껏 인류를 구원하지 못하고 있는 이유이다. 알지 못하기 때문에 믿음이 강요된 것이다. 믿는다는 것은 아직 자각하지 못했다는 것을 의미한다.

자각한 자에게 믿음이라는 개념은 무의미한 것이다. 자각한다는 것은, 자신에게 작용하는 신은 우주(태양계)의 우연성 때문에 생겨난 생명체에게서 일어나는, 시간적으로 유한한 하나의 독특한 현상일 뿐이며, 그 밖에 어떤 의미도 부여할 필요가 없다는 것을 알게 되는 상태를 말한다.

들판에 피어 있는 한 포기 잡초, 땅 위를 기어가는 한 마리 지렁이와 나는 결국 것이고. 내가 인간이라서 해서 더 존엄한 것은 아니라는 사실을 깨닫는 것이다.

믿음의 대상인 하느님과 자신 사이에 인식 가능한 자연이 있음을 알아야 한다. 생명은 자연으로부터 창조되었고 최초의 우주는 하느님이 창조하였으므로, 인간뿐만 아니라 모든 생명체는 하느님의 아들인 것이다.

따라서 인간은 오직 자연을 통해서 생명체에 작용하는 신을 이해할 때만 진정으로 하느님을 인식할 수 있는 것이다. 자연을 거치지 않고 직접적으로 또는 경전을 통해 하느님을 인식하려는 시도는 헛된 것이며 그래서 '믿는다'는 개념이 생겨났다.

하느님은 누구인가? 인간의 신(의식)이 만들어낸 개념적 존재, 인간의 사고 안에서만 존재하는 관념이다. 최초의 우주를 창조한 전지전능한 존재라고 인간이 정의내렸다면 우주를 창조한 것은 바로 하느님인 것이다.

하느님을 인정하지 않는 사람들은, 인간의 관념 속의 존재로서가 아니라 실존하는 존재로서의 하느님을 부정한다. 결국 하느님이란 실존하지 않는, 그러나 인간의 신(의식)에는 인식되는 존재인 것이다. 따라서 실존하지는 않지만 실존하는 것과 같은 효력이 있는 개념상의 존재다. 개념상의 존재라는 말은 비유하자면, 지구가 태양 주위를 돌고 있음에도 불구하고 태양이 지구 주위를 돈다고 생각해도 머리 위에 태양이 있는 것은 변함이 없는 것과 같다.

다시 말해 하느님은 있다 하면 있는 것이고, 없다 하면 없는 것이다. 변하는 것은 아무 것도 없다. 하느님에 대한 이 모든 것은 단지 우리들 머리 속에서만 일어나는 것일 뿐 자연은 무심하다.

생명체에 주어진 신의 속성은 무생명체인 자연의 법칙을 그대로 따른다. 중력이 큰 놈은 중력이 작은 놈을 끌어당겨 흡수한다. 마찬가지로 강한 신을 가진 생명체는 약한 신을 가진 생명체를 지배한다. 역사에서 많은 영웅(예수나 부처를 포함하여)들이 그랬던 것처럼, 매력적인 신(의식)을 가졌던 사람들은 다른 수많은 사람들을 지배했다.

기름과 물이 섞이지 못하듯 생명체에게 주어진 신(의식) 또한 그러한 속성을 가지고 있다.

화합할 수 없는 의식들의 관계가 있다는 것이다. 파문과 파문이 만나면 증폭되는 경우도 있고 상쇄되는 경우가 있는 것과 같다. 물과 불이 공존하듯 인간세계에 공존하는 혐오, 배척, 미움, 전쟁, 갈등, 사랑, 평화 등은, 무기물의 우연성에 따라 시작된 생명인, 인간의 신(의식)이 지니게 되는 지극히 당연한 속성이다. 따라서 후천적 교육, 종교, 도덕, 윤리, 법 등으로는 이러한 인간사회의 부정적 측면, 긍정적 측면을 근본적으로 통제한다는 것은 불가능한 일이다.

이것은 인간의 의식이 신으로부터 얼마나 유익한 혹은 유해한 방향으로 증폭되었는가에 따라 다르겠지만 일반적으로 일시적 타협만을 가능케 해줄 수 있을 뿐이다. 그래서 언제든지 그 타협은 깨질 수 있다.

물질의 질량 보존의 법칙은 생명체에게는 생존의지로 전해졌다. 즉 물질이 어떤 화학반응을 거치더라도 자신의 질량을 보존하려는 성질은, 생명체에게는 자신의 생명현상을 보존하려는 성질로 나타난다는 말이다.

이것이 생명체에 주어진 신의 가장 근본적 속성이다. 생존의지! 이것이 바로 신이다. 인간이 행하는 모든 행동은 신의 이 속성으로 설명할 수 있다. 인간뿐만 아니라 모든 동식물에 내재하는 신의 이러한 속성은 공통적이다.

우주에 질서를 부여하는 것은 생명체가 아니다. 지구에 질서를 부여하는 것은 인간이 아니다. 생명체에 부여된 생존의지는 자연이 그 의지를 허락해 줄 때만 유효한 것이다.

원수를 사랑하고, 나에게 잘못한 이를 용서하고, 내 이웃을 내 몸처럼 사랑하라고 한다. 왜 그렇게 해야 하는가? 깨달은 자가 그렇게 하라고 가르침을 주었기 때문에? 아니면 그렇게 해야만 천국에 갈 수 있기 때문인가?

아니다. 그렇게 하는 것이야말로 인간을 지배하고 있는 생존의지의 가장 당연한 귀결이기 때문이다. 생존하기 위해서 선택할 수밖에 없는 방법임을 이야기한 것에 지나지 않는데, 과대포장되어 마치 믿고 따라야만 할 숭고한 가치로, 보통 사람들은 실천하기 어려운 것으로 여기게 되었다. 깨달은 자의 가르침이 잘못 전해진 비극이다.

나의 생존을 조금이라도 더 보장받기 위해서는, 원수를 오히려 사랑해줄 수밖에 없고, 잘못한 이를 용서해 줄 수밖에 없고, 이웃을 사랑해줄 수밖에 없는 것이다. 원수도, 잘못한 이도, 이웃도 모두 생명을 가진 존재들이다. 따라서 그들 또한 강한 생존의지를 가지고 있다. 원수를 죽이기 위해서는 나의 죽음을 감수해야 한다. 그래서 어쩔 수 없이 원수를 용서할 수밖에 없는 것이다. 악순환을 끊기 위해서……

숭고해 보이는 모든 가치는 생존을 위한 타협일 뿐이다. 예수는 단지 그것을 깨닫고 말해 준 것뿐이다. 나를 희생하여 원수를 사랑하고 이웃을 사랑하는 것이 아니다. 내가 생존하기 위해 어쩔 수 없이 그렇게 하는 것이다.

예수의 가르침이라서 따라야 하는 것이 아니다. 주어진 외부 조건에서 생명체에 부여된 신의 원리에 의해 선택할 수 있는 대안들 가운데서 가장 효과적이기 때문이다. 당신의 원수를 죽여보라, 당신에게 잘못한 이를 항상 처벌해 보라, 당신의 이웃을 미워해보라. 과연 당신이 좀더 오래 살 수 있겠는가?

당신의 생존을 좀더 일찍 끝장내고 싶다면 원수에게 복수하고 이웃을 증오해라. 그러면 반드시 그렇게 될 것이다. 이것은 모든 생명체에게 공통의 진리이다.

모든 생명체가 좀더 오래 생존하기 위해 평화를 유지하고 사랑하고 화합하며, 또한 같은 이유로 미워하고 싸운다. 상반된 현상으로 나타나지만 하나의 원리에 따른 것이다. 평화의 이면은 전쟁이고 전쟁의 중지가 평화인 것이다. 생존을 위해 싸우고 생존을 해 평화를 유지한다.

신의 기본적 속성인 생존의지 때문에 인간뿐만 아니라 동·식물을 비롯한 모든 생명체는 평화와 전쟁 상태를 번갈아 유지한다. 봄·여름·가을·겨울이 반복되고, 낮과 밤이 반복되고, 물이 기체·액체·고체상태를 반복하듯이 생명체 또한 삶과 죽음, 전쟁과 평화를 반복하는 것이다.

인간들에게 나타나는 미움, 증오, 전쟁은 인간이 유한한 지구에서 생존해야 하는 상황에서는 어쩔 수 없이 직면해야 하는 당연한 운명처럼 여겨진다. 빵 한 개를 다 먹어야 살 수 있는데 생존의지를 가진 생명체가 둘 이상이기 때문이다. 이것은 순전히 우주(태양계)의 우연한 결과가 만들어낸 지구 자연자원의 유한함과 생존환경의 열악함 때문이다.

그것들은 지구에서 생명체가 탄생된 그 순간부터 모든 생명체가 짊어진 굴레인 것이다. 정말 우리에게는 이 굴레를 벗어버릴 수 있는 방법이 없는 것일까? 이제 이 굴레를 채우고 있는 자물통을 열 수 있는 열쇠가 무엇인지 알아보자.

2 생활 속의 신

$E=mc^2$은 물질과 에너지의 상호관계를 보여준다. 우리 모두는 이 사실을 부정하지 않는다. 왜냐하면 과학자들이 실제로 증명하고 있기 때문이다.

이것이 생명체에서는 기$=$정$\times$신^{2}의 관계로 나타난다. 따라서 우리는, 물질계에서 빛의 존재를 인정하듯이 생명체에서 신의 현상(존재)을 인정해야 한다. 그래야만 우리가 무엇인가를 이해할 근거를 마련할 수 있다.

신의 현상은 눈에 보이지는 않지만, 인간에게 의지라는 것이 있고 생각하는 능력이 있고 감정과 마음이라는 단어로 표현되는 것들의 존재를 인정한다면, 신의 존재를 인정하고 있는 것이다.

다시 말해 물질의 세계를 다룰 때 질량과 에너지와 빛의 관계를 인정하는 것과 같은 이치로, 생명체의 정·기·신의 관계를 인정해야 된다는 것이다. 이것을 부정한다면 더 이상의 논의는 무의미하다. 수많은 인류가 종교를 믿으면서 여기서 말하는 정·기·신을 인정하지 못하겠다는 것은 자신의 믿음을 인정하지 못한다는 것과 같다.

인간이 종교를 믿을 수 있는 것은 인간에게 신의 현상이 있기 때문이다. 인간에게 문명이 있는 것은 인간에게 신이 있기 때문이다. 사람들이 서로 미워하고 사랑하는 것도 사람에게 신이라는 것이 있기 때문이다. 다시 말해 인간의 삶 자체가 신의 활동의 산물인 것이다.

나는 누구인가에 대한 대답은 신에 대한 이해를 통해서 저절로 해결되는 문제이다. 추상적인 개념이 아닌 과학적인 합리성으로, 자신이 누구인가를 이해한다는 것이다. 지금껏 수많은 철학가, 사상가들이 궁극적인 이 물음에 대해서 보여온 애매하고 모호한 말장난이 아닌 과학적인 사고방법으로 이 문제를 이해한다는 것이다. 그러면 이 깨달음은 우리의 삶의 여정을 밝혀줄 새로운 등대로 작용할 수 있을 것이고, 당면한 인류의 여러 문제들을 해결하는 데 지표로 삼을 수도 있다.

인간의 의지, 마음, 사고 등은 물질로서의 인간의 정과 에너지로서의 인간의 기가 상호작용함으로써 만들어진 하나의 현상임을 전구에서 빛이 발생함을 이해하듯이 그렇게 이해해야 한다.

이러한 논리의 바탕이 된 것은 근세기에 이루어진 과학적 사실의 발견들 때문이다. 과학에 기초하지 않은 철학과 종교는 이제 더 이상 21세기를 살아가는 사람들에게 본질적인 영향력을 미치지 못하게 될 것이다. 만약 그렇게 된다면 우리의 후손들은 동물들의 세계에서 벌어지는 삶의 방식처럼 살아가게 될 것이다.

극단적인 적자생존의 상황 속에서 약하고 무능하게 태어났다는 이유만으로 조금의 동정도 받지 못하고 철저하게 짓밟히며 살다가 죽을 수많은 사람들이 바로 미래의 우리 후손들이 될 수 있다는 것이다.

이제 남아 있는 시간이 얼마 없다. 하루빨리 21세기를 살아가는 인간들에게 적합한 새로운 삶의 가치체계를 만들어내야 한다. 이것은 맹목적인 믿음을 강요하는 방법으로는 만들어지지 않는다. 철저하게 과학적 근거를 제시해야만 사람들이 따를 것이다.

지금처럼 과학자와 철학자, 종교 지도자들의 의사소통에 공통점이 없는 상황에서는 이 작업은 어쩌면 불가능에 가까울 만큼 어려울 것이다. 그러나 희망을 버릴 수는 없다. 카톨릭 신부가 불교대학에서 공부하고, 스님이 신학대학에서 공부하고, 서양 의학자가 한의학을 공부하고, 서양 사상가가 동양철학에 심취하고, 과학자가 철학을 배우고, 철학자가 과학에 깊이 있는 지식을 가지려는 노력들을 가져야 할 것이다.(사실 이것은 매우 힘든 일이다).

과학이 발달하면 발달할수록 철학적 사고는 더 깊어지고 더 정확해질 수 있다. 철학과 과학이 분리된 순간부터 인간은 자연의 조화를 깨뜨리는 암적인 존재가 되었다. 이제 이 질병을 치유하여 다시 자연의 일부로 되돌아가야 할 때가 되었다.

정에 대한 과학적 분석은 이미 서양의학을 통해 상당한 수준에 이르고 있다. 이제 기와 신에 대해서도 과학적으로 설명할 수 없는 것으로 치부하지 말고, 물질과 에너지와 빛의 개념으로 연구를 진행해야 한다.

우주는 물질계와, 그보다 한 단계 진화한 생명계와, 생명계보다 한 단계 더 진화한 신의 세계로 구성되어 있다. 그러면서 이들 3양태는 일체로써 작용한다.

이러한 추론은 다음과 같이 생각함으로써 가능하다. 생명체를 이루는 정은 원래 무생명의 물질계에 속한 것이다. 즉 무생명의 물질에서 생명이 탄생하여 물질세계와는 전혀 다른 원리로 돌아가는 새로운 세계(생명계)가 만들어진 것처럼, 생명체에서 탄생한 신은 또다시 생명계와는 전혀 다른 원리로 돌아가는 어떤 새로운 세계(신계)를 만들고 있을 것이라는 추론을 할 수 있다.

역사에서 가장 높은 수준의 신을 보유했던 몇몇 사람들이 예수, 석가모니 부처, 그리고 알려지지 않은 현자들일 것이다. 엄밀하게 이야기하면 이들은 의식을 통해 생명체에 작용하는 신의 속성을 깨달았다. 물질계의 존재와 생명계의 존재를 통해, 생명계를 벗어난 새로운 존재계가 있을 수 있다는 것을 이해하는 것이 중요하다. 따라서 종교는 믿음의 대상이 아니라 이해의 대상인 것이다.

종교가 말하는 세계는 존재하지 않는 세계가 아니라 존재하는 세계인 것이다. 종교 지도자들은 과학적 사실을 적극적으로 받아들이고, 생명계를 벗어난 또 다른 세계의 실재를 이론적으로 입증할 수 있다는 희망을 가져야 한다.

그 수단으로 과학적 사고방법을 동원하라는 것이다. 만약 부처의 시대에 오늘날의 과학이 있었다면 석가의 가르침은 더욱더 확실하게 사람들을 이해시킬 수 있었을 것이다. 석가와 예수의 제자들, 그리고 그 제자의 제자들을 거치면서 가르침의 참뜻은 왜곡되고 변질되었다. 그래서 오늘날 과학적 사실을 회피하려고 하는 것이다. 지금부터라도 경전의 언어적 해석에서 벗어나, 보이는 세계(과학적 사실을 기반으로 한 세계, 인간사회에서 벌어지고 있는 현상 그대로의 세계) 그대로를 받아들이고 이해하려는 노력(물질계가 어떻게 생명계와 연결되어 있으며 생명계가 어떻게 신(God)의 세계와 연결되는가를 이해하려는 노력)을 해야 할 것이다.

물질계는 정의 세계(정계)라 말할 수 있고, 생명계는 기의 세계라 말할 수 있고, 신의 성질을 가진 세계는 신계라 말할 수 있다. 신계는 특정한 공간에 실재하는 세계가 아니다. 이것은 시공간을 초월하여 생명체에게 적용되는 대(大)원리를 의미한다.

그러므로 정·기·신으로 구성된 생명체에는 이 세 가지 세계의 존재형태가 동시에 내재해 있다. 이것은 생명체가 물질계와 신계의 중간에 존재하면서 양쪽 세계를 연결하는 역할을 하고 있음을 의미한다.

그리고 이 역할의 핵심이 바로 생명체를 대표하는 기(氣)이다. 생명체에게 기의 소멸은 곧 물질계로의 환원을 의미하며 기, 특히 진기(眞氣)의 축적은 신계로의 진입(생명체를 지배하고 있는 대원리를 깨닫는 것)을 가능케 한다.

이것이 의미하는 바는, 의식이 신의 속성을 이해하는 데, 기를 그 수단으로 삼는다는 것이다. 그러므로 진기의 축적이야말로 가장 핵심적인 실천목표라 할 수 있다. 이것은 우리에게 인간의 삶의 궁극적 목표(정과 기로부터 신을 발견하는 것, 신의 원리를 이해하는 것을 의미함)가 무엇이어야 하는지를 가르쳐준다. 한마디로 돈을 많이 버는 것이 인생의 목표가 될 수 없다는 것이다. 의·식·주는 정이 그 형태를 유지할 만큼만 있으면 되는 것이다.

생명체의 정은 필요량만 요구하고 있다. 지나친 것은 오히려 정의 바람직한 형태를 파괴시키는 지름길이다. 과도한 영양섭취가 건강을 해치는 것과, 지나친 부유함이 사람을 방탕하게 만드는 것들이 좋은 예다. 돈은 생명(정)을 유지할 만큼만 벌면 충분한 것이다.

정·기·신에 대한 이해의 부족으로 상대적 빈곤을 느끼게 되고, 이것이 욕심을 불러일으키는 것이다. 만약 사람이 무인도에 혼자 살고 있다면 그는 먹고 살 만큼의 양만 생산할 것이다. 그가 음식물을 비축한다면 그것은 욕심 때문이 아니라 모자랄 때를 대비하는 것뿐이다. 인간의 탐욕은 공동체생활을 함으로써 비롯된 것이다. 그리고 인간의 공동체생활(사회생활)은 인간의 생존의지에서 비롯된 것이다. 따라서 인간의 탐욕은 인간의 신의 속성에 따른 하나의 결과이다. 따라서 인간의 탐욕은 정당하고 당연한 것이라고 할 수 있다.

공동체생활을 하는 인간에게 욕심은 지극히 당연한 것이다. 정·기·신, 특히 신의 속성을 가진 인간에게 욕심을 뿌리뽑기를 강요하는 것은 차라리 인간이기를 포기하라는 것과 같다. 다만 그 욕심의 통제와 방향설정을 위해서 정·기·신에 대한 이해가 필요한 것이다.

욕심은, 버리자고 결심한다고 버려지는 것이 아니다. 그런 헛된 결심은 아무 소용없고 '욕심을 버리시오'라고 설교하는 것 또한 부질없는 일이다. 그럼에도 많은 책들은, 인간의 고통의 근원은 욕심과 탐욕에서 비롯하니 욕심을 버리라고 말한다. 이것은 어리석은 인간에게 처음부터 불가능한 일을 강요하는 것과 같다. 인간에게 의지(신)가 있는 이상 욕심은 버릴 수 없는 것이다.

다만 생명체인 인간을 구성하는 정·기·신에 대한 이해(앎)가 선행되면 이 문제는 저절로 해결된다. 정·기·신의 이해는 지금 인류가 직면해 있는 여러 가지 문제(특히 생산의 양과 소득의 분배 문제)들을 푸는 열쇠로 작용할 수 있을 것이다. 지금까지 우리는 예수가 보여준 삶은 나와 무관한 것으로 여겨왔다. 신(God)의 아들인 자만이 살 수 있는 삶이라 여기고, 자신도 부활할 수 있음을 깨닫지 못하고, 그에게 의지하고 그를 따르고 그를 믿는다는 로 스스로 장님이 되었다. 예수의 가르침이 왜곡됐기 때문이었다. 우리 모두가 예수가 말한 신의 아들임을 지금부터라도 체험하겠다는 의지를 가져야 한다.

그러나 그 접근방법은 이제까지 해왔던 방법이어서는 안 된다. 불경을 암송하고, 성경을 읽고, 기도문을 외우고, 가진 것을 모두 버리고, 선행을 한다고 되는 것이 아니다. 먼저 가장 합리적인 사고로 우주와 자신의 존재를 이해하기 위해서 노력해야 한다. 그리고 그 출발점이 로 생명체를 구성하는 정·기·신에 대한 이해인 것이다. 이것은 산 속에 들어가서 도를 닦는다고 얻어지는 것이 아니다. 생명체에 가장 치명적인 죽음의 공포에 대한 위협 속에서 생활하는 가운데 얻을 수 있는 것이다.

그런데 다행스럽게도 인간의 삶 자체가 바로 죽음의 공포에 대한 위협 속에서 이루어지고 있다. 예를 들어 당신이 실직당하면 당신은 굶어죽을지도 모른다는 위협 속에서 괴롭더라도 오늘도 출근하고 있다. 목숨을 유지하는 데 가장 필요한, 의·식·주를 획득하기 위한 삶 자체가 가장 좋은 수련의 장소인 것이다. 이 살벌한 삶 속에서 당신의 정·기·신이 어떻게 작용하는지를 이해하는 것이 바로 현자가 되는 방법인 것이다. 일단 이것을 이해하고 나면 당신은 진정한 자유인이 되고, 욕심의 굴레에서 벗어나고, 죽음의 공포에서 벗어나는 단계에 도달하게 된다.

신의 우열은 정과 기의 차이에서 비롯한다. 그래서 정과 기를 강화하기 위해 요가를 하고 단전호흡을 하고 수도생활을 하는 것이다. 그러나 이것은 어디까지나 정·기·신에 대한 과학적 이해를 한 후에 필요한 것들이다. 인도의 요가수행자도 히말라야의 고행자도 산속의 스님도 과학의 여러 분야를 이해하려는 노력이 필요하며, 치열한 생존경쟁 속에서 오늘도 피곤한 하루를 보내고 있는 일반 중생들의 삶을 살아보아야 한다. 의·식·주에 필요한 물질들을 획득하는 것이 위험하지 않고 고정적이고 안정적이라면, 그 사람의 생존의지는 점점 약해지게 된다. 그것은 곧 그 사람의 신(생존의지)의 약화를 의미한다. 이것은 모든 성직자들이 경계해야만 될 일이다.

시장에서 뼈빠지게 일해 모은 돈의 전부를 자신보다 불우한 사람들을 위해 기부한 어느 할머니의 신이, 안이한 삶을 살고 있는 성직자의 신보다 몇 배나 더 강하다는 것을 알아야 한다. 다시 말해 성직자도 이해하지 못한 신의 속성을 이 할머니는 이해했다는 것이다. 물질계의 빛처럼, 이 할머니의 신이야말로 예수가 말한 인간세상의 빛인 것이다. 그러나 할머니의 죽음과 함께 그 빛은 꺼진다. 그리고 그 할머니가 천국에 가는 것도 아니다. 세상의 빛이 되었다고 해서 보상이 주어지는 것 또한 아니다. 그 할머니가 그러한 행위를 할 수 있었던 것은 불현듯 자신의 존재를 이해했기 때문이다. 그러면 더 이상의 보상은 의미가 없는 것이다.

다시 한번 말하지만 가장 중요한 것은, 생명체인 자신을 구성하는 정·기·신을 일상적인 삶 속에서 이해하는 것이다. 이것을 이해하면 만 가지 고통의 근원이라는 탐욕은 저절로 사라지며 그때 우리는 자유인이 되는 것이다.

3 뇌사를 어떻게 봐야 하는가?

여기에 같은 회사에서 만든 똑같은 종류의 자동차 두 대가 있다고 하자. 한 대는 아무 문제없이 잘 달릴 수 있는 반면, 다른 한 대는 엔진에 회복할 수 없는 손상을 입어 더 이상 달릴 수가 없다고 한다면, 이 달릴 수 없는 자동차는 이제 더 이상 자동차라고 말할 수 없다. 자동차라는 것은 기본적으로 주행할 수 있는 능력이 있어야 한다는 것을 전제로 하기 때문이다. 다시 말해 속도를 낼 수 없는 자동차는 더는 자동차가 아니다. 그래서 우리는 미련 없이 그 차를 폐차시켜 버리는 것이다. 자동차에게는 속도라는 성질이 있느냐 없느냐가 자동차인지 아닌지를 결정짓는 가장 중요한 변수인 것처럼, 인간에게는 신의 존재가 인간인지 아닌지 즉, 생명체인지 아닌지를 결정짓는 가장 중요한 변수가 되는 것이다.

앞에서도 언급했던 바와 같이 생명체는 정·기·신으로 이루어져 있으며, 이 가운데서 어느 한 성질이 없다면 생명체가 아니다. 보통의 생명체들은 이들 가운데 어느 하나의 성질을 상실하게 되면 나머지 성질들도 곧 함께 사라진다. 그런데 유독 인간만은 과학기술의 발달 덕분에 신의 현상이 사라진 후에도 정과 기를 존속시킬 수 있게 되었다. 예를 들자면 생명유지 장치에 의해 심장이 뛰고 있는 뇌사상태의 인간이 이런 경우에 해당한다.

뇌사상태에 있는 인간이 생명체로서 어떤 위치를 차지하고 있는지 한번 생각해 보자. 대뇌가 회복할 수 없는 손상을 입었다는 것은 더 이상 2차 사고작용을 실행할 수 없다는 것을 의미한다. 이것은 생명체의 신의 기본 속성인 생존의지가 사라졌다는 것을 의미한다. 물론 뇌세포를 제외한 다른 조직을 구성하는 세포는 살아 있기 때문에 이들 세포 하나하나에 내재하는 생존의지는 존재하고 있는 상태이다.

그러나 뇌세포의 손상(죽음)은 특별한 의미를 지니고 있다. 왜냐하면 비록 다른 조직을 구성하는 세포는 살아서 자신의 생존을 위한 활동을 하고 있으나, 그의 의지와는 상관없이 결국은 이들 세포도 죽게 되기 때문이다. 죽은 사람의 손톱이 한동안 자라는 것은 손톱의 조직세포는 심장이 멈춘 뒤에도 생존하고 있었다는 것을 의미하며, 이것은 그때까지 살아있던 손톱 세포의 생존의지의 결과인 것이다. 그러나 더 이상의 영양을 공급받지 못해 죽음을 맞이하는 것이다.

뇌세포는 인간의 정을 이루는 모든 세포들의 생존을 좌우하는 중요한 기능을 가지고 있던 것이기 때문에, 이의 죽음은 곧 한 사람의 인간을 구성했던 다른 모든 세포의 죽음을 예고하는 것이므로, 결국 뇌세포의 죽음은 인간을 구성하는 모든 세포들 각각의 생존의지의 사라짐을 의미하는 것으로 볼 수 있다. 이는 곧 이들의 결합체인 생명체로서의 인간의 생존의지의 사라짐 즉, 신의 사라짐을 의미하는 것이다.

기=정×신^{2}에서 신이 사라졌다는 것은 신의 값이 0임을 의미하고, 이 식에서 신=0이면 기=0이 되고 이것은 곧 생명체의 죽음을 의미한다. 따라서 정·기 등가방정식에 따르면 뇌사상태의 생명체는 죽은 생명체인 것이다. 그럼에도 현대 의학기술은 신=0의 상태에 있는 생명체의 기의 값을 0이 아닌 상태로 유지할 수 있게 만들었다.

이것은 언뜻 정·기 등가방정식이 성립하지 않는 것처럼 보인다. 만약 생명유지 장치가 뇌사상태에 빠진 사람의 신체의 일부로써 작용한다면 분명 정·기 등가방정식은 성립하지 않는다고 말할 수 있다. 그러나 뇌사상태에 있는 사람의 심장의 박동력은 외부에서 인위적으로 공급된 에너지에 의한 것이지, 생명체 자체의 생존의지에 의해서 생성된 에너지는 아니다.

따라서 엄밀한 의미에서 뇌사상태인 사람의 몸속을 흐르는 기는 생명체 속을 흐르는 것이 아니라, 단지 신이 없는 상태로 살아 있는 어떤 생명체를 구성하는 세포들의 유기적 결합상태를 유지시키는 작용을 하는 에너지일 뿐이다.

식물은 자신의 생존의지(신)가 있어서 빛이 있는 쪽으로 가지를 뻗고 물이 있는 쪽으로 뿌리를 뻗는다. 그러나 뇌사상태의 사람은 그러한 자율적인 의지조차 없다. 따라서 뇌사상태의 인간은 식물보다 못한 생명체적 수준에 있다. 정확히 말해서 더 이상 인간이 아닌 단순히 살아 있는 세포들의 집합체일 뿐이다. 마치 박테리아들이 사슬에 묶여 연결된 채 이동조차 자유롭게 하지 못하는 상태에 있는 것과 같다. 이동하지 못하는 동물세포 집단의 운명은 죽음뿐이다. 그래서 자연계에는 이러한 상태의 생물체(이동하지 못하며 스스로의 생존의지가 없는 거대한 동물세포 집단)가 존재하지 않는 것이다.

그러나 인간의 의학은 정·기 등가방정식이 성립하지 않는 실로 기이한 형태의 생명체를 만들어냈다. 이것은 자연(생명계의 존재법칙)에 대한 반항이다. 자연은 생명체를 만들었을 때 생명체 스스로의 의지로 살아갈 수 있는 능력을 주었다. 그런데 인간이 만든 이 기이한 생명체는 스스로의 생존의지가 없는 상태로 존재하고 있는 것이다. 인간의 불완전한 기술이 생명체의 기본 구성요소인 정·기·신, 이 셋 가운데 신이 빠진 정·기만으로 된 생명현상을 만들어낸 것이다. 자연은 이러한 형태의 생명체가 존재하도록 내버려두지 않는데 유독 인간의 병실에서만 이러한 비정상적 생명현상이 유지되고 있는 것이다.

그리고 이러한 이상한 생명체를 살아 있는 인간으로 볼 것인가, 죽은 인간으로 볼 것인가에 대해서 논쟁하고 있다. 그만큼 우리는 아직 인간을 이해하지 못했다는 것을 스스로 드러내고 있다. 그리고 어디까지가 인간이고 어디까지가 동물인지에 대한 구분 기준을 정하는 데서, 외관이 차지하는 비중이 매우 크다는 사실을 이 논쟁을 통해 알 수 있다.

인간의 2차 사고(엄밀히 말해서 마음, 감정 등의 유량적 개념의 신)에는 물리적 현상인 관성의 효과가 매우 크게 작용한다는 것도 알 수 있다. 지금은 비록 뇌사상태에 빠져 있지만 얼마 전까지만 해도 우리와 똑같은 사람이었다는 기억은, 일반적인 인간의 조건을 상실한 대상까지도 여전히 인간으로 인식하려는 경향을 보인다는 것이다.

결론적으로 말하면 뇌사상태의 인간은 이미 인간이 아니지만, 우리의 의식은 이와 같은 관성효과 때문에 여전히 그를 인간으로 보고 있는 것이다. 이것이 논쟁의 원인이다. 이에 대한 결론을 강요받는다면 우리는 다음과 같이 생각하는 것이 가장 무리가 없는 방법일 것이다.

일상적인 우리 주변에서 경험하는 물질계에서 관성은 곧 사라지는 특성이 있다. 그렇다면 인간의 의식세계에서 나타나는 관성(기억)도 곧 사라질 것이다. 이는 처음 얼마 동안은 뇌사자를 우리와 같은 인간으로 인식하다가, 시간이 지남에 따라 그가 우리와 같은 인간이 아니라는 사실을 인정하게 된다는 것을 의미한다.

뇌사 이전에 뇌사자와 함께 오랜 시간을 보냈던 사람일수록 그 관성의 시간은 오래 지속될 것이다. 왜냐하면 뇌사자에 관한 기억이 다른 사람들보다 더 많이 축적되어 있을 것이기 때문이다. 선박이 화물을 많이 실으면 실을수록 정지하는 데 걸리는 거리와 시간이 길어지는 것과 같다.

뇌사자의 생명유지 장치를 제거하는 것을 살인행위로 볼 수 있는가? 이것은 법에서 인간을 어떻게 정의하느냐에 따라 살인이 될 수도 있고 안 될 수도 있다. 정·기·신의 관점으로 설명하면, 만일 법에서 인간은 정·기·신 모두로 구성된 상태로 존재하는 생명체라고 정의한다면 뇌사자는 신이 없는 상태이므로 인간이 아니다.

그러므로 살인행위가 되지 않는다. 그러나 법에서 인간은 정과 기만 존재하여도 인간으로 본다고 정의한다면 뇌사자는 법적으로 인간으로 볼 수 있다. 따라서 이때는 살인행위가 되는 것이다.

그러나 인간의 법적 정의에 앞서, 생명체를 정의할 때 모든 생명체는 정·기·신으로 이루어져 있다고 정의했고 이것에 대해서는 반론의 여지가 없다. 인간은 인간이기 이전에 생명체다. 따라서 신을 상실한 인간은 생명체가 아니므로 당연히 인간이 될 수 없는 것이다. 그럼에도 법에서 뇌사자를 인간으로 본다면 이것은 자연(생명계의 법칙)의 질서를 무시한 법리가 되는 것이다.

그러나 뇌사자의 생명유지 장치를 제거하는 것은, 당신이 기르던 말이 병들어 더 이상 살지 못하게 되었을 때, 당신이 미리 총으로 쏘아 그 동물의 고통을 일찍 끝내줄 때 당신이 느끼게 되는 감정과 매우 흡사한 상태이므로 한편으론 애매한 면이 있다. 그러나 이것은 어디까지나 감정의 함정(2차 사고작용의 관성효과)일 뿐이다. 당신은 곧 잊게 된다.

뇌사자의 장기를 그것을 필요로 하는 사람에게 이식하는 것이 최선이라고 할 수 있다. 어째서 최선의 선택인지 생각해 보자. 비록 뇌사자는 이미 인간이라 볼 수 없는 상태이지만, 어쨌든 생명유지 장치에 의해 신을 제외한 정과 기만의 생명현상을 유지하고 있기 때문에 뇌세포를 제외한 정은 살아 있는 상태에 있다. 즉, 뇌세포를 제외한 다른 조직을 구성하는 세포 하나하나들은 그들 자신의 생존을 위한 의지를 가지고 있다. 그러므로 그들은 어떻게 해서든지 살아남으려고 한다. 장기이식은 바로 그들의 이러한 의지를 실현시킬 수 있는 유일한 방법이다.

우주에 존재하는 어떤 형태의 생명체일지라도 그 생명체의 생존의지를 만족시키는 행위(사건)들은 정당한 것이다. 뇌사자의 장기이식은 이러한 관점에서 바라보아야 한다.

인체를 구성하는 세포 하나하나를 생존의지를 지닌 각각의 생명체들로 보아야 한다는 것이다. 즉, 이러한 살아 있는 세포들의 유기적 결합의 결과로 인간이라는 하나의 생명체가 형성된 것이다. 그리고 가능한 한 이 생명체들(뇌사자의 뇌세포 이외에 다른 살아 있는 세포들, 즉 이식되는 조직의 세포들)의 생존이 계속되도록 하는 것은 자연이 생명체들을 기르는 것처럼 숭고한 일이다.

나무와 숲의 관계를 예로 들면, 숲이란 살아 있는 나무 한그루 한그루가 모여서 이루어진 것이다. 그런데 어차피 곧 사라질 숲이라면 살릴 수 있는 몇 그루의 나무들이라도 더 살리는 것이 숲을 관리하는 관리인의 최선의 선택일 것이다. 이러한 상황에서 다른 숲으로 옮겨심기 위해 살아 있는 몇 그루의 나무를 파내는 관리인의 행위를 숲의 파괴라고 말할 수 있겠는가?

정·기·신의 입장에서 뇌사자에 대한 태도는 다음과 같다.

뇌사자는 신(생존의지)의 현상이 사라졌기 때문에 더 이상 생명체가 아니다. 그러므로 인간이 아니다. 따라서 뇌사상태의 인간을 계속 비정상적 생명현상으로 유지시키는 행위는 생명계의 기본원칙을 위반하는 인간의 오만이다. 그러나 뇌사와 동시에 이루어지는 장기이식은 자연의 생명유지 활동에 동참하는 인간의 특별한 행위이다.

뇌사상태의 인간에 대한 이해와 더불어, 모체의 자궁 속에 있는 생명체에 대한 이해도 필요하다. 이것은 현대에 만연한 낙태를 어떻게 볼 것인가에 대한 결론을 맺게 해준다.

정자와 난자는 서로 결합하여 생존을 계속하려는 의지를 가지고 있으며, 이 의지는 인간의 성적 본능이라는 말로 표현되고 있다. 우리가 본능이라는 말로 표현하는 것은, 실제로는 우리를 구성하고 있는 개별 생명체(난자와 정자)들의 생존의지이다. 그렇기 때문에 인간의 성적 본능은 자신의 의지와는 무관하게 발생하는 것이라고 말할 수 있다. 다만 필요에 의해서 인간의 2차 사고력이 이것을 억제하고 있을 뿐이다.

그러나 인간의 몸에서 정자와 난자가 만들어지는 한 성욕의 발생은 누구도 막을 수 없다. 성욕의 근원은 자신의 의지가 아니라 자신의 몸속에서 만들어진 또 다른 생명체인 정자와 난자의 의지에서 비롯되는 것이기 때문이다.

수정란은 이 정자와 난자의 생존의지에 의해 만들어진, 정자와 난자의 변형된 생존방식의 한 과정에 있는 생명체인 것이다. 정자와 난자의 결합은 하나의 단세포 생명체가 드디어 인간으로 변하는 사건인 것이다. 즉, 정자와 난자는 생명체이지만 그뿐, 인간은 아닌 상태였는데 이들이 하나로 결합한 수정란은 인간이 되는 것이다. 마치 산소와 수소는 전혀 물의 성질을 가지고 있지 않았는데, 이들이 결합함으로써 비로소 물이라는 전혀 다른 물질이 만들어지는 것과 같다.

인간으로 존재하는 최초의 형태는 정자와 난자가 아닌 이들의 결합체인 수정란의 형태이다. 어린이가 자라서 어른이 되듯이 이 수정란은 자라서 태아 즉, 구체적인 인간의 모습을 가진 생명체가 된다. 이 생명체는 분명한 형체를 가지고 있으므로 정이 있다고 말할 수 있고, 자궁 속에서 스스로 움직임을 보이는 것으로 보아 기를 가지고 있다.

문제는 태아에게서 나타나는 신의 현상을 어떻게 설명하는가이다. 이것을 설명하기 위해서는 먼저 모체 자신의 의지(모체의 신)와 태아의 의지가 어떻게 나타나고 있는가를 이해해야 한다. 즉 하나의 주된 생명체(모체) 속에 또 다른 생명체(태아)가 유기적으로 결합되어 있는, 임신상태의 모체와 태아 각각의 정·기·신의 관계를 먼저 이해해야 한다는 말이다.

이 문제는 인간에게뿐만 아니라 모든 임신 중인 생명체에게 공통적인 문제이다. 모체에게는 임신이라는 사건이 하나의 큰 자극으로 작용한다. 따라서 모체는 이 자극으로부터 자신의 생존을 유지하기 위한 정의 변화를 일으키게 된다.

예를 들면 음식의 섭취량이 증가한다던가 또는 수면시간이 늘어나는 것, 그리고 자궁의 크기가 신축적으로 늘어나는 것과 같은 변화들을 일으킨다. 이러한 모체의 변화의 궁극적인 주관자는 바로 모체의 생존의지이다. 이것은 모든 종류의 생명체들이 자극에 반응하는 기본원리이다. 종족보존의 의지는 정자와 난자를 만드는 것으로 표현되었고, 임신한 모체에서 일어나는 변화는 모체 자신의 생존과 태아 자신의 생존을 위한 것이다.

그렇다면 임신이라는 처음 받은 자극에 모체가 전혀 당황하지 않고 체계적으로 변화하는 이유는 무엇인지를 설명해야 한다. 생명체에게서 발생하는 생존의지는 자극의 축적에 따른 것이라고 설명했다. 그런데 임신이라는 자극은 이제까지 한 번도 경험한 적이 없었기 때문에 모체에 이 자극이 축적되어 있다고는 볼 수 없다.

이 의문의 단서는 임신이라는 자극이 시간을 두고 천천히 진행된다는 데에 있다. 비록 처음 경험하는 자극이지만 그 진행이 느리기 때문에, 모체의 생존의지가 자신의 정을 변화시킬 시간적 여유를 가질 수 있음으로 해서 이 자극에 성공적으로 적응할 수 있는 것이다.

생명체에게서 나타나는 생존의지는, 이처럼 주어진 자극의 횟수와 그 자극이 주어지는 시간에 따라 좌우된다는 것을 알 수 있다. 종소리를 들을 때마다 음식이 나온다는 자극을 반복해서 받은 개가 나중에는 종소리만 들으면 침을 흘린다는 실험 결과는, 자극의 횟수가 생명체의 의지를 만들어낸다는 것을 증명하는 것이다.

그리고 일교차가 심할 때 감기에 잘 걸리는 것은, 자극이 가해지는 시간이 생명체의 정에 미치는 영향을 보여주는 예다. 즉 기온이 서서히 변한다면 우리의 몸(정)은 그 변화에 적응할 시간적 여유를 가짐으로써 감기에 걸리지 않고 적응할 수 있는데, 적응할 시간적 여유가 없는 경우에는 적응에 실패하여 감기에 걸리는 것이다.

이것은 생존의지가 자극에 대한 반응으로써 정을 변화시키는 데는, 그 자극의 종류에 따라 다른 시간을 필요로 하고 있다는 것을 의미한다. 생명체는 정의 변화와 신의 형성에 시간을 필요로 한다. 이것이 생명체에게 시간이 지니는 의미이다.

4 창 조

제1절 딸우주의 생성과 소멸

우주창조에 대해 생각해 보자.

자연상태에서 에너지(energy)와 물질(matter)은 불가분의 관계에 있다. 물질이 없는 상태에서는 에너지는 존재하지 못한다. 에너지의 존재는 곧 물질의 존재를 의미한다. 그러나 에너지 밀도체 관점에서 본다면 반드시 그런 것은 아니다. 물질을 구성하지 못하고도 자유에너지 밀도체 상태로 얼마든지 존재할 수 있기 때문이다. 그렇지만 여기서는 에너지는 반드시 물질과 함께 존재하는 것으로 보고 논의를 진행한다.

왜냐하면 아직 자유에너지 밀도체를 수학적으로 표현할 방법이 없기 때문이다. 다시 말해 $E=mc^2$으로 표현되는 에너지는 에너지 밀도체 관점에서 보았을 때, 단지 종속에너지 밀도체와 활성(active)에너지 밀도체만을 고려한 값이라는 것이다.

어떤 경우에도 창조 전후의 에너지 값이 보존된다는 원칙만 지켜진다면, 비록 자유에너지 밀도체를 고려하지 않은 상태로 우주창조에 대한 에너지와 물질(질량)과의 관계를 추론한다 하더라도 별 문제는 없을 것으로 본다. 에너지 밀도체는 뒤에서 설명할 것이다.

우리가 살고 있는 이 우주를 창조하기 위한 대폭발이 있었다는 것은, 이미 그 이전에 물질(에너지)이 존재하고 있었다는 것을 의미한다. 대폭발이 있기 위해서는 에너지가 사용되어야 하기 때문이다. 그런데 이 대폭발 이후 새로운 우주를 구성하는 물질이 존재하게 되었다.

이것은 다시 말해 폭발에 사용되지 않은 에너지가 있었다는 것을 의미한다.

다시말해, 대폭발 이전에 존재하던 물질(에너지)은 한 점으로 축압된 후 폭발하게 된다. 이때 축압된 에너지의 일부는 폭발에 필요한 에너지로 사용되고, 나머지는 새로 탄생한 우주의 물질로 전환되었다. 지금 우리가 보고 있는 모든 물질들은 이미 우주가 재창조되기 이전부터 축압된 물질 에너지 상태로 존재하고 있던 것들이다.

정리하면, 어떤 원인 때문인지는 모르지만 처음부터 에너지(물질)가 존재하고 있었다. 이는 인간의 힘으로는 도저히 그 원인을 알 수 없는 것이다.

인간이 과학의 힘을 빌어서 그나마 알 가능성이 있는 것은 이 사건 이후 일어난 첫 번째의 폭발부터이다. 지금 과학계에서 말하는 우주창조의 빅뱅(Big bang)은 바로 이 첫 번째 폭발을 말하는 것이다. 그러므로 빅뱅은 우주창조의 근원적 사건은 아닌 것이다. 빅뱅 이전에 이미 있을 것은 다 있었다.

다만 이 빅뱅은 그에 따라 연쇄반응으로 나타난 우주의 창조와 소멸(엄밀한 의미에서 완전한 무에서 유에로의 창조는 아니다. 그리고 완전한 무를 의미하는 것으로서의 소멸도 아니다)의 순환의 출발점이 되었다.

다음에 그린 우주의 창조와 소멸에 대한 개념도를 가지고 좀더 구체적으로 설명하면 다음과 같다.

그림에서 A로 표시한 최초우주의 생성은 원인을 알 수 없다. 어쨌든 이 때문에 공간에는 물질이 존재하게 되었다. 시간이 계속 흐른면서 공간의 어느 한편에서 최초우주에 존재하던 물질의 일부가 한 점으로 축압되고, 이에 따라 주변의 공간은 다시 아무것

도 존재하지 않는 공의 상태가 된다. 이러한 물질(에너지)의 축압
과정 상태에 있다고 생각되는 것이 블랙홀(Black hole)이다.

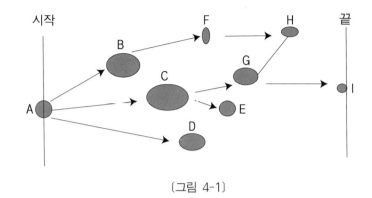

〔그림 4-1〕

　이처럼 우주의 한편에서 물질과 에너지가 극도로 축압되는 것
은 또 다른 폭발의 전조다. 구체적으로 최초우주 A의 어느 한 공
간에서는 물질(에너지)의 축압이 일어난다. 마침내 이 축압된 물
질(에너지)은 폭발한다. 이에 따라 최초우주의 어느 한 공간에서
는 물질의 재배열이 일어난다.
　이것이 그림에서 B로 표시된 우주(앞으로는 이러한 우주를 딸
우주라고 부른다)가 생성되는 과정이다.
　지금 과학계에서 말하는 우주창조란 최초우주 A의 생성을 의미
하는 것이다. 그러나 우리의 인식이 미치지 못하는 우주의 저편에
서는 새로운 우주 B(은하)가 생겨나고 있을지도 모른다.
　이러한 관점에서 볼 때, 지금의 천문학자들이 발견한 블랙홀을
미래의 천문학자들은 그 지점에서 발견하지 못할 수도 있다. 대신
그 공간에는 그리고 더 확장된 공간에는 새로운 별들이 탄생되어
있을지도 모른다.
　인간의 과학은 A로 표시한 최초우주의 탄생을 설명할 수 없다.
왜냐하면 최초우주 A 이전의 상태를 설명할 방법을 가지고 있지
않기 때문이다. 어쨌든 최초우주 A의 생성 후 그 딸우주 B가 탄생

되었고, 이렇게 탄생된 딸우주 B를 이루는 물질(에너지)은 또다시 어느 한 점으로 축압되었다가 폭발하여 새로운 딸우주 F를 생성시킨다.

최초우주 A를 구성하던 물질(에너지)들 가운데 딸우주 B를 생성시키기 위해 축압된 것을 제외한, A의 다른 공간에서는 또 다른 딸우주 C를 생성시키는 데 필요한 물질(에너지)의 축압이 이루어질 수도 있다. 이런 식으로 최초의 우주에서부터 새로운 딸우주들이 생성되는 것은 순전히 최초우주의 불규칙적인 물질배치에 기인한 에너지 분포의 불규칙성 때문이다.

지금의 우리는 과연 어느 딸우주 위에 존재하고 있을까?

이제 최초우주의 생성 이후에 딸우주 B가 생성되는 과정을 좀더 구체적으로 생각해 보자.

최초우주 A를 구성하던 물질(에너지)들 가운데 일부가 축압되었다가 폭발한다. 이때 에너지를 담고 있는 물질이 한 점으로 축압되는 과정을 수학적 개념으로 표현하면 물질과 에너지가 적분된다고 본다. 그리고 폭발의 순간 물질과 에너지가 공간으로 분산되어 가는 과정을 미분된다고 본다.

그렇다면 딸우주 B를 탄생시키는 데 사용된 폭발력(순간 에너지)은 MC^2이다. 그런데 이 폭발과 더불어 딸우주 B를 구성하는 물질도 동시에 생성(재탄생)되었다.

즉, 이 과정에서 필요한 총에너지 또는 물질은 **MC^2 + 딸우주 B를 구성하는 물질**이라고 볼 수 있다. 여기에서 MC^2은 폭발에 필요한 에너지로 사용된 것이고, 나머지는 압축된 상태로 있던 최초우주 A를 구성하던 물질이 압축이 풀린 상태로 다시 물질로 존재하게 된 것이다.

그러나 이때 딸우주 B 상에 존재하는 물질의 질량은 폭발에 사용된 에너지만큼 감소된 채로 존재하게 된다. 왜 이렇게 되는지 생각해 보자.

딸우주 B로 재창조될 최초우주 A를 구성하던 물질 또는 에너지 E는 축압된다. 식으로 표현하면 $\int E dMa$가 된다. Ma는 폭발 이전 최초우주 A 상에서 존재하던 딸우주 B의 재창조를 위한 폭발에 참여하는 물질의 질량을 의미한다.

그러므로 식을 다시 쓰면 $\int Ma \times C^2 dMa$가 된다. 그리고 이것을 풀면 $(1/2)(Ma \times C)^2 + K$가 된다.

그러므로 폭발 이전에, 폭발에 사용될 에너지와 폭발에 사용되지 않고 그대로 물질상태(잠재에너지)를 유지할 에너지의 총량의 일반식은 $E = (1/2)(M \times C)^2$이 된다. 즉, 폭발 직전 물질(에너지)의 축압과정을 일반식으로 표현하면,

$\int E dM = \int MC^2 dM$
$= (1/2)(MC)^2 + K$(단, K=0 왜냐하면 M의 값이 0에서 Ma까지인 정적분이므로)
$= (1/2)(MC)^2$ ——————— 1식

그리고 이 축압된 $(1/2)(Ma \times C)^2$의 에너지는 딸우주 B를 생성시키는 폭발(빅뱅, 미분)을 하게 된다.
이것을 식으로 표현하면,

$d[(1/2)(Ma \times C)^2]/dMa = (1/2) \times C^2 \times [dMa2/dMa]$
$= (1/2) \times C^2 \times 2Ma = Ma \times C^2$

일반식으로 다시 쓰면,

$d[(1/2)(MC)^2]/dM$
$= MC^2$ ——————— 2식

폭발 전의 총에너지량은 1식의 $(1/2)(MC)^2$이었는데, 폭발에 소

모된 에너지는 2식의 MC²뿐이므로 그 차이 즉 1식−2식을 구하면,

$$E = (1/2)(MC)MC^2 - MC^2$$
$$= MC^2\{(1/2)M - 1\} \text{ ———————— 3식}$$

이것이 바로 딸우주 B를 구성하는 물질(잠재에너지)이 되는 것이며, 이를 두고 우리는 소위 우주를 구성하는 물질의 창조라고 말하고 있는 것이다.

엄밀한 의미에서 에너지 밀도체 관점에서 본다면, 딸우주 B를 구성하는 물질(에너지)값은 $MC^2\{(1/2)M - 1\}$보다는 크고 $(1/2)(MC)^2$보다는 작은 범위에 있을 것이다. 그러나 논의의 명확성을 위해서 이런 범위의 값은 고려하지 않기로 한다.

문제의 발단은 폭발에 사용된 에너지MC^2가 다시 딸우주 B를 구성하는 물질(에너지)로 전환되는 정도가 불명확하다는 데서 기인한다. 그러나 서두에서 폭발에 사용된 에너지는 딸우주의 물질을 구성하지 않는 것으로 가정하고 논의를 진행해 나가기로 하였다.

다시 본래의 논의로 돌아가면, 3식으로 표현되는 에너지는 폭발의 순간에 폭발에 필요한 에너지로 전환되지 않고 잠재된 에너지의 형태인 물질의 상태를 유지하고 있다.

왜 이러한 결론이 나오느냐 하면, 처음에 폭발에 참여하는 에너지를 산술적으로 합하지 않고 적분했기 때문이다. 그러면 왜 적분했는지를 말해야만 할 것이다.

한 점에 집중된 에너지의 힘은, 공간에 흩어져 있는 에너지의 단순한 산술적인 합의 크기보다는 훨씬 더 증폭된 힘을 가지게 될 것이라고 보았기 때문이다. 그래서 이러한 폭발 직전의 증폭된 에너지가 가진 힘의 크기를 표현할 수학적 도구로 적분을 사용한 것이다. 이것은 논의의 전개를 위해 도입된 기본적인 가정이라고 보면 될 것이다.

또한 폭발의 순간에 소모된 에너지의 양을 미분 값 그대로 사용

(미분된 값을 다시 적분하지 않은 것은 폭발과 더불어 물질이 나타나기 때문이다. 폭발과 동시에 모든 것이 사라진다면 즉, 물질이 생성되지 않는다면 축압된 에너지 모두가 폭발력으로 사용되었다는 것을 의미하므로 미분 후 다시 그 값을 적분해야만 할 것이다) 한 것도 적분하여서 이미 에너지가 증폭된 상태에 있기 때문에 증폭된 에너지의 순간 변화량만이 폭발에 사용된 것으로 가정했기 때문이다.

즉, 폭발은 매우 짧은 한순간 동안에만 일어나는 것이기 때문에, 그 순간에 방출할 수 있는 최대의 에너지는 그 미분 값이라고 본다. 다시 말해 순간에너지 방출량이 이 값을 가지기 위해서는 가지고 있어야 할 에너지 총량은 $(1/2)(MC)^2$이 되어야 한다는 것이다. 따라서 3식에서 표현된 에너지의 양은 공간으로 분산된 이후의 에너지의 산술적인 합이 아니라 그것들이 다시 축압되었다고 가정했을 때의 에너지량인 것이다.

폭발 직후 이들은 다시 물질입자들 간의 인력과정을 겪으면서 딸우주 B의 별들로 재탄생한다. 시간의 경과와 더불어 이러한 과정(에너지 적분과정)은 계속되어 마침내 딸우주 B의 어느 한 공간에 블랙홀(꼭 이것이라 단정할 순 없지만)과 같은 것이 나타나게 되고, 이는 곧 B의 또 다른 딸우주 F의 출현을 예고하는 것이다.

그러나 이 A ──→ B ──→ F 계통의 연쇄반응은 영원히 계속되는 것은 아니다. 왜냐하면 논의의 처음에 MC^2에 해당하는 폭발에 사용된 에너지는 딸우주를 구성하는 물질(에너지)로 재축압되지 않는다고 가정했기 때문이다. 이에 따라 이 에너지량에 해당하는 만큼의 물질의 재탄생은 이 계통에서는 일어나지 않는다.

그렇다고 해서 우주의 창조·소멸의 순환이 끝난다는 의미는 아니다. 여러차례 설명했지만 처음부터 존재했던 에너지는 결코 소멸하지 않고 보존되기 때문에, 한 계통의 연쇄반응에서 빠져나간 에너지만큼 다른 계통에서는 그에 해당하는 에너지를 첨가받고 있다. 이는 한 계통에서의 우주 질량이 점점 축소되고 있다면, 다른 계통에서의 우주 질량은 점점 증가하고 있다는 것을 의미한다.

우주는 한쪽에서 팽창하는 만큼 다른 쪽에서는 축소되고 있는 것으로 생각한다. 우리의 관측범위 안에서 우주가 팽창한다는 증거를 발견한다고 해서 전 우주가 팽창한다고 단정해서는 안 된다. 따라서 우주 전체로 본다면 딸우주들의 창조·소멸의 과정은 영원히 계속될 수도 있다.

단, 여기에는 에너지 밀도체 관점에서, 공간에 넓게 분포하는 자유에너지 밀도체가 물질과 무관하게 그 자체로 축압되어야 한다는 조건이 성립해야 한다. 불행하게도 이에 관해서는 그 가능성만을 예측할 수 있을 뿐이며 구체적인 과정은 설명할 단서를 가지고 있지 못하다.

아마도 최초의 빅뱅 이전에 일어난 사건이 바로 이것이었을 것이다. 물질(종속에너지 밀도체)이 아직 형성되지 않은 상태에서 자유에너지 밀도체들만의 축압이 발생하게 되어 대폭발이 일어났을 것이다. 자유에너지 밀도체들에게 어떤 조건이 형성될 때 이들이 서로 축압되는지 즉, 물질입자로 전환되는지 알아야 할 것이다.

그러나 과학자들에게 에너지 밀도체라는 것은 아직 알려지지 않은 개념이므로 이것은 현재로서는 필자 개인의 생각일 뿐이다. 다시 본론으로 돌아가서, 딸우주의 탄생과 소멸을 수식을 사용하여 좀더 구체적으로 이해해 보자.

딸우주 B의 탄생을 위한 대폭발이 일어나기 직전, 이에 참여하는 최초우주 A 상에 존재하는 에너지가 축압되었을 때의 총량은 1식의 $(1/2)(MC)^2$이고, 이것은 폭발력으로 소모되는 2식의 MC^2과 딸우주 B의 물질을 이루는 3식의 $MC^2\{(1/2)M-1\}$으로 구성되어 있다. 즉, 폭발 직전 축압된 에너지가 가지는 총량은 다음과 같다.

$$E = (1/2)(MC)^2$$
$$= MC^2 + MC^2\{(1/2)M-1\} \text{ ———— 4식}$$

이해를 돕기 위하여 이 4식에 단위를 생략한 숫자를 대입하여 설명하도록 한다. 첫 번째 경우, 질량 M의 값을 4라고 하고 광속 C의 값을 상수 30으로 가정해 보자.

그러면 최초우주 A를 구성하는 물질 가운데서 4만큼의 질량이 딸우주 B의 창조작업에 참여하게 된다. 이때 폭발 직전 총에너지 $E = (1/2) \times (4 \times 30)^2 = 7200$이 된다. 이것이 폭발하면,

$$E = 7200 = 4 \times 30^2 + 4 \times 30^2 \{(1/2) \times 4 - 1\} = 3600 + 3600$$

이 된다. 즉, 총에너지량 7200 가운데서 3600은 딸우주 B를 생성하는 데 필요한 폭발 에너지로 소모되었고, 나머지 3600은 딸우주 B를 구성하는 물질을 나타내는 에너지 값이다.

이 과정에서 얼마의 질량이 감소했는지 알아보자.

딸우주 B를 구성하는 적분된 총에너지량 $E = 3600 = (1/2)(MC)^2$에서 광속 30을 대입하면 딸우주 B를 구성하는 총질량M은,

$$M^2 = 2 \times (1/C^2) \times 3600 = 8$$

그러므로 M=2.8의 값을 가지게 된다.

이것은 최초우주 A에서 4의 값을 가지던 질량이, 대폭발 이후 딸우주 B를 구성할 때는 2.8로 감소했다는 것을 의미한다.

즉 4−2.8=1.2만큼의 질량 감소를 보인 것이다. 그 만큼은 딸우주 B에서 물질 속에 내재하지 않는 순수한 에너지 형태로 존재한다. 즉, 딸우주 B에서 물질의 형태로 존재하지 않고 자유에너지 밀도체 상태로 공간에 분포하고 있다.

결국 별들의 생성과 소멸의 과정은, 우주 전체적 관점에서 보면 제로섬 게임(zero sum game)과 같다. 이것이 하나였던 세포가 세포분열을 통해 두 개가 되는 원리의 근원인 것이다. 세포 외부로부터 흡수된 물질이 세포를 구성하는 물질로 재탄생하는 과정이

곧 생명체의 자기복제의 원리이다. 이는 생명체 자신은 비록 죽어 없어지지만 자손은 계속해서 이어진다는 뜻이다.

아래의 예에서 1.2의 질량에 해당하는 외부 물질이 2.8의 질량을 가진 세포 내로 흡수되어 2.0의 질량을 가진 두 개의 딸세포가 되는 것이다. 이는 뒤에 좀더 설명하겠다.

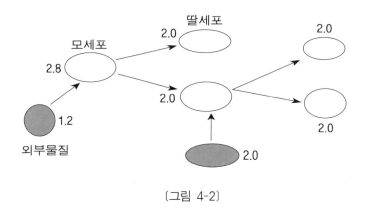

〔그림 4-2〕

이제 이 딸우주 B를 구성하는 물질(에너지)이 다시 공간의 어느 한 점으로 축압되어 새로운 딸우주 F의 탄생을 위한 폭발을 하게 되면 4식에 대입해서,

$$E = (1/2)(MC)$$
$$= MC^2 + MC^2\{(1/2)M - 1)\} \ —————— \ 4식$$

$$E = 3600 = 2.8 \times 30^2 + 2.8 \times 30^2\{(1/2) \times 2.8 - 1\} = 2545 + 1055$$

이것은 딸우주 B가 소멸하면서 새로운 딸우주 F가 생성되는 데 필요한 폭발에너지가 2545만큼 소모되었다는 것을 의미하고, 아울러 새롭게 생성된 딸우주 F가 가지고 있는 총에너지가 1055임을 의미한다. 폭발이 거듭되면서 각각의 딸우주들이 가지는 총에너지가 감소하고 있다.

그러면 새롭게 탄생한 딸우주 F가 가지고 있는 총질량은 얼마인지 알아보자.

$$E = 1055 = (1/2)(MC)^2 에서, \ C = 30을 \ 대입하면,$$
$$M^2 = 2 \times (1/C^2) \times 1055 = 2.3444$$

그러므로 딸우주 F를 구성하는 질량 M은 1.531의 값을 가지게 된다.

이미 사라진 딸우주 B의 질량은 2.8이었는데 그 이후에 나타난 딸우주 F의 질량은 1.531로서 2.8－1.531＝1.269의 질량이 감소했다. 이 1.26만큼은 딸우주 F에서 물질 이외의 상태로 존재하는 에너지가 된다. 이것이 바로 딸우주 F의 텅빈 공간에 존재하는 자유 에너지 밀도체이며, 바로 만유인력과 같은 힘의 실체적 전달자가 되는 것이다.

이제 F에서 딸우주 H로 넘어가는 단계를 생각해 보자.

폭발 전 딸우주 F가 가지고 있는 총에너지를 4식에 대입하여 살펴보면,

$$E = 1055 = 1.531 \times 30^2 + 1.531 \times 30^2 \times \{(1/2) \times 1.531 - 1\}$$
$$= 1378 - 323$$

즉, $MC^2 \{(1/2)M - 1\}$의 값이 0보다 적은 음수 값(-323)을 가지고 있음을 보여준다.

이는 딸우주 F에서 H로 넘어가지 못함을 의미한다. 질량에너지 등가방정식이 진정 성립하는 것이라면 딸우주 F에 존재하는 모든 물질들이 축압되어 폭발한다면 1378의 에너지가 소모된다. 그런데 자체 에너지는 1055뿐이므로 323의 에너지가 모자란다. 그러므로 이 323의 에너지는 외부의 이웃한 다른 우주로부터 보충할 수밖에 없다. 따라서 이 모자라는 에너지가 보충되기 전까지는 폭발하지

못한다. 만약 이웃한 다른 우주로부터 에너지를 흡수하지 못한다면 언제까지나 블랙홀의 어두운 공간은 계속될 것이다. 그리고 이 블랙홀은 가까이 다가오는 모든 에너지를 흡수하려 한다. 폭발하기 위하여. 그리고 우주의 영원한 순환을 위하여……

마침내 외부의 다른 우주(그림에서 G)로부터 모자라는 에너지를 흡수하면 폭발한다. 그러나 그뿐 더 이상 이 폭발로 인해 물질은 형성되지 않는다. 왜냐하면 모든 에너지는 폭발하는 데 소모되어 버리고 물질로 전환될 에너지가 없기 때문이다. 이 경우 새로운 딸우주 H는 결국 탄생하지 않고 마지막 폭발과 더불어 최초우주 A의 한편 공간에서 시작된 우주 재창조의 연쇄반응은 끝난다.

지금까지 말한 예를 살펴보면, 우리에게 관찰되는 블랙홀은 두 가지 성질의 것이 있을 수 있다는 것을 알 수 있다. 하나는 최초우주 A, 그리고 딸우주 B에서 만들어진 블랙홀처럼 자체 우주 내에서 폭발에 필요한 에너지를 조달할 수 있는 것, 다른 하나는 딸우주 F에서처럼 폭발에 필요한 에너지를 외부의 다른 우주로부터 흡수해야 하는 것이 있다. 후자의 경우 딸우주와 딸우주 사이의 물질과 에너지 교환의 통로 역할을 할 수 있다는 것이다. 이것은 4차원 시공간 여행의 비밀을 밝히는 실마리일 수도 있다.

지금까지 살펴본 것을 정리하면, 우리가 알 수 없는 힘에 의해 최초의 빅뱅이 일어났고 그에 따라 물질과 에너지가 공간에 존재하게 되었다. 그 이후 이들은 과학자들이 말하는 4가지 종류의 힘(중력, 전자기력, 강력, 약력)의 상호작용으로 또다시 생성·소멸을 반복하는 변화(블랙홀의 생성과 딸우주를 생성시키는 폭발 등)를 겪는 가운데, 최초의 빅뱅에서 발생한 에너지는 딸우주들의 생성과 소멸의 과정 속에서 외부로부터 에너지를 흡수하지 못하면 감소하기도 하고 외부로부터 에너지를 흡수한다면 증가하기도 하지만 전체적으로는 처음의 에너지량 그대로를 유지하고 있다.

과학자들이 우주는 팽창한다고 주장하는 것은, 우주 내의 에너지와 질량이 증가한다는 것을 의미하는 것이 아니라 물질이 분포하는 공간이 넓어지고 있다는 의미라고 본다.

우주는 우리의 눈에는 사라지는 것도 있고 창조되는 것도 있는 것처럼 보이지만, 그 본질적인 에너지량은 증가하지도 감소하지도 않으면서 영원히 존재하는 것이다.

제2절 2차 생기를 찾아서

1절에서 이야기한 물질계의 사실들을 바탕으로, 생명계에서의 탄생과 죽음의 과정을 추론해 볼 수 있다.

먼저 물질계의 에너지(E), 질량(M), 광속도(C) 등을 생명계의 정·기·신에 각각 대응시킬 때 주의할 점들을 살펴보자.

물질계의 에너지에 대응하는 것은 기이다. 그런데 여기서의 기는 진기(眞氣)가 아니라 오직 생기만을 의미한다. 왜냐하면 진기는 물질계의 법칙을 따르지 않는 생명계에서만 나타나는 고유한 에너지이기 때문이다. 이것은 정·기·신에 관한 이론을 전개하는 데 기본전제와도 같은 것이다.

"진기는 왜 물질계의 법칙에 지배당하지 않습니까?"라고 누군가 묻는다면 그에 대한 명확한 답은 해줄 수가 없다. 진기는 생명체인 인간에게만 의미가 있는 것이기 때문이다. 다시 말해 인간의 2차 사고작용에 영향을 받는 현상이므로 물질계의 일반원리를 따르지 않는다는 것이다. 좀더 엄밀하게 말하면 진기 역시 기의 속성을 가지고 있으므로 물질계의 일반원리를 따르고는 있다. 그러나 이와 더불어 인간의식의 작용에 의해서도 그 변화를 일으킨다는 것이다. 그러므로 진기라는 것은 물질계의 일반원리를 초월하여 인간과 함께 존재하는 에너지의 한 형태라고 볼 수 있다.

또한 극히 일부만이 진기를 체험하고 있기 때문에 일반대중들은 이에 대한 개념을 조금도 가지고 있지 못한 실정이다. 필자 또한 일반대중의 한 사람으로 이렇게 모호한 진기의 실체를 가능하면 합리적 사고로 유추해 보고자 노력하는 중이며, 여기에 적고 있는 내용들은 그 한 과정에 있는 것이다. 어쨌든 진기는 인간의 식에 영향을 받는 것이므로 생기만이 물질계의 에너지에 대응할 수 있는 개념으로 보고 앞으로의 논의를 진행해 갈 것이다.

다음으로 주의해야 할 것이 광속 C와 신의 관계이다. 물질계의 광속과 생명계의 신의 공통적 속성은 이들이 각각 속한 세계의 현상을 설명하는 데 있어 하나의 특정한 값으로 인식된다는 것이다. 광속이 3×10^8이라는 불변의 물리량을 가지고 물질계를 나타내듯이 신 또한 특정한 값을 유지함으로써 생명계를 나타내고 있다. (신의 이러한 성질은 뒤에 상세히 설명할 것이다).

물질계에 작용하는 빛은 직진이라는 기본적인 속성을 바탕으로 하여 굴절, 산란, 간섭 등의 부차적인 성질들을 나타내고 있는데, 생명계의 신 또한 빛의 직진의 성질처럼 생존의지라는 기본적 속성을 바탕으로 하여 감정(마음), 2차 사고작용(의식) 등의 부차적인 성질을 나타낸다.

좀더 구체적으로 비교하면 빛이 물이라는 매질을 만나면 굴절을 일으킨 후 다시 물속을 직진하듯이, 생명체의 신은 정에 가해지는 자극의 반응정보가 어떻게 정(대뇌) 속에서 작용하는가에 따라서 감정 및 2차 사고작용으로 나타나는 것이다. 빛이 물을 거치면서 굴절하듯이 생존의지가 대뇌를 거치면서 의식으로 나타난다는 말이다.

그러므로 마음, 의식, 2차 사고, 이성 등의 본질은 생존의지이다. 생명체의 모든 활동은 이 생존의지(신)의 바탕 위에서 이루어지고 있다. 마치 물질세계에서 빛이 사물의 상태를 반영하듯이……

물질계의 질량을 생명계의 정에, 물질계의 에너지를 생명계의 기에, 물질계의 빛을 생명계의 신에 대입하여, 위에서 언급한 물질계의 창조와 소멸의 관계를 표현했던 식을 생명계에 그대로 적용하여, 최초의 수정란에서 세포분열을 통해 생명체가 성장해 가는 것이 어떤 의미를 지니고 있는지 생각해 보자.

최초의 세포분열을 하기 위해 수정란에 생기(생체에너지)가 축압되는데 그 값은,

$$\int 생기\,d정$$
$$= \int 정 \times 신^2\,d정$$
$$= (1/2)(정 \times 신)^2\} \text{——————} 1식$$

여기서 정의 값은 수정란의 질량을 의미한다. 수정란의 생기가 축압됨으로써, 정의 관점에서 수정란은 평소와 다른 징후가 나타나는데, 그것의 한 예가 세포핵에서 그 이전까지는 보이지 않던 염색체가 어느 한 순간에 갑자기 모습을 드러내는 것이다.

수정란의 생기가 축압된다는 것은 수정란의 특정 위치로 에너지 밀도체가 축압된다는 의미이다. 다시 말해 수정란의 특정 부위에 에너지 밀도체의 밀도가 증가한다는 것이다.

이것은 새로운 물질의 탄생을 예고하는 것이다. 어느 순간 갑자기 그 모습을 드러내는 염색체는 압축된 생기가 이미 물질로 전환된 결과를 보여주는 것이다. 세포 내부에서 염색체가 모습을 드러냈다는 것은 이미 압축된 자유에너지 밀도체가 물질입자(새로운 종속에너지 밀도체)로 전환되었다는 뜻이다.

위의 수식 1은 생기가 압축되다는 것을 나타낸다. 분열 직전의 세포가 가지는 생기의 양은 압축으로 극도로 증폭된다. 그 결과 마침내 생명체에게만 존재하는 신의 작용 때문에 세포는 분열하며 이때 사용되는 생기(이때의 생기는 모세포가 딸세포의 물질로 전환되지 못하고 분열이라는 사건을 수행하기 위해 필요로 하는 생기를 의미한다. 힘을 생기의 양으로 표현한 것임)의 양은,

$$d\{(1/2)(정 \times 신)^2\}/d정$$
$$= 정 \times 신^2\} \text{—————} 2식$$

2식에서 정의 값은 수정란(모세포)을 구성하는 물질입자들의 산술합을 의미한다.

수정란의 이 최초 폭발(분열)을 딸우주의 생성·소멸에 비유한다면 최초 빅뱅(빅뱅 이전의 상태는 우리가 알 수 없다는 의미)에 해당한다.

자연은 시간적으로 빅뱅 이후의 세계로 한정되어야 우리에게 그 규칙성이 즉, 자연의 법칙이 인식되는 것이다. 우리 가운데 누구도 빅뱅 이전의 세계를 알 수 있는 증거를 가지고 있지 않다. 이것은 사람이라는 개체의 세계를 다룰 때에도, 수정란 이전의 세계인 정자와 난자의 세계는 사람의 범위 밖에 존재하는 것이므로 논의의 출발점을 수정란에서부터 시작해야 된다는 것을 의미한다.

지금부터 사람의 수정란을 예로 들어 세포의 자기복제 과정에 관여하는 정·기·신의 관계를 살펴 보도록 하자.

생명체로서 사람의 시작인 수정란은, 정·기·신의 이론에 따르면 아직 사람으로 볼 수 없는 또 다른 생명체인 정자와 난자 각자의 생존의지(신)에 의해서 만들어진 하나의 변형체라고 볼 수 있다. 그리고 이 새로운 형태의 생명체인 수정란은 세포분열에 필요한 생체에너지(생기)를 축적하면 신의 작용으로 폭발(분열)한다. 이때 생기의 양이 어떻게 변하는지를 숫자를 대입하여 생각해 보자. 위의 1식에서 2식을 빼면,

$$(1/2)(정 \times 신)^2 - 정 \times 신^2$$
$$= 정 \times 신^2 \{(1/2) \times 정 - 1\} \text{ ———————— 3식}$$

이 3식이 나타내는 생기의 양은 수정란이 최초로 분열된 직후 나타나는 2개의 딸세포를 이루는 각각의 정이 가지고 있는 생기의 양을 합한 값이다. 다시 말해 이 딸세포가 또 다시 분열한다고 가정했을 때의 지금의 딸세포 상태(외부로부터 필요한 에너지를 공급받지 못한 상태)에서 가지게 될 생기의 양인 것이다.

1식, 2식, 3식의 관계를 종합적으로 나타내면 다음과 같다.

$$(1/2)(정 \times 신)^2$$
$$= 정 \times 신^2 + 정 \times 신^2 \{(1/2) \times 정 - 1\} \quad ——————— \quad 4식$$

이 식은 수정란의 1차 세포분열 직전의 생기의 양과 세포분열 직후의 생기의 변화 상태를 동시에 보여준다.

이제 설명의 편의를 위하여 이 식에 숫자를 대입하여 보자. 그러나 현재의 연구상태로는 단위를 설정할 수 없다. 신의 단위를 설정할 수 없기 때문이다. 물질계에서의 빛은 속도이기 때문에 단위가 있다. 그러나 생명체에 나타나는 신은 그런 물리적인 단위를 사용할 수 없으므로 위의 수식은 개념을 표현하기 위한 방편으로써 사용한 것이다.

속도가 질량과 에너지에 끼치는 영향은 단위를 사용하여 물리적으로 표현이 가능하다. 그러나 신은 아직 물리적 방법으로 정의되지 않는 개념이므로 수식으로 표현하는 것은 한계가 있음을 독자들은 이해해 주기 바란다. 누군가 생명체가 가지는 의지를 물리량으로 변환시키는 타당한 기준을 제시한다면 불가능한 일만은 아닐 것이다. 이는 뒤에서 자세히 설명하는 자유에너지 밀도체의 양을 물리량으로 표현할 수 있어야만 가능하다.

이제 숫자를 대입해 보자. 먼저 신에 대입할 숫자를 2로 가정한다(실지로는 0보다는 크고 1보다 적은 숫자를 대입해야 하지만 계산의 편의를 위해서 2를 대입한다. 이 2라는 숫자는 실지로는 0.2를 의미한다. 왜 신의 자리에 0보다는 크고 1보다는 적은 숫자를 대입해야 하는지는 뒤에서 설명할 것이다).

이것은 인간을 포함하여 지구 상에 존재하는 모든 종류의 생명체에게 공통한 값이다. 이 2라는 숫자는 비율값이다. 즉, 신을 수학적으로 표현하면 비율값이라는 것이다.

수정란이 가지고 있는 정의 값은 8이라고 가정한다. 정은 물질적 개념이므로 이 8이라는 숫자는 물질로서의 수정란의 질량(무게)을 의미한다고 생각해도 무리가 없다. 다시 말해 수정란을 구성하는 모든 물질입자들의 질량의 산술합의 값을 8이라고 가정한다는 것이다. 여기에는 이들 수정란을 구성하는 물질입자들의 주변에 분포하며 물질입자의 질량에 포함되는 에너지체(활성에너지밀도체)의 질량도 포함되어 있는 상태이다.

이제 4식에, 정의 자리에는 8을 신의 자리에는 2라는 숫자를 대입하여 다시 적어보면,

$$(1/2)(8 \times 2)^2 = 8 \times 2^2 + 8 \times 2^2 \{(1/2) \times 8 - 1\}$$
$$= 32 + 96 = 128$$

다음 그림에서 질량값이 8인 수정란이 세포분열 직전에 가지고 있는 생기의 총량은 128이다. 위 식은, 이 수정란이 세포분열을 하면 세포분열 행위 자체에 사용되는 생기의 양이 32이고, 그 나머지인 96은 딸세포 A와 B의 정 속에 남아 있게 된다는 것을 의미한다.

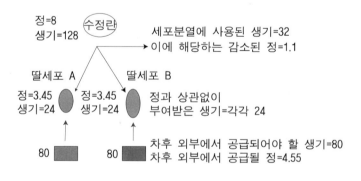

〔그림 4-3〕

그러면 세포분열 직후에 만들어진 딸세포 A와 B의 정의 값의

합은 얼마가 되는지 알아보자. 이 두 개의 딸세포가 가지고 있는 생기의 총량은 96인데, 이것은 두 개의 딸세포가 차후에 또 다시 분열한다고 가정할 경우 분열 직전의 상태에서 가지고 있는 생기의 양 가운데서 그동안 외부로부터 흡수한 생기의 양을 뺀 뒤의 값이다. 그러므로 이 96을 만족시키는 식은 3식이 아니라 1식이 되어야 한다.

$$(1/2)(정 \times 신)^2 = 96$$

그런데 신의 값은 항상 일정한 상수이므로 신의 값은 2가 된다. 그렇다면 정의 값은,

$$(1/2)(정 \times 2)^2 = 96$$에서
$$정^2 = 48$$
$$정 = 6.9$$

그러므로 수정란이 2분법으로 분열된다면 분열 뒤 딸세포 A의 정의 값은 6.9/2 = 3.45의 값을 가지게 된다. 그런데 3.45의 정이 가지는 압축된 생기의 양은, $(1/2)(3.45 \times 2)^2 = 24$의 값을 가진다.

그런데 딸세포 A가 수정란으로부터 할당받은 생기는 96/2 = 48이다. 나머지 48 - 24 = 24만큼의 생기는 딸세포 A의 입장에서 보면 정과 관계없이 선천적으로 부여받은 생기에 해당한다.

이것을 물질계의 에너지체 개념을 빌어 표현하면, 정의 물질입자에서 벗어난 에너지 밀도체(자유에너지 밀도체)가 딸세포 A의 내부에 존재하고 있는 상태이다. 다시 말해 이 24만큼의 생기는 생기압축 공식―$\mathbf{(1/2)(정 \times 신)^2 = }$ **압축된 생기**―과는 상관없이 딸세포 A의 내부에 존재하고 있다는 것이다. 물론 이 생기는 모세포인 수정란으로부터 이전된 것이다. 이 생기를 특별히 2차 생기라고 한다. 즉, 세포분열 직후의 딸세포 내부에 이미 정과 상관없

는 자유에너지 밀도체가 존재하고 있다는 것이다.

이것이 생명체로 하여금 '움직임'을 나타내게 하는 근원적인 힘의 전달자가 되고 있는 것이며 살아 있다는 것의 실체이다.

그리고 이 딸세포 A가 다음 2차 분열을 하는 데 필요한 생기는 오로지 세포 외부와의 끊임없는 물질대사를 통해서 조달할 수밖에 없다. 이렇게 세포 외부와 물질대사를 통해서 공급되는 생기를 3차 생기라고 한다.

수정란에서와 마찬가지로 이 딸세포 A가 분열하는 데 필요한 압축된 생기의 양이 128이 되어야 한다면, 나머지 $128-48=80$의 생기를 축압하는 데 필요한 정의 양을 계산하기 위해 $80=(1/2)$ $(정 \times 2)^2$을 사용하면 오류를 범하게 된다.

왜냐하면 128이라는 생기의 양은 특정한 어느 한 순간 폭발 직전의 세포 내에 축압된 생기의 양을 나타내는 저량(stock) 개념의 값이다. 유량 개념의 값이 아니다. 그러므로 2차 함수로 표현되는 공식에 그대로 대입하면 안 된다. 이것은 마치 $3^2=1^2+2^2$이 성립할 수 없는 것과 같은 원리이다.

따라서 나머지 80의 생기를 축압하는 데 필요한 정의 양이 얼마인가를 생기축압 공식으로 구해서는 안 된다. 다만 딸세포의 모세포인 수정란의 정의 값이 8이었기 때문에 $8-3.45=4.55$의 정의 값이 딸세포 A가 재분열하기 직전까지 물질대사를 통해서 보충된다는 사실만은 알 수 있다.

여기서 주의해야 할 개념은 정이 물질의 질량을 의미한다고 해서 항상 그런 것은 아니라는 점이다. 128이라는 생기를 생성시키는 물질의 질량은 여러 가지 값이 될 수 있다는 것이다. 왜냐하면 물질의 종류에 따라 발생시키는 생기의 양이 각각 다르기 때문이다. 쉽게 이야기해서 밥 10그램과 녹용 10그램은 그것들이 발생시키는 에너지량이 다르다는 것이다. 그러므로 정의 값이 같다고 해서 반드시 질량이 같은 것은 아니다. 따라서 위의 차후 외부로부터 공급되는 생기 80(압축되었을 경우의 양)에 수반되는 정의 값 4.55는 정의 질량을 의미하는 것이 아니라 정 그 자체의 값을 의미한다.

현재 사용하는 물리단위로는 생명체의 정·기·신을 수학적으로 정확히 계산할 수는 없다. 이 글에서 사용하는 대부분의 수식은 개념을 좀더 구체적으로 표현하기 위한 방법으로 사용한 것이지, 그것이 기존에 성립되어 있는 물리·화학적 논리에 합당하다고 볼 수는 없다.

이것은 여기서 다루는 내용이 현대과학이 다루고 있는 대상이 아니기 때문에 발생하는 문제이다. 현대과학은 생명체를 구성하는 정·기·신의 개념조차도 없는 상태에 있는데 어떻게 기존의 논리체계 안에서 이 내용을 표현할 수 있겠는가? 이 첫 시도에는 다소의 무리가 있음을 필자 역시 인정한다. 그러나 누군가는 먼저 돌을 던져야 하지 않겠는가! 무엇이든지 간에 처음 시도하는 것은 기존의 사고방식으로 볼 때는 엉터리처럼 보일 것이다. 엄밀하게 말하자면 지금의 상태에서는 여기의 기록이 진실인지 거짓인지는 필자 자신도 알 수 없다. 다만 논리대로 추론해 보는 것뿐이다. 그리고 지금까지는 어느 누구도 객관적인 증거를 제시할 도구를 가지고 있지 못하다.

과학자들은 자신들이 관찰한 사실을, 아직까지도 기존의 이론으로 설명하지 못하고 있는 것이 많다. 이것은 기존의 이론에 충분히 오류가 있을 수 있음을 의미한다. 하지만 누가 이 막강한 논리체계에 돌을 던질 용기를 가질 수 있겠는가? 바위에 던져진 계란은 비참하게 깨질 것이다. 그것이 여기에 적고 있는 내용들이 맞이할지도 모를 운명인 줄 알지만 훗날 누군가에게 참고가 되길 바라는 마음에 적고 있다.

다시 본론으로 돌아와서, 수정란에 있는 생기 128의 양에는 결국 에너지 밀도체의 양이 128만큼 있다는 것을 의미한다. 이것이 세포분열의 과정을 거치면서 딸세포 A에 48이 이전되었고, 딸세포B에 48이 이전되고, 나머지 32는 분열에너지로 소모되었다고 말할 수 있다. 즉, 32만큼의 에너지 밀도체는 딸세포 A와 B의 내부로 이전되지 않고 외부의 어느 다른 곳으로 방출된 것이다. 이 시점은 세포분열이 일어나는 바로 그 순간이다.

딸세포 A를 예로 들어 설명하면, 수정란에서 분열된 이후 딸세포 A는 다음 세포분열에 필요한 에너지 128 가운데서 세포분열 직후 이미 보유하고 있는 생기 48을 뺀 나머지 80에 해당하는 에너지를 세포 외부와의 물질대사를 통해서 공급받게 된다.

다시 말해 만약 세포가 외부로부터 영양을 공급받지 못한다면 세포분열은 일어나지 못한다는 것이다. 이는 생명체는 결코 단독으로는 생명을 유지하지 못하고 끊임없이 외부와 물질대사 과정을 거쳐야 한다는 것을 의미한다.

또 한 가지 여기서 설명해야 할 중요한 내용은, 분열에너지로 소모된 32만큼의 정 1.1 중에는 나중에 공급받는 에너지로도 재생되지 않는 정의 특정 부분이 있다는 것이다. 딸세포 A의 정 중에 세포분열시 모세포로부터 물려받지 못하는 것이 있다는 것이다.

1.1/2=0.55만큼 감소된 정은 나중에 에너지 80을 공급받아서 모세포와 같은 상태로 회복되야 하나 불행하게도 이 중에서 어떤 부분은 회복되지 않는다는 것이다. 이것은 아마도 생명체의 수명과 관련있는 물질(정)임에 분명하다. 그렇지 않다면 논리적으로 생명체는 외부로부터 에너지를 공급받기만 한다면, 세포분열의 과정이 끝없이 순환되어야 할 것이기 때문이다.

그러나 자연계에 존재하는 모든 생명체는 시간의 경과와 더불어 반드시 죽는다. 이 현상을 설명하기 위해서는 세포분열시 모세포로부터 물려받지 못하는 정이 있어야 한다는 것이다. 그러므로 생명체의 죽음에 대한 궁극의 열쇠는 정이 가지고 있다. 아무리 강한 생존의지가 작용하더라도 그것이 세포분열을 통한 방법이라면, 분열에너지로 소모되는 정 때문에 영원히 생존할 수는 없다는 말이다. 만약 인간이 이 회복되지 않는 물질(정)을 인위적으로 만들어 딸세포의 정을 정확히 모세포의 정과 같게 만든다면 불로 불사의 꿈을 실현할 수 있을 것이다.

그러나 유한한 자원의 지구 위에 존재하는 생명체가 태어난 후 죽지 않는다면 지구는 생명체들로 만원을 이룰 것이고 결국 공멸할 수밖에 없을 것이다. 따라서 불로 불사의 기술은 알아낸들 아무런 소용이 없는 기술이다. 하지만 사람들은 그 기술을 알아낼지도 모른다. 그러면 그 기술의 혜택을 받는 소수를 제외한 나머지 사람들은 그 기술을 손에 넣기 위해 투쟁하게 될 것이다. 한마디로 양쪽 모두 싸움과 투쟁의 시대를 살게 될 뿐이다.

선택은 우리들 인간의 손에 달려 있지만 지금으로서는 매우 비관적인 전망이 우리를 압도한다. 생명공학 기술을 이용한 복제인간의 출현이 우리의 미래를 행복하게 해줄 것인가는 심사숙고해야 할 사항이다. 매우 특이한 생명체인 인간은 물질적 기술 이외의 어떤 다른 가치를 추구해야 하는 존재임을 잊어서는 안 된다.

점차 그 정도를 더해 가는 잘못된 경제논리—서양 과학기술과 경제적 이익만을 최고의 가치로 신봉하는—는 우리들 인류의 미래에 암울한 그림자를 드리우는 주범이 될지도 모른다. 그들이 신봉하는 이익은 어디서 오는 것인가? 다른 사람의 손실로부터 그리고 말 못하는 지구 자원으로부터 온다. 이익은 결코 창조되는 것이 아니며 다른 곳에 존재하는 것을 뺏어오는 것일 뿐이다. 이익을 낸 만큼 우리의 미래를 절망으로 이끌지도 모르는 폐해들이 만들어져 가고 있음을 잊어서는 안 된다.

이쯤에서 에너지 밀도체와 생명체의 기와의 관계를 이야기해야 하겠다.(이 부분은 후술하는 에너지 밀도체를 이해한 후 다시 한번 읽어보기 바란다).

한마디로 생명체를 이루는 화합물을 구성하는 물질입자들 주변에, 에너지 밀도체가 분포하고 있는 상태가 생명체의 기의 본질이다. 생명체를 구성하는 화합물을 정이라고 정의한다면, 기는 정 속에 존재하는 에너지 밀도체인 것이다. 즉, 생명체 내부에 존재하는 자유에너지 밀도체가 기라는 것이다.

그리고 정은 물질입자들의 결합체이고, 물질입자의 본질은 종속에너지 밀도체이다. 따라서 생명체의 정의 본질은 종속에너지 밀도체이다. 이것이 의미하는 바는 정은 기의 또 다른 형태라는 점이다.

그러나 일반적으로 생명체가 정·기·신으로 구성되어 있는 것이라고 이야기할 때, 기를 구성하는 것은 활성에너지 밀도체(이를 1차 생기라 한다. 그러나 이것은 정에 종속되어 있으며 실지로 정의 일부를 구성하는 것으로 본다)와 자유에너지 밀도체(이것은 2차 생기, 3차 생기, 진기의 실체)이다.

위에서 든 예로 설명하면 딸세포 A의 생기가 24라는 것은, 딸세포 A를 구성하는 종속에너지 밀도체의 양이 24라는 것을 의미한다. 그러므로 생기 24 안에는 활성에너지 밀도체인 1차 생기가 얼마나 존재하는지는 알 수 없다. 다시 한번 딸세포 A의 그림을 보면 **정과 상관없이 부여받은 생기** 24라는 표현이 있다.

분열 직후 딸세포 A의 정의 양 3.45가 압축된다고 가정했을 때의 에너지량은,

$$(1/2)(정 \times 신)^2 = (1/2)(3.45 \times 2)^2 = 24$$

그런데 수정란에서 딸세포 A로 이전된 생기의 양은 48이다. 그러므로 나머지 24는 딸세포 A의 정에 결합(종속)되어 있지 않은 에너지(기)에 해당된다. 이것을 정과 상관없이 부여받은 생기라고 앞의 그림에서 표현한 것이다. 이것은 딸세포 A를 구성하는 물질입자 주변에 분포하면서 딸세포 A의 질량을 구성하지는 않는, 딸세포 내부에 존재하는 에너지 밀도체인 것이다. 이러한 상태에 있

70

는 에너지 밀도체를 자유에너지 밀도체라고 한다.

생명체 내부에 존재하는 자유에너지 밀도체는 그 공급경로가 세 가지가 있다.

먼저 세포분열 과정에서 정과 상관없이 부여되는 경우 이를 **2차 생기**라고 한다.

다음으로 물질대사를 통해서 공급되는 자유에너지 밀도체를 **3차 생기**라고 한다.

이들 2차 생기와 3차 생기는 종속 또는 활성에너지 밀도체가 자유에너지 밀도체로 전환된 것이다.

마지막으로 공간에 존재하는 자유에너지 밀도체 그 자체를 체내로 유입하는 사람들이 있는데, 이때 이들이 공급받는 자유에너지 밀도체를 특별히 **진기(眞氣)**라 한다.

그리고 세포분열을 통해서 모세포에게서 물려받든, 또는 물질대사 과정을 통해서 공급받든, 활성에너지 밀도체가 본질인 생기를 **1차 생기**라고 한다.

종속에너지 밀도체와 활성에너지 밀도체는 그 자체로 생명체의 정을 구성한다.

1차·2차·3차 생기가 생물체 내에서 각각 어떤 의미를 지니고 있는지 알아보자. 이에 앞서 생명체의 에너지 밀도체가 가지는 기본적인 속성을 다시 한번 짚어볼 필요가 있다.

기본적으로 에너지 밀도체는 열성과 전자기성을 가지고 있다. 그리고 밀도에 따라서 질량성이 나타나는 경우도 있고 나타나지 않는 경우도 있다. 종속에너지 밀도체는 질량성을 나타낸다. 반면에 자유에너지 밀도체는 보통의 상태에서는 질량성을 나타내지 않는다

그러나 자유에너지 밀도체의 밀도가 매우 높아지면 질량성을 나타내는 경우도 있다. 이런 예가 바로 장풍 현상이다. 이런 현상은 2차, 3차 생기 또는 진기를 조절할 수 있는 사람들에게나 특별

히 나타나는 현상이다. 다음 그림은 세포 내부의 물질입자 주변에 분포하는 에너지 밀도체의 개념도이다.

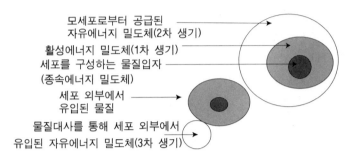

모세포로부터 공급된
자유에너지 밀도체(2차 생기)
활성에너지 밀도체(1차 생기)
세포를 구성하는 물질입자
(종속에너지 밀도체)
세포 외부에서
유입된 물질
물질대사를 통해 세포 외부에서
유입된 자유에너지 밀도체(3차 생기)

〔그림 4-4〕

1차 생기는 그 본질이 활성에너지 밀도체이므로 기본적으로 생명체의 물질대사 작용에 지배를 받는다. 1차 생기는 세포분열의 결과 모세포로부터 일부 이전되고 나머지 필요한 양은 세포분열 후 이루어지는 물질대사를 통해 생명체 내부에 축적된다. 세포 한 개의 범위에서 보면 1차 생기의 축적은 무한대로 계속될 수는 없다. 1차 생기의 본질은 활성에너지 밀도체이므로 이것은 물질입자(종속에너지 밀도체)에 결합되어 있기 때문이다. 이는 세포 한 개가 무한히 커지지 않고 어느 시점에서 그 크기가 둘로 나누어지는 것을 보면 알 수 있다.

결국 세포분열에 필요한 더 많은 에너지는 자유에너지 밀도체인 3차 생기가 세포 내부에 축적됨으로써 확보된다. 그리고 이 자유에너지 밀도체는 생명체의 끊임없는 물질대사의 화학반응의 결과 만들어지는 것이다.

따라서 생명체가 물질대사를 원활히 수행할 수 없게 되면, 3차 생기를 충분히 축적하지 못하기 때문에 세포분열을 못하게 되어 더 이상 성장할 수가 없다. 사람이든 동물이든 식물이든 영양가 있는 물질을 많이 섭취하여 활발한 물질대사를 통해 자유에너지 밀도체(3차 생기)를 많이 생성하는 것이 성장의 관건이다.

5 에너지 밀도체

제1절 현대과학과 만나다

논의의 궁극적 목적인 정·기·신에 대한 설명, 특히, 기를 설명하려면 현대 물리학에서 사용하는 에너지와 물질 개념을 사용할 수밖에 없다. 우리는 생명과 자연현상의 이해의 도구를 서양과학을 통해서 배워왔기 때문이다.

그런데 여기서 이야기하려는 기 개념을 물리학이나 화학에서 사용하는 언어로 표현하기 위해서는 더 구체적이고 가시적으로 묘사해야 할 필요가 있다. 그래서 에너지와 물질과의 관계에 대한 새로운 모델인 에너지 밀도체라는 것을 가정하여 논의를 진행하기로 하자. 눈에 보이지 않는 무형의 실재인 에너지에, 에너지 밀도체라는 옷을 입힘으로써 그 존재를 실체화·구체화하자는 것이다.

이러한 작업을 하기에 앞서 우리는 사물을 바라보는 시각을 달리할 필요가 있다.

야구 경기에서 타자를 향해 날아오는 공은 어떤 때는 슬라이더로, 어떤 때는 직구로, 어떤 때는 포크볼로 관측된다. 이처럼 공의 궤적과 속도는 매번 다르다. 타석에 서 있는 타자가 만약 지금 볼을 던지고 있는 투수의 특징을 미리 알고 있지 못하다면, 그는 투수가 던지는 공의 구질을 파악하는 데 매우 힘이 들 것이다. 타자가 안타나 홈런을 치기 위해서는 먼저 투수에 관해서 잘 알고 있어야만 한다.

우리가 사물을 바라보는 자세도 마찬가지다. 사물을 진정으로 이해하기 위해서는 사물 그 자체를 아는 것보다 사물을 있게 한 근원을 이해해야 한다.

똑같은 투수가 던지는 공임에도, 그 공은 매번 다른 속도와 궤적으로 타자 앞에 나타나는 것처럼 사물 또한 우리에게 그렇게 나타난다. 만약 타자가 투수에 대한 정보를 가지고 있지 못하다면 그는 투수가 던진 공의 구질을 분석해 봄으로써 투수의 상태를 추측할 수밖에 없을 것이다.

마찬가지로 우리 또한 사물을 분석해 봄으로써 그 근원을 알 수밖에 없다. 하느님은 우리에게 친절하게 모든 원인을 설명해 주지 않기 때문이다. 그래서 우리는 하느님이 만든 사물들을 잘 살펴보고 하느님의 의지를 읽어내야 하는 것이다.

우리는 지금까지 투수가 던진 공 그 자체의 속도와 궤적을 연구하고 분석하는 데에만 주안점을 두었다. 하지만 이제 우리의 시각을 한 단계 더 안으로 돌려, 이 공을 던지는 투수를 연구하고 분석해 볼 필요가 있다. 이것을 아는 것이 진정으로 아는 것이다.

여기서는 이 투수가 바로 에너지체라고 가정한다. 그리고 이 에너지체가 만든 사물과 이 사물을 유지시키는 힘을 에너지 밀도체의 관점에서 재해석함으로써 기의 존재를 인식하려는 것이다.

이제 이 새로운 모델을 구체적으로 살펴보자.

에너지 밀도체란 한 무리의 에너지체들이 모여있는 상태를 의미한다. 기본적으로 우주는 에너지체만으로 이루어져 있다. 공간에 에너지체가 존재하는 상태, 이것이 우주다. 공간에 존재하는 에너지체의 일부는 물질을 구성하고, 나머지는 그냥 그 상태로 공간에 존재한다.

불교의 교리를 빌리면 에너지체의 일부는 색(色)이 되고 그 나머지는 공(空)을 형성한다. 색과 공의 본질은 에너지체로 같은 것이다. 현대과학의 표현을 빌리면 에너지체의 일부는 물질이 되고 그 나머지는 에너지로 존재한다라고 말할 수 있다. 따라서 물질과 에너지는 본래 에너지체로 하나인 것이다.

수소, 산소, 탄소, 철, 나트륨 등등…… 지금까지 발견된 모든 종류의 원소들과 앞으로 발견될지도 모르는 원소들, 그리고 인공적으로 만들어내는 원소들 모두가 에너지체로 이루어진 것들이다.

차갑고 뜨거움, 강한 힘과 약한 힘, 중력, 전자기력 등 우주에서 발생하는 모든 종류의 비물질적 현상들 또한 에너지체가 만들어내는 것이다. 따라서 서로 별개의 원리로 작용하고 있는 것처럼 보이는 4가지 기본적인 힘도 에너지 밀도체라는 하나의 도구로 설명할 수 있다.

보이는 것, 보이지 않는 것
큰 것, 작은 것
살아 있는 것, 죽은 것
움직이는 것, 움직이지 않는 것
열, 빛, 힘, 파(wave)
존재하는 모든 것과 일어나는 모든 현상의 본질은,
에너지체, 바로 이것이다.

제2절 물질과 에너지의 탄생

모든 물질의 종류와 힘은 에너지체의 배열상태에 따라 결정된다. 에너지체 입자 하나하나는 질량을 가지고 있지 않은 것으로 본다. 에너지체는 입자라고 볼 수도, 아니라고 볼 수도 있는 반(半)물질 상태에 있는 어떤 것이라고 본다.

에너지체들이 좁은 공간 안에 매우 높은 밀도상태로 분포하게 되면 고밀도의 에너지 밀도체가 된다. 이것은 밀도가 높고 낮음에 따라 물질입자가 될 수도, 그렇지 않을 수도 있다.

최초에 빅뱅이 일어나고 물질이 형성되는 과정은 에너지체가 고밀도 상태로 모이는 과정이었다. 이 과정에서 원소들의 기본입자가 만들어진 것이다. 에너지체들은 서로 모여 덩어리를 이루어 물질의 기본입자를 형성하기도 하고 이와 반대로 서로 흩어지기도 하는데 이러한 흩어짐의 과정을 겪으면서 입자는 붕괴된다. 알파붕괴, 베타붕괴라고 하는 것은 바로 물질입자를 구성하고 있던 에너지체가 흩어지는 과정인 것이다.

물질입자를 구성한 에너지 밀도체를 종속에너지 밀도체라 하고, 물질입자를 구성하지 못한 에너지 밀도체를 자유에너지 밀도체라고 한다. 따라서 종속에너지 밀도체는 질량을 가지게 되고 우리는 이를 안정된 물질입자로 인식하게 되는 반면에 자유에너지 밀도체는 질량을 가지고 있지 않고 눈으로 볼 수 없는 힘과 에너지의 형태로 인식하게 된다.

같은 크기의 공간 안에서 종속에너지 밀도체의 밀도분포 수준이 자유에너지 밀도체의 밀도분포 수준보다 훨씬 더 높다. 이처럼 물질과 물질이 아닌 것의 구분은 에너지 밀도체의 밀도에 따라 결정된다.

에너지체들이 조밀하게 모여 일정한 덩어리를 이루게 되면, 그것이 바로 물질이 되는 것이다. 반면에 비록 일정한 덩어리를 이루었다 하더라도 그 밀도가 일정한 수준을 넘지 못하면, 이것은 안정된 물질로 인식되지 못한다. 이들은 그냥 그 상태로는 보이지 않는 비물질적 존재, 자연에서 일어나는 하나의 현상(파동, 열, 여러 종류의 에너지 등)으로 인식된다.

진공의 공간에서도 존재하는 것이 바로 자유에너지 밀도체이다. 이것은 온 우주공간 어디에서도 존재한다. 달이 지구로부터 벗어나지 못하는 것과 지구가 태양을 벗어나지 못하는 것도 이들 사이의 공간에 자유에너지 밀도체가 분포하고 있기 때문이다.

자유에너지 밀도체가 비록 물질입자를 구성하지는 못하지만 이들도 일정한 조건이 갖추어지면 언제든지 종속에너지 밀도체(물질입자) 또는 활성에너지 밀도체로 전환될 수 있다.

활성에너지 밀도체란 종속에너지 밀도체에 구속되어 분포하는 에너지 밀도체를 의미한다. 이것은 비록 그 자체로는 안정된 물질입자를 구성하지 못하지만, 종속에너지 밀도체에 인접해 분포함으로써 물질입자를 구성하고 물질입자와 입자와의 관계를 결정해주는 역할을 하고 있다. 눈에 보이지 않는 작은 입자와 입자들이 이들 활성에너지 밀도체로 말미암아 결합하여 우리가 볼 수 있는 원자, 분자 그리고 별들을 이루는 것이다.

한 가지 주의해야 할 사항은 이것이 비록 스스로 안정된 물질입자를 구성하지는 못하지만, 우리가 측정하는 물질입자의 질량에는 포함될 수 있다는 것이다. 결손된 질량이 에너지로 바뀌었다는 것은, 그 전에 이미 잠재해 있던 에너지(활성에너지 밀도체)가 질량으로 관측되었다는 것을 의미한다.

우리는 앞으로 이들 종속에너지 밀도체, 활성에너지 밀도체, 자유에너지 밀도체들의 상관관계를 추론해 나감으로써 기의 실체를 인식할 수 있을 것이다.

불교에서는 자유에너지 밀도체를 '공(空)'으로 표현하고 있으며 도가에서는 이것을 '태극' 또는 '무극'이라는 말로 표현하고 있다. 인도의 경전 《우파니샤드》에서는 에너지체를 통틀어 '아뜨만' 혹은 '브라흐만'이라는 말로 표현하고 있다. 그러나 이들은 모두 추상적인 형이상학적 개념들로써 실체적 인식대상에 익숙한 우리 일반인들에게는 이해하기 어려운 말일 뿐이다. 따라서 우리는 현대 물리학이 발견한 사실들을 논의의 출발점으로 삼아 에너지 밀도체와의 관련성을 추론해 나갈 것이다.

물리학에 기본적 지식이 없는 독자들은 다소 의아하겠지만 단정적으로 말한다면, 우리 주변에 상시적으로 존재하는 원자 범위에서, 원자핵을 구성하는 양성자, 중성자를 구성하는 업쿼크(up quark), 다운쿼크(down quark) 그리고 원자핵 외곽에 분포하는 전자는 종속에너지 밀도체 구조를 가지고 있다.

반면에 글루온(gluon)과 에너지 밀도체 장벽은 활성에너지 밀도체이다. 또한 지금까지 발견되지는 않았지만 과학자들이 발견될 것이라고 예측하고 있는, 중력전달입자(Graviton)는 에너지 밀도체 관점에서 본다면 자유에너지 밀도체에 해당한다.

현대의 소립자물리학에서는 글루온이라는 강력(핵력)을 전달하는 입자는 질량을 가지지 않은 것으로 보고 있다. 그러나 에너지 밀도체 관점에서 본다면 글루온은 활성에너지 밀도체에 해당함으로 원자의 질량을 구성하고 있으나, 그 자체로서 안정된 입자로 관측되지 않는 것뿐이다.

엄밀히 말하면 에너지 밀도체 장벽 또한 현대 물리학이 이미 그 존재를 암시하는 단서를 추론해 놓고 있으면서도 인식하지 못하고 있는 것뿐이다. 이는 뒤에서 자세히 설명할 것이다.

이처럼 비록 그 표현하는 방식에서는 현대 물리학과 차이가 있지만, 여기에서 이야기하는 에너지 밀도체는, 추상적인 대상이 아니라 과학적 발견을 거친 또는 예견되는 실체적 대상을 지칭한다.

제3절 에너지체와 에너지 밀도체의 기본적 성질

에너지 밀도체는 수많은 에너지체의 집합이다. 단위공간에 얼마나 많은 에너지체들이 존재하느냐에 따라 에너지 밀도체의 밀도가 높다라고도 하고 낮다라고도 한다.

어떤 에너지 밀도체가 전자기력 또는 인력과 같은 힘을 가지고 주변의 다른 에너지 밀도체또는 물질입자에 어떤 영향을 끼칠 수 있다면 이때의 에너지 밀도체의 밀도는 높다라고 말할 수 있다.

　기본적으로 에너지체는 전기 전자적인 개념에서의 +성질의 반입자와 -성질의 반입자로 구성되어 있다. 여기서 반(半)입자란 불완전한 입자라는 뜻이다. 즉, 입자라 할 수도 있고 입자라 하지 않을 수도 있는 상태를 의미한다. 다시 말해 완전한 입자로 진화되기 전의 어떤 상태를 의미한다.

　+, - 입자 두 종류의 에너지체를 가상으로 그려보면 다음과 같다. 테두리를 점선으로 표시하고 있는 것은 이들이 개별적 실존성을 가지고 있는 가장 작은 실체라는 것을 의미한다. 이들에 관해 확실히 밝혀진 것이라고는 이들이 +, -의 성질을 가지고 있으며 우주공간에 존재하는 것 가운데서 최소의 개체라는 것뿐이다.

〔그림 5-1〕

　물질입자와 상관없이 존재하는 에너지 밀도체(자유에너지 밀도체)는 일반적 자연상태에서는 전기적으로 중성인 것으로 본다. 물질입자와 상관없이 존재한다는 것은 물질입자들 간의 화학적 물리적 반응에 참여하지 않는 상태의 에너지 밀도체를 의미한다. 이러한 상태의 에너지 밀도체는 +에너지체와 -에너지체가 서로 혼재하여, 일정한 공간 내에서 전체적으로 볼 때에는 전기적 극성을 나타내지 않는다.

　에너지체가 에너지 밀도체의 상태로 존재하는 것은, 에너지체가 +극성을 가진 반(半)물질입자와 -극성을 가진 반물질입자로 구성되어 있어, 이들 사이에 서로 전자기적 인력이 작용하고 있기 때문이다.

　그러나 전자기적으로 중성인 자유에너지 밀도체들이 특정의 극성을 가진 물질입자 주변에 존재하면서 이들 입자들의 영향력 아래 놓이게 되면 그 물질입자의 극성에 따라 그 구성 에너지체의 분포양상이 달라질 수 있다.

이론적으로 진공의 공간에 양성자 하나를 주입한다거나 전자 하나를 주입하면, 양성자 주변에는 -극성의 에너지 밀도체가 분포하게 되고 전자 주변에는 +극성의 에너지 밀도체가 분포할 수 있다는 의미이다. 그러나 실제로는 물질입자의 원자 속에 존재하는 양성자나 전자 주변에는 좀더 복잡한 양상으로 에너지체들이 분포하게 된다.

어쨌든 +극성과 -극성의 에너지 밀도체 상호간에는 전자기적 인력과 척력이 작용한다는 것이 에너지 밀도체의 기본적인 성질이다.

에너지 밀도체의 또 다른 기본적인 성질은, 활성에너지 밀도체 (물질입자의 종속에너지 밀도체 주변에 분포하는)의 밀도와 분포 공간의 크기는, 종속에너지 밀도체의 전자기적 극성에 의한 영향뿐만 아니라 종속에너지 밀도체의 밀도와 그 크기에 비례한다는 것이다. 이는, 가벼운 원자핵보다 무거운 원자핵 주변에 더 많은 에너지체(에너지 밀도체 장벽)가 분포하게 된다는 것을 의미한다. 이것을 에너지 밀도체의 중력작용이라고 한다.

이와 더불어 에너지 밀도체가 가지는 또 다른 속성은, 에너지 밀도체에서는 에너지체들의 이동으로 밀도변화가 일어나며, 에너지체의 이동(밀도변화)으로 열현상과 파동현상 등이 나타난다는 것이다.

물질입자 내부에서 어떠한 파장이 관측된다는 것은, 이 물질입자 내부에 존재하는 종속에너지 밀도체 또는 활성에너지 밀도체에 어떠한 밀도변화가 일어나고 있음을 의미한다. 또한 원자핵 주위에 존재하던 전자가 자신의 에너지 준위의 변화로 궤도를 바꿀 때 관측되는 파장은, 원자 내부에서 전자의 궤도 변경이 일어날 때 원자 내부에 분포하고 있는 에너지 밀도체(에너지 밀도체 장벽을 의미함)에 어떤 밀도변화가 일어나고 있다는 것을 암시한다.

에너지 밀도체의 밀도변화가 열현상을 일으킨다는 것을 증명하는 좋은 예가 원자폭탄이다. 우라늄 원자핵에 중성자 하나를 쪼이면, 이 중성자는 전기적으로 중성이므로 양성자의 전기적 반발을 받지 않고 원자핵 내부로 파고 들어간다. 그리고 이것은 남아 있던 양성자 하나와 짝을 이루게 된다. 이러한 일련의 과정이 진행됨으로써 원자핵 구조에 변화가 일어나 원자핵에 분포하고 있던 활성에너지 밀도체를 구성하는 에너지체에 급격한 움직임(밀도변화)이 일어나고, 그 결과 엄청난 열현상을 일으키게 된다.

이처럼 열이란 에너지 밀도체의 밀도변화 과정에서 나타나는 현상이다. 섭씨 10억 도에 육박하는 고온상태에서 우라늄 원자핵은 둘로 나뉘어지는데 이것을 핵분열이라고 한다. 고온 때문에 핵이 둘로 쪼개지는 것이 아니라, 핵 속에 분포하던 에너지 밀도체의 밀도변화 즉, 에너지체들의 이동 때문에 핵이 쪼개지는 것이며, 열은 이러한 상태를 대변해 주는 표시일 뿐이다.

우라늄 원자핵이 둘로 쪼개지면 원자핵의 질량변화에 따라, 기존의 원자핵에 분포하던 활성에너지 밀도체(에너지 밀도체 장벽)에 작용하던 에너지 밀도체의 중력작용이 기존의 상태에 비해서 감소하게 된다. 그 결과 원자 내부에 분포하던 활성에너지 밀도체(에너지 밀도체 장벽을 의미함) 가운데 일부는 원자핵의 질량에 의한 인력장으로부터 벗어나게 된다.

예를 들면, 만약 질량 100일 때 100의 활성에너지 밀도체가 작용하던 상태에서 이 질량체가 50과 50의 질량체로 나뉘어 지게 되면, 각각의 질량체에는 50의 에너지 밀도체가 작용하는 것이 아니라 40만큼씩만 작용하게 된다는 것이다. 그래서 총 20만큼의 에너지 밀도체는 질량체가 가지는 인력으로부터 벗어나게 된다는 것이다. 이때 인력장으로부터 벗어난 에너지 밀도체는 원자 외부로 방출된다. 여기에는 또 한 가지의 과정이 생략되어 있는데 뒤에 자세히 설명할 것이다.

한꺼번에 많은 양의 우라늄이 이러한 과정을 일으키면 원자폭탄이 되는 것이고, 서서히 일으키면 우리에게 유익한 원자력 에너지가 되는 것이다.

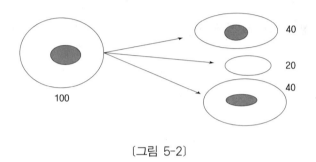

〔그림 5-2〕

원자 외부로 방출된 20만큼의 에너지 밀도체는 원자핵에 종속적으로 결합되어 있던, 다시 말해 원자의 질량값에 포함되어 있던 활성에너지 밀도체에 해당하는 것이었다. 그런데 이것이 원자핵으로부터 벗어남으로써 원자핵의 질량은 이 양만큼 감소한다. 이 방출된 20만큼의 에너지 밀도체는 활성에너지 밀도체에서 자유에너지 밀도체로 바뀌게 된다.

이 에너지의 양, 즉 활성에너지 밀도체가 자유에너지 밀도체로 전환되는 양이, 바로 아인슈타인의 질량에너지 등가방정식 $E = mc^2$에 의해 계산되는 양이라고 볼 수 있다. 다시 말해, 활성에너지 밀도체는 현재의 물리학 체계에서도 이미 그 양이 측정되고 있다.

제4절 에너지 밀도체와 정·기·신

물질의 화학반응의 결과 에너지 밀도체의 이동이 일어나는 현상은 생명체에 존재하는 기의 실체를 밝히는 핵심 단서가 된다. 생명체의 가장 큰 특징은, 그것의 세포와 조직이 느리든 빠르든 움직인다는 것인데, 그 움직임의 원동력이 바로 생명체 내부에서 물질의 화학반응 결과 발생하는 자유에너지 밀도체의 이동 때문이라는 것이다.

자동차 바퀴의 움직임의 근원은 엔진 실린더 안의 피스톤이다. 마찬가지로 생명체의 움직임의 근원은 생명체의 세포 내부에서 일어나는 자유에너지 밀도체의 이동인 것이다.

생명체 내부에서 일어나는 화학반응은 끊임없이, 많은 양이, 비교적 짧은 시간 안에 일어나는 데 반해 무생물은 그렇지 못하다. 예를 들어 우라늄은 자연상태에서 그 원자의 질량을 반으로 줄이는 데 몇 십억 년이 걸리지만, 생명체 내부에서는 끊임없이 많은 양의 화학반응이 일어나고, 그 결과 자유에너지 밀도체의 이동현상이 일반화됨으로써 동적인 물체가 될 수 있다.

이것은 생명체와 무생명체를 나누는 중요한 기준이자 가장 큰 차이점이 된다.

누가 바람을 보았는가?
그러나 저기 흔들리는 나뭇잎을 보라
바람이 저들을 움직인다면
우리를 움직이는 것은
온 우주공간과
우리 세포 안에 가득찬
자유에너지 밀도체

모든 생명체의 몸 안에 내재하고 있는 기의 실체는 바로 자유에너지 밀도체인 것이다.

활성에너지 밀도체를 1차 생기라 하고 자유에너지 밀도체를 2차 생기, 3차 생기라고 했다. 활성에너지 밀도체는 물질의 원자 속에 내재해 있기 때문에 흐르지 않는다. 다시 말해 1차 생기는 흐르지 않는다. 즉 자기가 속한 물질입자 주변을 벗어나지 못한다. 그러나 이 활성에너지 밀도체는 화학반응의 결과에 따라 언제라도 자유에너지 밀도체로 전환되어 2차 생기, 3차 생기가 될 수는 있다. 그러나 생명체에서 일어나는 물질대사 과정에서 원자핵이 깨지는 수준의 반응은 잘 일어나지 않는다.

다만 활성에너지 밀도체는 물질대사 과정에서 완전한 자유에너지 밀도체로 전환될 수 있다. 이렇게 활성에너지 밀도체에서 전환된 자유에너지 밀도체인 2차 생기, 3차 생기는 물질입자에 속박된 상태가 아니므로 생명체의 조직 안에서 자유로운 이동(흐름)이 가능하다. 이것이 생명체 내부에서 흐르고 있다고 여겨지는 기(氣)의 실체이며 살아 움직인다는 것의 본질이다.

그러나 이것 또한 에너지가 물질로 전환되는 것처럼, 물질대사의 결과에 따라 언제라도 활성에너지 밀도체 또는 종속에너지 밀도체로 전환될 수 있다.

생명체는 잠시도 쉼 없이 물질대사 과정을 수행하고 있다. 이것은 끊임없이 생기를 만들어내고 있다는 것을 의미한다. 그리고 이 생기가 어떤 원리에 의해 생명체에 사용되고 있는가에 대한 해답은, 모든 생명체에 동일한 원리로 작용하는 신과 관련이 있다.

활성에너지 밀도체인 1차 생기는 이왕 물질에 종속된 상태에 있으므로 그 성질을 이해하기가 비교적 쉽다. 그러나 자유에너지 밀도체인 2차 생기, 3차 생기는 그 행동양상이 간단하지 않다. 이것은 신에 대한 이해가 없으면 알 수 없다. 그리고 이 신을 이해하기 위해서는 지금까지 이야기한 에너지 밀도체인 기를 그 수단으로 삼아야 한다.

제5절 에너지 밀도체와 지구 위의 물의 비유

에너지 밀도체를 더 잘 이해하기 위해 다음과 같은 비유를 들어보자.

우리가 살고 있는 이 지구를 하나의 원자 또는 분자라고 가정하고, 지구에 존재하는 물을 에너지 밀도체라고 가정하자. 지구에 존재하는 물은 크게 세 가지의 상태로 존재하고 있다.

먼저 땅속에 지하수로 존재한다. 이 지하수는 증발하지 않는다고 본다. 지하수가 증발하기 위해서는 일단 지표로 올라와야 한다. 그리하여 호수나 강물, 바닷물의 형태를 취해야만 증발할 수 있다. 따라서 이 지하수는 원자의 종속에너지 밀도체에 해당한다고 말할 수 있다. 물론 지하수의 양이 지구의 무게를 측정할 때 포함되는 것은 당연하다. 마찬가지로 원자의 종속에너지 밀도체도 원자의 질량에 포함된다.

다음으로, 지구 상의 물은 표면수의 형태로 존재한다. 이런 것에는 강물, 호수의 물, 바닷물 등이 있다. 이것들은 태양열에 의해 증발하여 자신의 부피나 무게를 줄일 수 있는 반면에 눈이나 비와 같은 강우를 받아들여 자신의 부피나 무게를 증가시킬 수도 있다. 그리고 땅속으로 스며들어가 지하수가 될 수도 있고, 지하수가 땅위로 나와 이들과 같은 표면수가 될 수도 있다. 따라서 강물, 호수의 물, 바닷물은 정해진 무게를 측정할 수 없다. 그러므로 이들의 무게가 얼마라고 말할 수 없다. 측정 시점에 따라 항상 변하기 때문이다.

그러나 이들은 엄연히 지구 표면에 붙어 있다. 그러므로 만약 지구의 무게를 측정하기 위해 지구를 저울 위에 올려놓는다면 이들의 무게도 당연히 지구의 무게로써 측정될 것이다. 그러나 이들은 그 측정값을 항상 가변적으로 만드는 요인이 된다. 따라서 이들의 무게는 일단 없는 것으로 가정하고 지구의 무게를 이야기해야 할 것이다.

이러한 성질을 가진 것이 바로 활성에너지 밀도체이다. 활성에너지 밀도체는 종속에너지 밀도체로 전환될 수도 있다. 이것은 마치 강물, 호수의 물, 바닷물 등과 같은 표면수가 땅속으로 흘러들어가 지하수가 되는 것과 같다. 종속에너지 밀도체 역시 활성에너지 밀도체로 전환될 수 있다. 이것은 위와 반대로 지하수가 땅 위로 흘러나와 표면수가 되는 것과 같다.

마지막으로 원자 또는 분자의 영향권에서 벗어난 공간에 존재하는 자유에너지 밀도체에 비유되는 지구 상의 물은 구름의 형태로 존재하고 있다. 강물, 호수의 물, 바닷물 등은 지구 표면에 붙어 있기 때문에 그 이동에 제약을 받는 반면에, 구름의 형태로 존재한다는 것은 자유로운 이동을 할 수 있음을 의미한다.

구름은 표면수가 태양열에 의해 증발하여 발생한다. 증발이 일어난다는 것은 물 분자의 움직임을 의미한다. 이것은 대기의 움직임을 일으키는 가장 근원적인 힘이다. 자유에너지 밀도체의 이동이 생명체를 움직이게 하는 기의 실체인 것처럼, 표면수의 증발은 지구의 대기를 움직이게 하는 힘의 근원이 되는 것이다.

구름은 산을 넘고 바다를 지나 온 세상 어디로든지 이동한다. 그러나 구름을 이동시키는 바람은 우리 눈에는 자기 멋대로 움직이는 것처럼 보이지만, 일정한 자연의 규칙에 따라 불고 있기 때문에 나름대로의 원칙에 따라 움직이고 있다. 마찬가지로 생명체의 몸속에서 이동하는 자유에너지 밀도체(생기, 진기)도 자기 멋대로 움직이는 것이 아니라 신의 원리에 따라 움직인다.

강물, 호수의 물, 바닷물이 증발하여 구름이 되는 것은 활성에너지 밀도체가 자유에너지 밀도체로 전환되는 것과 같다. 구름이 지표에서 떨어져 있기 때문에 지구의 무게를 측정할 때 포함되지 않는 것처럼 원자의 질량에 자유에너지 밀도체는 당연히 포함되지 않는다.

　구름이 비나 눈과 같은 강우의 형태로 다시 지표면에 떨어져 강물, 호수의 물, 바닷물이 되는 것은 자유에너지 밀도체가 물질분자들의 화학반응에 의해 활성에너지 밀도체로 전환되는 것과 같다. 과학자들은 이것을 에너지가 물질로 전환된다고 표현한다.

　위의 사항들을 정리하면 다음 표와 같다.

물	에너지 밀도체
지하수 ⟷ 표면수 표면수 ⟷ 구름	종속에너지 밀도체 ⟷ 활성에너지 밀도체 활성에너지 밀도체 ⟷ 자유에너지 밀도체

〈표 5-1〉

6 기본입자의 에너지 밀도체 구조

제1절 기본입자 소개

우리는 지금까지 이 세상을 살아오면서 누구나 한번쯤 다음과 같은 두 가지 질문을 생각해 본 적이 있을 것이다.

이 세상에 존재하는 모든 사물들은 무엇으로 이루어져 있는가?
이 사물들을 유지시키고 있는 것은 무엇인가?

이 기본적인 물음에, 옛날 사람들은 이 세상은 물, 불, 금속, 흙, 공기와 같은 것들로 이루어져 있다고 생각했다. 그러다가 1900년 대에 들어와서 이 세상을 구성하는 가장 기본적인 물질은 원자라고 생각하게 되었다. 원자는 한마디로 더 이상 쪼갤 수 없는 가장 작은 물질을 이루는 기본적인 알갱이라고 보았다.

그런데 과학자들의 여러 실험을 거치면서 이러한 원자도 원자핵과 전자로 구성되어 있음을 알게 되었으며, 원자핵은 양(+)의 전하를 띠는 양성자와 전기적 극성을 띠지 않는 중성자로 되어 있음을 밝혔다. 그리고 원자핵 주변에는 전기적으로 음(−)의 전하를 띠는 전자가 분포하고 있음도 아울러 알게 되었다.

현대에는 원자핵을 구성하는 양성자와 중성자가, 지금까지 밝혀진 물질입자 가운데 가장 작은 알갱이라고 여겨지는 쿼크라는 것으로 구성되어 있다는 사실까지 알게 되었다. 더욱이 입자 가속기와 같은 고도로 발달된 실험장치들을 통해, 그리고 우주선을 분석함으로써 많은 종류의 소립자들을 발견해 가고 있는 중이다.

위의 두 물음에 현재의 과학 수준으로 답한다면, 우리 자신을 포함하여 우리 주변에 존재하는 모든 사물들은 쿼크와 전자 그리고 그 밖의 다른 소립자들로 구성되어 있으며, 세상의 모든 사물들은 강력·약력·전자기력·중력이라고 하는 네 가지 기본 힘에 의해 유지되고 있다고 답할 수 있다.

그런데 에너지 밀도체 관점에서 위의 두 물음에 대한 답은 다음과 같다.

"생명체, 무생명체를 막론하고 이 세상을 구성하는 모든 물질은 에너지 밀도체로 이루어져 있다. 또한 이 세상의 사물을 유지시키고 있는 힘의 근원은, 에너지 밀도체를 구성하는 +에너지체와 -에너지체 사이에 작용하는 인력과 척력 그리고 에너지 밀도체의 밀도균형을 이루기 위한 에너지체들의 이동이다."

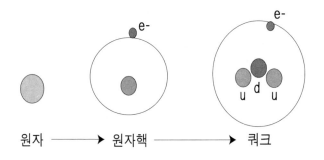

〔그림 6-1〕 물질의 기본입자에 대한 생각의 변천과정

이제부터, 현대과학(고에너지 소립자물리학)이 발견한 사실과 에너지 밀도체의 관계를 이야기함으로써 우리 논의의 궁극적 목표인 기의 실체 즉, 에너지 밀도체를 이해해 보기로 하자.

다음 그림은 현대의 원자 모델과 물질을 구성하는 기본입자를 보여주고 있다.

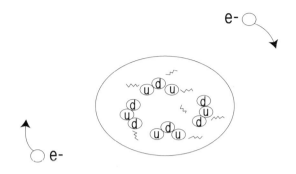

〔그림 6-2〕 현대의 원자 모델

　현대에 일반적으로 인정되고 있는 원자의 기본 모델은 위의 그
림에서 보는 바와 같이, 중심부에 양성자(proton)와 중성자
(neutron)로 이루어진 원자핵이 있고 그 주위를 전자(electron)가
일정한 움직임(motion)을 가지면서 분포하고 있다.

　양성자와 중성자는 업쿼크와 다운쿼크 두 종류의 퀴크가 3개씩
모여 있는 구조를 하고 있다. 이들은 양성자와 중성자 안에서 약
간의 흔들림을 가지면서 존재한다고 한다. 원자핵은 원자 크기의
만분의 일 정도 되고 쿼크와 전자의 크기는 10^{-18}미터보다 작은
것으로 보고 있다.

　그리고 과학자들은 이 퀴크를 구성하는 또 다른 입자가 존재할
가능성도 충분히 있다고 한다. 현재까지 과학자들은 여러 가지 경
로를 통하여 많은 종류의 소립자들을 발견했는데 이들을 대체로
다음과 같이 분류하고 있다.

　6개의 쿼크(quark)와 그 안티쿼크(anti quark)
　6개의 랩톤(lepton)과 그 안티랩톤(anti lepton)
　힘매개입자(force carrier) : W, Z, 글루온……

　밤 하늘의 별, 산, 강, 바다, 불, 사람, 고양이, 꽃, 나무, 세균……

우리 눈에 보이는 것, 보이지 않는 것, 존재하는 모든 것은 전부 다 위의 기본입자(그 가운데서 특히 업쿼크, 다운쿼크, 전자)들로 구성되어 있다는 것이다.

여기서 '안티(anti)'라는 말은 입자가 가진 전하의 성질이 반대라는 것을 의미한다. 즉, 어떤 입자의 반입자는 그 모양이나 행동 양상, 질량 등은 서로 같지만, 전하가 하나가 ＋이면 다른 하나는 ―라는 것이다.

과학자들에 따르면 어떤 입자와 그 입자의 반입자가 충돌하면 이 두 입자 모두 소멸한다고 한다. 예를 들어 업쿼크와 안티업쿼크($\bar{u}$)가 충돌하면 이 둘 모두 소멸하고 탑쿼크(top quark)와 안티탑쿼크($\bar{t}$)가 생긴다고 한다.

그런데 이러한 반입자와 관련하여 과학자들은 한 가지 풀지 못한 의문에 마주쳤다. 그것은 어떤 물질(matter)이 있을 때 그 물질의 반물질(antimatter)이 존재한다면, 왜 우리 주변에 일상적으로 존재하는 물질의 안티물질이 발견되지 않고 있느냐 하는 것이다.

제2절 업쿼크와 다운쿼크의 에너지 밀도체적 해석

이쯤에서 에너지 밀도체 관점에서 원자구조, 그리고 입자와 그 반입자를 설명하면 다음과 같다.

에너지 밀도체 관점에서는 업쿼크, 다운쿼크, 전자를 불문하고 지금까지 과학자들이 발견한 모든 종류의 소립자들은 ＋에너지체와 ―에너지체로 이루어진 에너지 밀도체 덩어리라고 볼 수 있다.

여기서 에너지 밀도체 덩어리란, 종속에너지 밀도체와 그 주변에 분포하는 활성에너지 밀도체를 의미한다.(앞으로의 그림에서 ＋표시는 ＋에너지체 한 개를 의미하고 ―표시는 ―에너지체 한 개를 의미하는 것으로 약속한다).

업쿼크를 예로 들어 에너지 밀도체 관점에서 물질입자를 그려 보면 다음 그림과 같다.

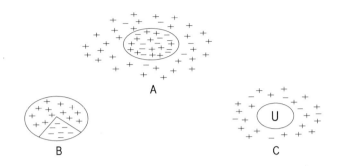

〔그림 6-3〕 에너지 밀도체 관점에서 본 업 쿼크

과학자들에 따르면 업쿼크는 +극성을 띠고 있다고 한다. 이것은 업쿼크를 구성하는 에너지체의 +, - 구성비율에 있어서 +에너지체의 수가 -에너지체의 수보다 상대적으로 많다는 것을 의미한다.

이러한 관점에서 표현한 그림이 B이다. 에너지 밀도체 관점에서 볼 때, 물질입자는 에너지체 수가 상대적으로 많은 쪽의 극성을 띠게 된다.

[그림 6-3]의 A를 보면 점선으로 표시한 원 안에 +, -에너지체들이 점선 외부보다 더 조밀하게 분포하고 있는데 이 부분이 종속에너지 밀도체이다. 과학자들이 쿼크 범위에서 질량으로 측정하는 부분이 바로 이 종속에너지 밀도체 부분이다.

그리고 점선 밖에 분포하는 +, -에너지체들은 활성에너지 밀도체이다. 이 부분은 현재의 기술수준에서는 과학자들이 쿼크의 질량을 측정할 때, 측정되지 않고 간과되는 부분이다. 왜냐하면 이 활성에너지 밀도체 부분은 종속에너지 밀도체 부분에 비해서 밀도가 낮기 때문이다. 그러나 이 활성에너지 밀도체 부분도 과학자들이 양성자의 질량을 관측할 때는 그 질량값에 포함된다.

이와 같이 소립자의 세계에서 현대 물리학이 의미하는 입자의 질량 개념과, 여기서 새롭게 도입한 에너지 밀도체 모델의 질량 개념에는 현재로서는 다소 차이가 있다. 에너지 밀도체 관점에서 본다면 어떤 입자의 질량은, 종속에너지 밀도체와 이에 구속되어 분포하는 활성에너지 밀도체 모두를 포함해야 한다.

이러한 차이가 발생하는 것은 근본적으로 현대 물리학이 물질을 바라보는 시각과 에너지 밀도체 모델에서 물질을 바라보는 시각의 차이 때문이다.

에너지 밀도체 관점에서 물질이란 +, -에너지체들이 일정한 비율로 그리고 일정한 밀도로 모인 덩어리다. 이러한 관점에서 업쿼크의 상태를 가장 사실적으로 표현한 것이 [그림6-3]의 A다.

그림 C는 중심부의 종속에너지 밀도체가 업쿼크임을 나타내는 기호 u로 표시한 그림이다.

앞의 [그림 6-3]에서 각기 다른 형태로 표시한 그림 A, B, C는 모두 다 업쿼크를 에너지 밀도체 관점에서 표현하고 있는 동일한 그림이다.

이제 업쿼크와 비교하여 다운쿼크를 에너지 밀도체 관점에서 표현하면 다음과 같다.

과학자들의 연구 결과에 따르면 다운쿼크는 업쿼크보다 질량이 더 크고, -극성을 띠고 있다고 한다. 다운쿼크가 업쿼크보다 질량이 더 크다는 것은, 에너지 밀도체 관점에서 보면 다음 두 가지 경우로 나누어 생각해 볼 수 있다.

하나는 다운쿼크와 업쿼크를 구성하는 에너지 밀도체의 밀도가 같은 상태에서 다운쿼크의 질량이 업쿼크의 질량보다 크게 관측되는 경우이고, 다른 하나는 다운쿼크의 에너지 밀도체의 밀도가 업쿼크의 에너지 밀도체의 밀도보다 낮음에도 다운쿼크의 질량이 업쿼크의 질량보다 더 크게 관측되는 경우다.

다음 그림은 이러한 관계를 잘 보여주고 있다.

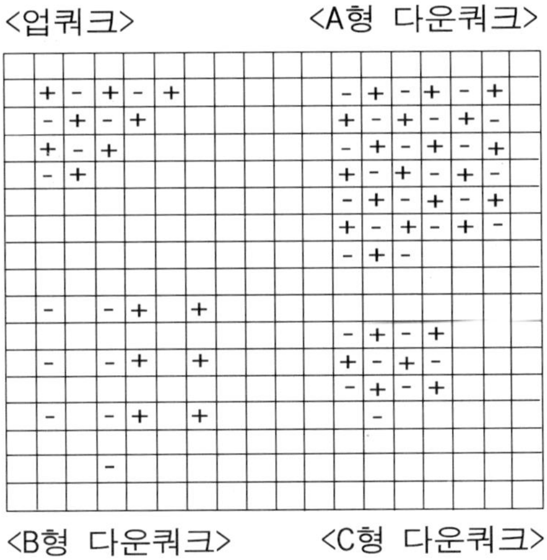

〔그림 6-4〕에너지 밀도체의 밀도와 질량의 관계

위 그림의 내용을 표로 정리하면 다음과 같다.

경우	비교대상	밀도수준	에너지체수	질량
1	업쿼크 : A형 다운쿼크	동일함	다운쿼크 많음	다운쿼크 큼
2	업쿼크 : B형 다운쿼크	업쿼크 높음	업쿼크 많음	다운쿼크가 크게 관측될 수 있음
3	B형 : C형	C형 높음	동일함	B형 다운쿼크가 크게 관측될 수 있음

〈표 6-1〉

[그림 6-4]는 에너지 밀도체의 밀도차이에 주안점을 둔 경우 가능한 다운쿼크의 모델이다. [그림 6-4]에서 업쿼크와 A형 다운쿼크를 비교해 보면 이들은 동일한 사각형의 공간 안에 빈 자리가 없이 각각 한 개의 에너지체들이 분포하고 있다. 따라서 이것들은 동일한 에너지 밀도체의 밀도를 가지고 있다고 말할 수 있다.

또한 업쿼크의 에너지체 수는 14개이다. 이 가운데서 +에너지체 수는 8개이고 −에너지체 수는 6개이므로, 업쿼크의 극성은 +를 띠게 된다. 반면에 A형 다운쿼크를 구성하는 에너지체 수는 총 39개이며, 이 가운데서 +에너지체 수는 19개이고 −에너지체 수는 20개이므로 A형 다운쿼크는 −의 극성을 띠게 된다.

에너지 밀도체 관점에서는 이러한 상태 즉, 밀도가 동일한 상태에서는 에너지체 수가 많은 입자가 질량이 더 큰 것으로 본다.

경우 1과 같이 두 입자의 밀도가 같을 때에만, 과학자들이 관측한 질량값을 근거로 하여 두 입자의 상대적 크기를 다음과 같이 그림으로 나타낼 수 있다.

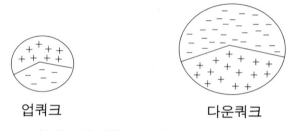

업쿼크　　　　　　　　다운쿼크

〔그림 6-5〕 업쿼크와 다운쿼크의 상대적 크기

그런데 다운쿼크를 구성하는 에너지 밀도체의 밀도분포가 만약 B형과 같이 되어 있다면 문제가 발생할 수 있다는 것이 에너지 밀도체 관점이다. [그림 6-4]에서 보다시피 B형 다운쿼크를 구성하는 에너지체의 총수는 13개밖에 되지 않는다. 그럼에도 전하량의 차이는 A형 다운쿼크와 동일하다.

A형 다운쿼크 : 19 − 20 = −1
B형 다운쿼크 : 6 − 7 = −1

위와 같이 두 경우 모두 −에너지체 한 개만이 극성을 결정짓는 요인으로 작용하고 있기 때문이다. 결국 에너지 밀도체 관점에서는 두 입자의 밀도가 다름에도, 전하량은 같은 값으로 관측될 가능성이 있다는 것이다.

이와 더불어 또 한 가지 가능한 문제점은 A형 다운쿼크의 질량과 B형 다운쿼크의 질량이 같은 값으로 측정되거나, 심지어 B형 다운쿼크의 질량이 더 크게 측정될 수도 있다는 것이다. 이러한 관계를 더욱 명확하게 보여주는 것이 경우 3이다.

[그림 6-4]의 B형 다운쿼크와 C형 다운쿼크를 보면 이들은 모두 각각 13개의 에너지체 수로 구성되어 있다. 그러나 B형 다운쿼크를 구성하는 에너지 밀도체의 밀도는 C형 다운쿼크의 그것보다 높지 않다.

따라서 B형 다운쿼크는 더 넓은 공간을 차지하고 있을 확률이 높다. 이 때문에 B형 다운쿼크의 질량이 C형 다운쿼크의 질량보다 크게 측정될 수 있다고 보는 것이 에너지 밀도체적 견해이다.

질량에 대한 에너지 밀도체 모델의 이러한 견해는, 소립자의 세계에서 물질입자의 특성을 결정하는 질량이 그 물질의 입자성을 100퍼센트 나타내는 것으로는 보지 않는다는 뜻이다. 다시 말해 물질입자를 구성하는 에너지 밀도체의 밀도에 대한 정보가 없는 상태에서, 질량에 대한 정보는 물질의 입자성을 설명하는 자료로는 무언가 부족하다는 것이다.

7 물질과 반물질

제1절 물질과 반물질

디락(Paul Dirak)이 반물질을 언급한 이래로 과학자들은 물질과 반물질의 기본 개념을 다음과 같은 비유로 설명하고 있다.

여기에 동전을 찍어내는 공장이 있다고 하자. 아래 그림처럼 동전의 재료가 되는 금속판에서 하나의 동전을 찍어내면, 금속판에는 이 동전과 똑같은 크기의 구멍이 생겨난다.

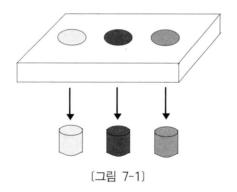

〔그림 7-1〕

여기서 금속판은 에너지에, 만들어진 동전은 물질(matter)에, 금속판에 생긴 구멍(hole)은 반물질에 해당한다는 것이다.

또한 역으로 이렇게 만들어진 동전들이 다시 금속판의 구멍에 놓여진다면, 동전도 사라지고 금속판에 생겼던 구멍도 사라지게 되어 원래의 금속판이 된다. 이것은 물질과 반물질이 서로 충돌하면 쌍소멸을 일으키는 것으로 비유된다.

물론 이때 에너지가 방출된다는 것은 말할 필요도 없다. 위에서처럼 금속판을 에너지로 비유할 수 있는 것은, 물질과 에너지는 상호전환된다는 $E=mc^2$으로 표현되는 질량에너지 등가개념에 기초하고 있기 때문이다.

하나의 동전이 금속판으로부터 만들어지면 반드시 그에 대응하는 구멍이 금속판에 생긴다. 이것은 에너지가 물질로 전환될 때 반드시 그 반물질이 함께 생성된다는 것을 의미한다. 금속판으로부터 동전과 그 구멍이 만들어진 것처럼, 자연계에서는 빅뱅과 같은 사건을 통해 물질과 그 반물질이 만들어진다.

위의 비유대로라면 지금 우리가 살고 있는 자연계에는 물질과 반물질이 정확히 반반의 비율로 존재하고 있어야만 할 것이다. 그런데 여기서 우리를 당혹스럽게 하는 것은 자연계에서는 물질입자와 함께 생성되었을 반입자가 발견되지 않는다는 것이다.

무슨 이유 때문일까? 많은 과학자들이 이 의문을 해결하기 위해 지금 이 시간에도 쉬지 않고 연구하고 있다. 우리가 살고 있는 우주에서 반물질이 존재하지 않는 이유로 과학자들은 크게 두 가지 가능성을 제시하고 있다.

첫째, 빅뱅 직후 반물질들은 쌍소멸과 같은 이유로 사라지는 과정을 겪는 중에, 어떤 이유로 물질입자들이 좀더 많이 살아남게 되었으며, 이들 살아남은 물질입자들이 지금의 우주공간을 채우고 있는 물질이 되었다는 것이다.

둘째, 빅뱅 직후 물질과 반물질은 서로 분리되어 각각 우주의 다른 공간에 자리잡게 되었다는 것이다.

만약 둘째 경우라면 우주 저편 먼 공간에는 반물질들로 구성된 별들이 존재할 것이다. 그렇다면 그곳으로부터 방출되고 있는 반물질의 흔적을 발견할 수 있을지도 모른다고 과학자들은 생각하고 있다. 그래서 과학자들은 이들 반물질의 흔적을 감지할 수 있

는 장치들을 우주공간에 설치하여 반물질을 발견하고자 시도하고
있다.

다른 한편에서는 실험실에서 양전자, 반(反)양성자, 반수소원자
등을 직접 만들어 이들의 성질을 연구하는 노력도 행해지고 있다.
과학자들의 이러한 노력으로 머지않아 물질과 반물질의 관계에
대한 더 명확한 진실이 밝혀질 수 있을 것이다. 그러나 아직까지
는 반물질의 많은 부분들이 의문으로 남아있는 실정이다.

제2절 물질과 반물질에 대한 에너지 밀도체적 견해

에너지 밀도체 관점에서 물질과 반물질을 설명하면 다음과 같
다. 에너지 밀도체 모델에서는 물질을 바라보는 시각이 근본적으
로 기존의 물리체계와는 다르다. 물질입자의 본질을 에너지체들의
집합으로 본다. 물질과 반물질에 대한 문제에서도 기본적으로 이
원리를 벗어나지 않는다.

먼저 기존의 체계와는 크게 두 가지의 중요한 차이를 보이고 있
다. 과학자들은 물질과 그 반물질은 동시에 탄생한다고 본다. 그러
나 이것은 과학자들이 사용하는 검출기 상에서 동시에 기록된다
는 의미일 뿐이다.

에너지 밀도체 관점에서는 물질이 먼저 탄생하고, 그 직후에 반
물질이 탄생하는 것으로 생각한다. 선후의 시간차가 있다고는 하
나, 그 차이는 극히 적어서 거의 동시와 같다. 그러나 먼저 물질이
만들어지고, 그 다음 그에 대응(종속)하는 반물질이 만들어지는
것이 분명하다고 생각한다.

다음으로 중요한 차이점은 물질과 그 반물질 사이에는 이들을
형성하고 있는 에너지 밀도체의 밀도차이가 있다는 것이다. 좀더
정확히 이야기하면 물질입자를 형성하는 에너지 밀도체의 밀도가

그 반물질을 형성하는 에너지 밀도체의 밀도보다 훨씬 높다는 것이다.

에너지 밀도체 관점에서 물질과 그 반물질의 탄생은 다음과 같이 설명할 수 있다.

최초의 빅뱅의 순간에 공간에 흩어진 에너지체들 가운데 일부는 특정 공간에 집중된다. 이에 따라 에너지체들이 집중된 공간에는 물질입자가 형성된다. 이러한 일련의 과정은 에너지체들이 빛과 같이 빠른 속도로 움직이는 가운데 일어나는 것이다.

따라서 +, − 극성을 가진 에너지체들이 혼재하여 분포하는 공간 안에서 특정의 극성을 가진 에너지체 집단(에너지 밀도체)이 빛과 같은 속도로 이동함으로써, 그 이동 궤적을 따라 에너지체 분포 공간에는 터널과 같은 홀(hole)이 형성되고, 이렇게 형성된 터널 속 공간과 그 주변 에너지체 분포 공간 사이에 밀도차이가 발생한다.

이러한 밀도차이에 따라 홀 속으로 반대극성의 에너지체들이 더 많이 유입되어 물질입자의 뒤를 따르게 되는데, 이것이 바로 반물질이 된다.

먼저 만들어진 물질입자와 반대의 극성을 가진 에너지체들이 터널 속으로 더 많이 유입되는 이유는, 물질입자를 형성할 때 이미 주변에 분포하던 에너지체들 가운데서 특정 극성의 에너지체들이 물질입자의 형성에 더 많이 참가해 버린 상태이므로, 그 주변 공간에는 그와는 반대의 극성을 가진 에너지체들이 상대적으로 더 많이 남게 되기 때문이다.

이러한 일련의 과정은 마치 다음 그림에서처럼 부차적으로 일어나는 효과와 같다.

관 A 속으로 공기가 빠르게 통과하면, 밀실 B 속에 있던 공기들도 압력차이에 따라 관 A 속으로 빨려 들어가는 것과 같은 원리이다. 관 A 속으로 공기가 빠르게 이동하지 않으면 절대로 밀실 B

속의 공기는 빨려나오지 않는다.

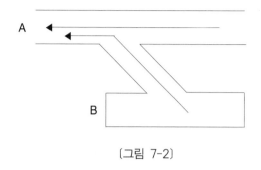

〔그림 7-2〕

마찬가지로 반물질이 만들어지는 이유는 ＋, －의 에너지체들이 혼재한 공간 속에서 물질입자의 탄생이 엄청난 속도로 일어나기 때문이다.

그런데 만약 특정의 물질입자 한 개를 구성하는 에너지 밀도체가 ＋전하를 가지면, 이 입자가 통과하는 궤적을 따라서 형성되는 터널 속으로는 －에너지체들이 더 많이 빨려들어오게 된다. 이것이 물질입자와 반물질입자의 극성이 반대인 이유이다.

과학자들 가운데 어느 누구도 왜 물질입자와 그 반물질입자의 극성이 반대인지를 설명하고 있지 못하다는 것을 주목하면, 이 에너지 밀도체 모델의 가치를 음미하는 데 참고가 될 것이다.

만약 먼저 만들어진 물질입자의 극성이 중성이라면 다시 말해, 이 입자를 형성한 에너지 밀도체를 구성하는 에너지체들의 극성이 반반으로 구성되어 이 물질입자가 특정의 극성을 띠지 않는다면, 그 뒤를 따르는 반물질입자 역시 특정의 극성을 띠지 못하고 중성이 될 것이다.

이와 같이 반물질의 생성은 물질의 생성에 종속되어 부차적인 결과로 만들어지는 것이기 때문에, 물질과 반물질을 구성하는 에너지 밀도체의 밀도가 동일할 수 없다고 생각한다. 즉 물질입자를 형성하는 에너지 밀도체의 밀도가 훨씬 더 높은 상태라고 보며 반물질입자를 구성하는 에너지 밀도체의 밀도는 그에 미치지 못하는 것으로 생각한다.

왜냐하면 똑같은 단위공간을 기준으로 보았을 때 물질입자가 만들어지는 공간에 훨씬 더 많은 에너지체들이 분포하고 있는 상태였고, 반물질입자가 형성될 때는 이미 상당수의 에너지체들이 물질입자를 구성하는 데 참가하고 난 뒤이기 때문에 반물질입자에 참가할 에너지체들의 숫자가 상대적으로 적어지기 때문이다.

그러나 먼저 만들어진 물질입자의 종류에 따라 그에 종속된 반물질입자의 밀도에 차이가 날 수 있다. 다시 말해 먼저 만들어진 물질입자의 크기가 작으면 작을수록, 또한 그 밀도가 높으면 높을수록, 그에 종속되어 만들어지는 반물질입자의 밀도 또한 높아진다는 것이다.

이러한 반물질은 비록 그것이 반물질이기는 하지만 다른 종류의 반물질입자보다는 생명력이 더 강하다. 따라서 우리 주변에서 혹은 실험실에서 보존할 수 있는 확률이 더 많다. 그 대표적인 것이 양전자라고 볼 수 있다. 그러나 반물질입자가 물질입자보다 살아남을 가능성이 더 적음은 명백하다. 왜냐하면 밀도가 높은 덩어리와 밀도가 낮은 덩어리가 같은 속도로 날아와 부딪친다면 당연히 밀도가 낮은 덩어리가 부서질 것이기 때문이다.

이러한 논리는 과학자들이 주장하는 쌍소멸과는 앞뒤가 맞지 않는 추론이 된다. 그러나 에너지 밀도체 관점에서는, 물질입자와 그 반물질입자의 충돌시 관측되는 쌍소멸이라는 것은 실험실 안에서만 발생하는 현상으로 보고 있다.

이렇게 주장하는 근거는 최초의 빅뱅이 일어났을 때 입자들을 빛과 같은 속도로 이동시킨 에너지의 근원과, 잘 설계된 가속기 안에서 입자를 빛과 같은 속도로 이동시키는 데 사용되는 에너지의 입자에 대한 작용원리가 똑같지 않다고 보기 때문이다. 실험실 안에서 입자가 일정한 패턴의 전자기장에 의해 가속되는 조건과 빅뱅 시의 조건은 같지 않다는 것이다. 따라서 실험실에서 얻은 결과를 자연계에 그대로 적용해서는 안 된다는 것이 에너지 밀도체 모델의 기본적인 입장이다.

가속기 안에서 어떤 입자와 그 반입자가 전자기장에 의해 가속되어 충돌하게 되면, 비록 밀도가 낮은 반입자라도 그 엄청난 속도에 의해 물질입자를 깨뜨릴 수 있다. 이때 반입자 자신도 깨어지는 것은 당연하다.

이렇게 깨어진 물질입자와 그 반입자 가운데서 물질입자를 구성하던 에너지체들은 다시 원상태로 모이지 못할 확률이 크다. 왜냐하면 충돌시의 충격으로 이미 상당수의 에너지체들이 공간에 분산된 상태이기 때문에, 다시 충돌 전의 물질 입자와 같은 수준의 밀도를 가진 입자를 재형성하기는 어려울 것이다. 물질입자가 형성되지 않으므로 그 반물질입자가 형성되지 않는 것은 당연하다.

이때 혹자는 "비록 충돌 전보다는 적겠지만 물질입자가 만들어질 수 있지 않을까?"하고 질문할 수 있으나 그렇지 않다. 충돌 후 공간에 분포하는 에너지체들의 밀도가 충돌 전의 물질입자와 같은 종류의 입자를 형성할 만큼 높은 수준이 아니기 때문이다. 따라서 충돌 전의 물질입자와 같은 종류의 입자는 단 하나도 만들 수가 없는 것이다.

대체로 이런 경우는 충돌 전의 입자의 밀도보다는 더 낮은 밀도를 가지는 입자가 새로 형성될 확률이 높다. 충돌 직후 과학자들에게 관측되는 W, Z입자들이 그 예다. 그리고 빅뱅 시에는 물질입자와 그 반입자가 가속기 안에서처럼 정면 충돌할 확률도 희박하다. 물질입자와 그 반물질입자가 충돌하기 전에 물질입자끼리 먼저 충돌할 것이기 때문이다.

따라서 비록 가속기 안에서는 물질입자와 반물질입자가 충돌하여 쌍소멸되는 현상이 관측된다 하더라도 빅뱅 시에 이와 같은 현상이 발생했으리라고 생각할 수는 없다는 것이다.

결국 에너지 밀도체 입장에서는 지금 현재 자연상태에서 반물질이 발견되지 않는 이유는 반물질 자체의 에너지 밀도체의 밀도가 낮아서 입자로서의 생명력이 약하기 때문인 것으로 추정한다.

따라서 실험실에서 반입자를 유지하기 위해서는, 반입자를 구성하는 에너지 밀도체가 붕괴되지 않도록 그 생성단계에서부터 특별히 잘 설계된 인위적인 전자기장을 가해 주어야만 할 것이다.

참고로 지금 과학자들이 전자의 반입자인 양전자(positron)를 생성시키는 과정을, 물질과 반물질에 대한 에너지 밀도체 관점에서 해석해 보면 다음과 같이 설명할 수 있다.

아래 그림은 과학자들이 실지로 양전자를 생성시키고 있는 하나의 개념도이다.

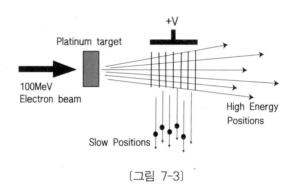

〔그림 7-3〕

위 그림에 대해 과학자들은, 전자 빔(electron beam)이 백금 목표물을 때리면 강렬한 감마선(gamma radiation)이 발생하고, 이들 감마선 가운데서 일부는 전자·양전자 쌍(electron-positron pairs)으로 전환된다고 설명한다.

이 장치에 관한 더 자세한 정보를 접하지 못하여 더 구체적인 추론은 할 수 없지만, 과학자들이 제공한 위의 정보만으로 에너지 밀도체적 견해를 밝히면 다음과 같이 이야기할 수 있을 것이다.

감마선이 매우 강렬하게 방출된다는 것은 이들 감마선을 형성하고 있는 자유에너지 밀도체의 밀도가 매우 높다는 것을 의미한다. 따라서 밀도가 높은 자유에너지 밀도체 분포 공간을 전자가 매우 빠른 속도로 이동하게 되면, 전자의 이동 궤적을 따라 감마선을 형성하고 있는 자유에너지 밀도체 분포 공간에, 앞에서 설명한 것과 같은 터널이 형성되고 이 터널 속으로 유입된 에너지체들에 의해 양전자가 만들어진다는 것이다.

그러나 과학자들의 설명을 근거로 볼 때, 전자가 감마선을 형성하고 있는 에너지 밀도체의 에너지체들에 의해 형성되었다는 것은 지금의 정보로는 이해하기 어렵다. 그보다 전자는 백금에서 방출된 것이거나 텅스텐 메쉬에서 방출된 것일 확률이 더 높다고 생각한다. 그리고 양전자 또한 위와 같이 감마선을 형성하는 에너지체들에 의해 만들어질 수도 있지만, 백금 속 혹은 텅스텐 속 자유전자의 이동에 따라 백금이나 텅스텐 내부에서 이미 형성되었을 수도 있다.

에너지 밀도체의 견해를 더욱 정확하게 말하기 위해서는 과학자들이 양전자를 어느 위치에서 검출했는지에 대한 더 정확한 정보가 있어야 할 것이다.

하느님은 먼저 남자를 만들고, 그 남자의 갈비뼈로 여자를 만들었다. 마찬가지로 물질을 만들 때도 먼저 물질을 만들고, 그 결과로 반물질을 만들었다.

그림자는 빛이 비추는 곳에서만 생긴다. 빛이 없는 곳에서는 그림자 역시 생기지 않는다. 마찬가지로 반물질이 만들어지기 위해서는 주변에 일정한 밀도 이상의 에너지체들이 분포하고 있어야 한다.

물질과 반물질 사이에는 대칭의 관계가 성립하기 이전에 인과의 관계, 종속의 관계가 성립하고 있다. 불행히도 지금 우리들에게 있는 것은 대칭의 관계만을 인식할 수 있는 도구 뿐이기 때문에, 여기서 주장하는 인과의 관계, 종속의 관계를 사람들에게 설명하기가 불가능한 것이 안타까울 뿐이다.

8 쿼크·양성자·중성자

제1절 쿼크

우리 주변에서 쉽게 볼 수 있는 물질을 구성하는 원자들은 모두 양성자와 중성자로 이루어진 원자핵을 가지고 있다. 그런데 최근에 과학자들은 이 양성자와 중성자를 구성하는 기본입자들을 쿼크라고 이름 붙였다. 또한 과학자들은 이러한 쿼크를 아래 표에서 보는 것처럼 대체로 여섯 가지 종류로 분류하였다. 물론 이들의 안티쿼크들도 있다.

이름	기호	질량	전하
업	u	0.003	2/3
다운	d	0.006	−1/3
참(charm)	c	1.3	2/3
스트레인지(strange)	s	0.1	−1/3
탑(top)	t	175	2/3
보텀(bottom)	b	4.3	−1/3

〈표 8-1〉

특이한 것은 이들은 분수로 표시되는 전하(electric charge)를 가지고 있다는 것이다. 그리고 이 쿼크들은 단독으로 발견되지 않고, 다른 쿼크들과 그룹을 지은 상태로만 발견된다.

과학자들은 쿼크들이 이렇게 그룹을 지어 이루어진 입자를 하드론(hadron)이라고 부른다. 하드론은 다시 두 가지 종류로 분류되는데, 하나는 바리온(baryon)이라고 하고 다른 하나는 메존(meson)이라고 한다.

바리온은 3개의 쿼크로 이루어진 입자들을 의미한다. 예를 들면, 양성자는 2개의 업쿼크와 1개의 다운쿼크로, 중성자는 1개의 업쿼크와 2개의 다운쿼크로 이루어진 바리온류 하드론이다. 따라서 구성 쿼크로 표시하면 양성자는 uud로, 중성자는 udd로 나타낼 수 있다.

메존류는 2개의 쿼크로 이루어져 있는데, 이 가운데서 1개의 쿼크는 안티쿼크로 구성되어 있다. 예를 들면, 파이온(pion)이라는 메존입자는 1개의 업쿼크와 1개의 다운 안티쿼크로 구성되어 있다. 에너지 밀도체의 관점에서, 반입자는 그 상태가 매우 불안정한 것으로 보기 때문에 이러한 반입자와 결합한 메존입자는 곧 붕괴될 것으로 예상한다.

그런데 하드론과 관련하여, 과학자들은 한 가지 불가사의하고 기묘한 사실에 마주쳤다. 그것은 하드론의 일종인 양성자의 질량은 0.938GeV/C^2인데, 이 값과 양성자를 구성하는 쿼크들의 질량을 합한 값이 같지 않다는 것이다.

즉, 다음과 같은 관계가 성립하고 있다는 것이다.

$$u(0.003) + u(0.003) + d(0.006) < 양성자(0.938)$$

양성자를 구성하는 쿼크들의 질량 총합은 $0.003 + 0.003 + 0.006 = 0.012$인 데 반해서, 양성자 자체의 질량은 0.938로 이 둘의 값에 0.926의 엄청난 차이가 발생하고 있다는 것이다.

과학자들은 이 현상을 질량에너지 등가식 $E = mc^2$으로 설명하고 있다. 즉, 과학자들이 측정하는 양성자 하드론의 질량의 대부분은 잠재된 에너지라는 것이며 이들 에너지가 질량으로 전환되어 나타난다고 설명한다.

에너지 밀도체적 견해로는 과학자들의 이러한 설명은 중간에 한 단계가 생략된 다소 비약적인 설명이라고 본다. 그 이유는 뒤에서 이야기할 것이다.

제2절 쿼크의 에너지 밀도체적 해석

이제 앞에서 간단히 소개한 쿼크에 대한 과학적 발견들을, 에너지 밀도체 관점에서 논의를 진행해 보도록 하자.

에너지 밀도체 관점에서는 업쿼크, 다운쿼크 / 참(charm)쿼크, 스트레인지(strange)쿼크 / 탑(top)쿼크, 보텀(bottom)쿼크를 불문하고 그 기본구조는 같은 것으로 본다.

이를 그림으로 표현하면 다음과 같다.

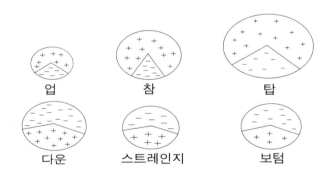

〔그림 8-1〕 각종 쿼크

이들 쿼크들은 탄생 당시의 조건에 따라 +에너지체와 −에너지체의 상대적 구성비율이 정해지고, 아울러 이들을 구성하는 에너지 밀도체의 밀도에 의해 결정되는 고유한 질량과 전하값(charge)을 가지게 된다.

과학자들이 어떠한 과정을 거쳐서 이러한 6종류의 입자를 쿼크의 기본입자로 선정했는지는 자세히 알 수 없지만, 어쨌든 과학자들이 밝혀낸 자료를 근거로 에너지 밀도체 관점에서 표현하면 각 쿼크들은 앞의 그림과 같이 된다. 앞의 그림은 쿼크를 나타내는 3가지 방식 가운데서 전하에 관한 정보를 중심으로 표시한 것이다.

일반적으로 에너지 밀도체 관점에서는, 쿼크 범위의 소립자 세계에서 그 입자의 질량이 크면 클수록 그 입자를 구성하는 에너지 밀도체의 밀도는 낮은 것으로 본다. 밀도가 낮다는 것은 그 입자의 에너지 밀도체를 구성하는 에너지체 사이의 거리가 상대적으로 멀리 분포되어 있다는 의미이다. 물론 이것은 각 쿼크들을 구성하는 에너지체들의 배열상태에 의해 결정된다. 예를 들어 +에너지체 주위에 +에너지체가 분포해 있다면 이 둘 사이의 거리는 −에너지체가 분포하고 있을 때보다는 멀어지게 된다는 것이다.

따라서 어떤 입자의 밀도가 낮다는 것은 그 입자를 구성하는 에너지체 사이에 척력이 작용하는 비율이 상대적으로 많다는 것을 의미하며, 이것은 결국 그 입자는 밀도가 조밀한 입자보다는 붕괴될 확률이 높은 불안정한 상태에 있다는 것을 뜻한다.

이러한 견해를 뒷받침해 주는 사실이 있다. 모든 자연물을 구성하는 양성자와 중성자는 쿼크들 가운데서 질량이 작은 부류에 속하는 업쿼크와 다운쿼크로만 구성되어 있다는 것이다. 이들보다 질량이 큰 부류에 속하는 다른 쿼크들은 자연상태에서는 존재하지 않는다. 이러한 사실은 이들이 탄생과 동시에 곧 붕괴되고 있다는 것을 의미한다. 이러한 관점에서 질량이 가장 작은 업쿼크와 질량이 가장 큰 탑쿼크를 그린 것이 다음 [그림 8-2]이다.

쿼크의 성질 가운데서 특이한 것은 이들이 가지는 전하값이 분수로 표시된다는 것이다. 과학자들이 제공하는 입자의 전하값에 대한 정보는 에너지 밀도체 관점에서는, 그 입자를 구성하는 +에너지체와 −에너지체의 구성비율에 대한 정보를 제공해 주는 것으로 본다.

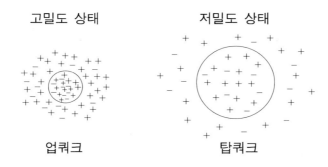

고밀도 상태   저밀도 상태

업쿼크   탑쿼크

〔그림 8-2〕 업쿼크와 탑쿼크

예를 들어 어떤 쿼크의 전하값이 +2/3이라는 것은, 아래 그림에서 A부분의 +에너지체의 +전하가 B부분의 −에너지체가 가지고 있는 −전하에 의해 상쇄되고 남은 전하값이 양성자의 전하값을 1로 볼 때 2/3에 해당한다는 의미이다.

　양성자의 전하값 : uud＝2/3＋2/3−1/3＝＋1
　중성자의 전하값 : udd＝2/3−1/3−1/3＝0

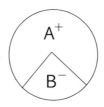

〔그림 8-3〕 쿼크의 전하값을 결정하는 에너지체 구성비

쿼크들이 단독으로 발견되지 않고 반드시 그룹을 이루어 발견되는 것에 대한 에너지 밀도체적 설명은 다음과 같다. 그 이유는, 단독으로 발견되는 랩톤의 활성에너지 밀도체보다 쿼크들의 활성에너지 밀도체가 더 활성화되어 있기 때문이다. 여기서 활성화란 반응성이 더 높다는 뜻이다.

에너지 밀도체 관점에서는, 소립자의 세계에서 입자 사이의 결합을 결정짓는 변수는 그 입자가 가지고 있는 활성에너지 밀도체이다. 어떤 입자의 구조가 종속에너지 밀도체 주변에 활성에너지 밀도체를 넓게 분포시키고 있으면, 이 입자는 상대적으로 그렇지 못한 입자에 비해 다른 입자와 결합할 확률이 더 많은 것으로 본다는 의미이다.

쿼크입자 사이의 결합원리는 뒤에 자세히 설명할 것이다.

제3절 양성자의 에너지 밀도체적 해석

이제 3개의 쿼크로 구성된 하드론(hadron) 가운데 하나인 바리온(baryon)의 구조를 에너지 밀도체 관점에서 알아보자.

바리온 가운데서 대표적인 것으로는 양성자와 중성자가 있다. 먼저, 업쿼크 2개와 다운쿼크 1개로 구성된 양성자의 구조를 그려 보면 다음과 같다.

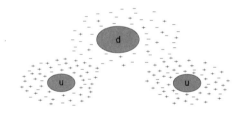

〔그림 8-4〕 양성자의 에너지 밀도체 모델

(독자들은 위의 그림 속에 분포하는 +, − 에너지체 하나하나가 우리가 궁극적으로 규명하고자 하는 정과 기의 실체라는 사실을 다시 한번 상기하기 바란다).

위의 그림에서 보면 양성자는 상대적으로 +에너지체 개수가 더 많아 +전하를 띠는 에너지 밀도체 덩어리(업쿼크) 2개와, 상대적으로 ─ 에너지체 개수가 더 많아 ─ 전하를 띠는 에너지 밀도체 덩어리(다운쿼크) 1개로 이루어진 구조를 하고 있다. 여기서 에너지 밀도체 덩어리는 종속에너지 밀도체와 활성에너지 밀도체를 합한 개념이다.

그림에서 점선 내부에 있는 에너지체들의 집합체가 각 쿼크를 구성하는 종속에너지 밀도체가 되며, 점선 외부 즉 종속에너지 밀도체 주변에 분포하는 에너지체들의 집합체는 활성에너지 밀도체가 된다. 활성에너지 밀도체의 밀도는 종속에너지 밀도체의 밀도보다 낮다.

앞의 그림은 현대 물리학에서 물질과 에너지를 바라보는 관점과 에너지 밀도체 모델에서 물질과 에너지를 바라보는 관점에 뚜렷한 차이가 있음을 암시해 준다.

앞의 그림에서는 종속에너지 밀도체와 활성에너지 밀도체의 구분을 명확히 하기 위하여 점선으로 뚜렷이 그 경계를 표시하고 있으나 실제로는 이 경계가 명확치 않다.

어디까지가 종속에너지 밀도체이고 어디까지가 활성에너지 밀도체인가를 구분하기가 어렵다는 것이다. 왜냐하면 에너지 밀도체의 밀도는 중심부에서 외곽으로 갈수록 서서히 낮아지는 것으로 보기 때문이다.

사실 에너지 밀도체 모델에서는 물질과 에너지의 구분이 별다른 의미를 가지지 못한다. +, ─ 에너지체의 이동이 바로 에너지 현상이며, 이러한 +, ─ 에너지체들의 집합체가 바로 물질이기 때문이다.

물리학에서는 물질이 에너지로 전환되기도 하고 반대로 에너지가 물질로 전환되기도 한다고 말한다. 그러나 에너지 밀도체 관점에서는 전환이라는 용어가 필요하지 않다. 에너지체들의 집합체가 바로 물질이며 잠재된 에너지이기 때문이다. 같은 공간 안에 분포하는 에너지체 개수가 많으면 많을수록, 물리학적 의미의 잠재된 에너지 역시 크다.

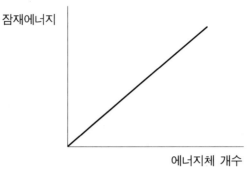

〔그림 8-5〕

위 그래프의 가로축 변수인 에너지체 개수가 의미하는 것은 [그림 8-4]에 있는 모든 에너지체들이다.

질량에너지 등가방정식 $E=mc^2$이 진정으로 성립하는 것이라면, 물질을 이루는 기본입자들 속에 에너지적 속성이 존재해야 하며, 이러한 속성을 잘 반영하는 것이 바로 에너지 밀도체 모델이다. 이 모델은 에너지와 물질을 이원화하여 따로따로 생각하지 않고 하나의 동일체 개념으로 생각한다. 즉 형이상학적 개념으로서의 에너지를 에너지체라는 실체로 표현하여 사물을 이해하겠다는 것이다.

이제 앞에서 잠깐 이야기했던,

$$u(0.003) + u(0.003) + d(0.006) < 양성자(0.938)$$

이 관계를 가지고 에너지 밀도체 관점에서 질량과 에너지에 대한 논의를 좀더 진행하기로 하자.

양성자를 구성하는 3개의 쿼크의 질량을 더한 값은 산술적으로 $0.003+0.003+0.006=0.012$밖에 되지 않는다. 그런데 양성자 자체의 질량은 0.938로 관측되고 있다. 쿼크의 질량을 측정하는 방법이나 양성자의 질량을 측정하는 원리는 일관된 것임에 분명할 텐데

116

왜 위와 같이 관측되는가?

필자가 에너지 밀도체 모델에서 종속에너지 밀도체와 더불어 활성에너지 밀도체 개념을 도입한 것은 바로 이 문제를 설명하기 위해서이다. 이 커다란 모순을 과학자들은 $E = mc^2$으로 설명한다. 아인슈타인은 현대의 과학자들에겐 분명 구세주와도 같다. 이는 소립자의 세계에서 사용하는 질량의 단위를 보아도 알 수 있다.

과학자들은 업쿼크나 다운쿼크의 질량을 측정할 때, 여기서 말하는 에너지 밀도체 모델의 활성에너지 밀도체를 놓쳤다. 그리고 양성자의 질량을 측정할 때는 이 활성에너지 밀도체를 포함시켰다. 과학자들의 질량 측정시, 무슨 이유로 활성에너지 밀도체가 관측되기도 하고 관측되지 않기도 하는가?

다행스러운 것은 양성자의 질량을 측정할 때 활성에너지 밀도체가 질량으로 나타나고 있다는 것이다. 만약 과학자들이 양성자 자체의 질량을 0.012로 관측했다면 여기서 말하는 에너지 밀도체 모델은 잘못된 것임을 의미한다. 그러나 과학자들이 양성자의 질량을 0.938이라고 주장하는 것은 활성에너지 밀도체의 존재 가능성을 암시해 주는 것이며, 또한 에너지 밀도체 모델이 진실일 가능성을 높여주는 것이기도 하다.

만약 우주만물의 생성과 유지에 대한 이해의 수단으로 사용하는 에너지 밀도체 모델이 진실이라면, 이는 생명체 내부에 존재하는 기의 실체를 밝히는 도구가 될 수 있을 것이다.

구체적으로 $0.938 - 0.012 = 0.926$이 바로 활성에너지 밀도체에 해당한다. 이러한 방법을 사용하면 하드론을 구성하는 활성에너지 밀도체를 질량으로 나타내는 것이 가능하고, 이것은 다시 질량에너지 등가방정식에 따라 에너지로 나타낼 수도 있다.

활성에너지 밀도체는 그 밀도가 종속에너지 밀도체보다 낮아서 쿼크 범위에서는 물질입자로서의 흔적을 남기지 못하지만, 자신의 존재를 하드론의 질량을 통해서 드러내고 있다. 이것은 과학자들이 사용하는 물질입자의 질량 측정방법에, 사물의 실체를 왜곡하는 어떤 함정이 존재할 가능성이 있음을 암시한다.

활성에너지 밀도체로 표현되는 이것은 형체가 없는 것의 존재를 증명하는 좋은 예다. 불교의 표현을 빌리자면 '공즉시색(空卽是色)'임을 증명하고 있는 것이다.

그 옛날 아무런 과학적 지식이 없던 시절에 우주만물이 가지고 있는 이러한 원리를 깨달았던 사람들의 심오한 경지를 한번 생각해 보라!

보이지 않을 뿐
존재하고 있는 것
이것이 공이다.

그래서 '무즉시유(無卽是有)'라 하지 않고 '공즉시색'이라 한 것 같다. 사람이 어떻게 이런 경지에 오를 수 있었는가?

놀랍도다! 놀랍도다 !

과학자들은 양성자와 같은 하드론의 질량을 차지하는 대부분은 잠재된 에너지가 질량으로 전환되어 나타난다고 결론내리고 있다. 에너지 밀도체 관점에서 볼 때, 과학자들의 이러한 견해는 실체를 무시한 지극히 수학적인 관점에서만 타당한 해석이다.

에너지가 물질로 전환된다는 말은 다시 말해 '무즉시유'가 된다는 의미로 볼 수 있다. 형이상학적 개념인 에너지가 어떻게 실체를 가지고 있는 물질로 바뀌는지를 구체적으로 설명하고 있지 않다는 것이다. 수학적 등식(equal)관계는 수학의 세계에서 성립하는 것이지 현실에 존재하는 실체의 과정까지 보여주지는 못하고 있다.

자연은 우리 머리 속에 존재하는 것이 아니다. 자연은 그 자체가 실지로 존재하는 것이다. 자연의 수학적 해석은 인간이 정한 기준으로 자연의 섭리를 체계적으로 묘사하는 데 필요한 것이지,

자연 그 자체는 결코 우리에게 수학적 결론을 이끌게 한 그 과정을 말해주지 않는다.

에너지 밀도체 모델은, 수학이 이끌어낸 결론을 귀납적으로 해석하여 자연의 실체를 이해하는 데 도움이 되는 모델이라고 하겠다.

제4절 물질과 에너지에 대한 인식의 비유

만약 우리가 고체상태의 얼음과, 액체상태의 물과, 기체상태의 수증기를 보지 못하는 시각장애인이라고 가정해 보자. 이때 우리가 범할 수 있는 오류는 얼음과 물과 수증기를 각각 다른 별개의 물질로 인식할 수 있다는 것이다.

어떤 시각장애인이 밀폐된 공간에 얼음을 두고 나왔다 치자. 얼마 후 그 공간에 다시 들어갔을 때 손에 만져진 것은 얼음이 아니고 액체상태로 변한 물이었다.

이때 시각장애인은 다음과 같은 명제를 이끌어낼 것이다.

"얼음은 고체상태의 물의 한 형태이다."

이 말은 분명히 옳은 말이다.

마찬가지로 밀폐된 공간에 물을 두고 나왔다 치자, 얼마 후 그 공간에 다시 들어갔을 때 그 시각장애인의 손에 만져지는 것은 아무것도 없다. 다만 그 공간이 더워졌다는 것을 느낄 뿐. 물은 사라져버렸고 수증기는 만져지지 않는다.

그러면 이 시각장애인은 다음과 같은 명제를 만들어낼 것이다.

"물은 더운 것의 한 형태이다."

그리고 온도와 물의 관계를 설명하는 멋진 수학적 방정식을 이끌어낼 것이다.

우리들도 방금 언급한 시각장애인과 똑같은 방법으로 사물을 감지하고 해석하고 있다. 시각장애인의 머리 속에 시각정상자가 보는 것과 같은 실체로서의 얼음과 물과 수증기의 변환과정이 연상되지는 않을 것이다.

진정으로 사물을 안다는 것은 그 실체를 아는 것이다. 관측된 사실의 수학적 이해는 사물을 피상적으로 이해하는 것에 지나지 않는다. 이것은 진정한 앎이라 볼 수 없다.

얼음이 물로, 물이 수증기로 전환되는 과정을 멋지게 설명하는 수학 방정식을 이끌어내는 시각장애인의 사물 인식보다, 차라리 그런 것은 몰라도 얼음이 물로, 물이 수증기로 변하는 과정을 눈으로 직접 한번 보고, 이러한 일련의 과정이 진행되는 동안 주변의 온도가 올라가는 현상이 나타난다는 사실을 인식하는 것이 진정으로 아는 것이라 할 수 있다.

물론 시각장애인은 수학적 논리를 통해 온도가 몇 도일 때 물이 사라지는지를 알게 되기 때문에 물이 사라지도록 온도를 조종할 수는 있다. 다시 말해 지금과 같은 사물의 수학적 인식만으로도 인간이 자연을 이용하고 지배하는 데는 아무런 문제가 없다. 그러나 이것만으로는 완전한 지식이라고 말할 수 없다.

이러한 관점에서 에너지 밀도체 모델은 우리에게 사물을 실체적으로 인식할 수 있는 눈의 역할을 해줄 것이다. 에너지 밀도체는 투명인간에게 옷을 입히는 것과 같기 때문이다.

이와 같은 관점에서 볼 때 아인슈타인이 말한,

"Matter is a very concentrated form of energy."

이 문장의 뜻을 다시 한번 되새길 필요가 있다. 물질의 본질이 에너지 밀도체라는 개념이 없는 상태에서는 이 말이 매우 정확한 표현이며 더 이상 달리 표현할 말도 없다.

그리고 물리적, 수학적으로 측정 가능한 단위로써 이미 에너지라는 개념이 있었기 때문에, $E=mc^2$이라는 방정식으로 사물을 설명하는 것이 하등 잘못될 것이 없으며 물질과 에너지의 관계를 수학적으로 표현할 수 있었다.

이를 바탕으로 실지로 에너지가 물질입자로 전환된다는 논리로 많은 실험 결과들을 설명할 수 있었으며, 그러한 설명들은 타당한 것이기도 하다.

그럼에도 여기서 이 말을 다시 한번 음미해 볼 필요가 있는 것은, 아인슈타인의 말이 잘못되었다고 지적하는 것이 아니라, 완전한 자연의 이해를 위해서는 에너지라는 것을 더욱 구체화할 필요가 있기 때문이다.

에너지 밀도체 모델에서는 '에너지'라는 것은 에너지 밀도체의 밀도변화로 나타나는 현상이라고 정의한다. 따라서 위의 아인슈타인의 물질과 에너지의 관계에 대한 말을 에너지 밀도체적 의미로 해석해 보면 다음과 같다.

"물질은 에너지체들이 고도로 집중된 한 형태이다"

즉, "물질은 에너지 밀도체이다"라고 말할 수 있다.

에너지가 집중된 상태라는 것은 결국 에너지 밀도체의 밀도가 매우 높은 상태를 나타내고 있고, 밀도가 매우 높다는 섯은 잠재에너지가 매우 큰 상태를 의미하는 것이기도 하다.

물질에 변화가 일어난다는 것은 그 물질을 구성하는 에너지 밀도체에 밀도변화가 일어난다는 것을 의미하며, 이러한 밀도변화는 빛이나 열과 같은 에너지로 우리에게 인식되는 것이다.

결국 아인슈타인의 말과 에너지 밀도체적 견해는 같은 것이다.

그러나 여기에는 큰 차이점이 존재한다. 그것은 물질과 에너지라는 두 개의 개념 사이에서 이들을 연결시키는 가교 역할을 해주는 에너지 밀도체 개념이 도입되고 있다는 것이다. 이 새로운 개념을 통해 자연을 더 정확히 이해할 수 있다는 것이다. 수학적 방법을 통해서만 이해되는 물질에너지 등가의 원리를, 인간의 오감으로 그리고 경험을 통해 이해할 수 있도록 해준다는 것이다.

그동안 이러한 매개적 개념이 없었기 때문에, 수많은 과학자들이 이 문제를 수학적으로는 이해하면서도 마음으로는 이해하지 못했다.

제5절 중성자와 메존의 에너지 밀도체적 해석

이제 이야기를 다시 본론으로 돌려 에너지 밀도체 관점에서 본 중성자의 구조를 살펴보도록 하자.

과학자들이 인정하는 중성자는 +전하를 가진 1개의 업쿼크와 −전하를 가진 2개의 다운쿼크로 구성되어 있다. 이를 기호로 나타내면 udd이다.

이것을 에너지 밀도체 관점에서 나타내면 다음과 같다.

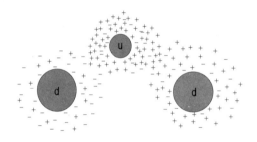

〔그림 8-6〕 중성자

과학자들에 따르면 다운쿼크 1개의 전하값은 −1/3이라고 한다. 따라서 중성자를 구성하는 다운쿼크의 총전하값은 −2/3가 된다.

업쿼크 1개의 전하값은 +2/3이므로 중성자의 전하값은 0이 된다.

$$-1/3 + (-1/3) + 2/3 = 0$$

즉, 중성자를 구성하는 2개의 다운쿼크의 종속에너지 밀도체와 활성에너지 밀도체의 +, −에너지체 수의 차이는, 업쿼크 1개의 +, −에너지체 수의 차이와 같다.

(다운쿼크의 +에너지체 수) − (다운쿼크의 −에너지체 수)
= (업쿼크의 +에너지체 수) − (업쿼크의 −에너지체 수)

예를 들어 중성자를 구성하는 업쿼크의 +에너지체가 60개이고 −에너지체가 40개라고 하면, 60−40=20개만큼의 +에너지체가 더 많기 때문에 이 업쿼크는 +로 전하되어 있는 상태이다.

한편 동일한 중성자를 구성하는 다운쿼크의 +에너지체가 95개이고 −에너지체가 105개라면, 이 다운쿼크는 105−95=10개만큼의 −에너지체가 더 많기 때문에 −로 전하되어 있는 상태이다.

그렇다면, 중성자는 2개의 다운쿼크와 1개의 업쿼크로 이루어져 있으므로(+20)×1개+(−10)×2개=0이 되어 전체적으로 0의 전하값을 가진다.

이를 알기 쉽게 그림으로 표현하면 다음과 같다.

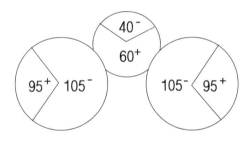

〔그림 8-7〕 중성자의 +, −에너지체 구성비

위의 수식에서 보듯이 중성자와 양성자를 구성하는 쿼크의 전하에 대한 정보는, 에너지 밀도체 모델에서는 입자를 구성하고 있는 에너지체들의 극성분포를 알게 해준다.

지금까지는 하드론의 두 가지 부류 가운데서 바리온의 양성자와 중성자를 개략적으로 살펴보았다. 이제는 나머지 한 부류인 메존류를 알아보자.

메존류는 2개의 쿼크로 이루어져 있는데 이 중 하나의 쿼크는 안티쿼크라는 특징을 가지고 있다. 예를 들어 파이온(pion)이라는 메존입자는 1개의 업쿼크와 1개의 안티다운쿼크로 구성되어 있다.

에너지 밀도체 관점에서 안티쿼크는 매우 불안정한 상태에 있는 입자이다. 따라서 이러한 안티쿼크와 결합한 물질입자는 그 수명이 순간적일 수밖에 없다고 본다. 이런 관점에서 볼 때 파이온은 즉시 다른 입자로 전환되든지 아니면 자유에너지 밀도체로 공간에 흩어질 것이다.

과학자들에게 관측되는 대부분의 메존류는 안정적인 하드론(양성자,중성자) 또는 전자와 같은 랩톤 그렇지 않으면 힘매개입자 등으로, 전환되기 직전에 순간적으로 관측되는 물질입자의 특성을 보이는 에너지 밀도체의 한 형태라고 볼 수 있다.

놀라운 것은 빅뱅의 순간에 잠시 존재했을지도 모르는 이와 같은 물질입자의 한 형태가 지금 과학자들의 실험에 의해서 재탄생되고 있다는 것이다. 하느님은 인간의 과학기술이 어디까지 진행될지 흥미롭게 지켜보고 있을 것이다.

9 랩톤과 질량

제1절 랩톤

이제 쿼크와 더불어 물질입자의 또 다른 한 형태인 랩톤을 에너지 밀도체 관점에서 알아보도록 하자. 그에 앞서 현대 소립자물리학에서 인정하고 있는 랩톤에 대한 기본적 사실들은 다음과 같다.

랩톤의 종류는 6가지가 있는데 이 가운데서 3개는 -전하를 가지고, 나머지 3개는 전하를 가지고 있지 않다. 이들은 점(point)과 같아서 어떤 다른 내부구조를 가지고 있지 않다고 한다.

가장 잘 알려진 랩톤(leptons)은 우리가 잘 알고 있는 전자(electron)이다. 그 이외의 것으로는 전자와 같이 -로 전하되어 있는 뮤온(muon)과 타우(Tau)가 있는데, 이들은 전자보다 질량이 훨씬 크다. 예를 들어 타우의 질량은 전자 질량의 3000배가 넘는 매우 특이한 질량값을 가지고 있다.

이들 전자와 타우와 뮤온을 제외한 나머지 랩톤으로 뉴트리노(neutrinos)라는 것이 있는데, 이것들의 이름은 각각 전자 뉴트리노(electron neutrinos), 뮤온 뉴트리노(muon neutrinos), 타우 뉴트리노(Tau neutrinos)이다.

이들은 전자기적으로 극성을 띠지 않고 그 질량도 매우 작을 뿐만 아니라 빠른 속도로 움직이고 있기 때문에 관측하기가 어렵다고 한다.

이들 랩톤의 특이한 성질은 쿼크들은 그룹을 지어서 존재하는데 반해 이들은 각각 독자적으로 존재한다는 것이다. 또한 뮤온이나 타우랩톤과 같이 질량이 큰 것들은 만들어지자마자 곧 바로 더 작은 질량의 랩톤으로 붕괴되기 때문에, 일반적으로 우리 주변에 존재하는 물질에서는 발견되지 않는다는 것이다. 그래서 우리 주변에서는 전자와 3가지 종류의 뉴트리노들만 볼 수 있다고 한다.

과학자들에 따르면 질량이 큰 랩톤이 붕괴될 때는 일정한 원칙이 있다고 한다. 이것을 설명하기 위해 과학자들은 랩톤을 전자와 전자 뉴트리노 / 뮤온과 뮤온 뉴트리노 / 타우와 타우 뉴트리노와 같이 3가지 가족(family)으로 분류하고 있다.

예를 들어 1개의 뮤온이 붕괴되면 1개의 뮤온 뉴트리노, 1개의 전자, 1개의 반전자 뉴트리노로 붕괴된다고 한다.

뮤온 ───────→ 뮤온 뉴트리노 + 전자 + 반전자 뉴트리노

즉, 뮤온이 붕괴되어도 타우나 타우 뉴트리노로는 붕괴되지 않고 뮤온 가족으로만 붕괴된다는 것이다. 마찬가지로 타우랩톤이 붕괴된다면 절대로 뮤온이나 뮤온 뉴트리노 같은 뮤온 가족으로는 붕괴되지 않는다는 것이다. 또한 뉴트리노는 다른 입자들과는 거의 상호작용을 하지 않는다고 한다.

과학자들이 뉴트리노의 존재를 가정한 것은 중성자가 양성자로 붕괴될 때, 운동량(momentm)이 보존되지 않는 것을 설명하기 위해서였다고 한다.

실험을 거쳐 과학자들은 다음과 같은 관계를 밝혀냈다.

중성자 ───────→ 양성자 + 전자 + 반전자 뉴트리노

즉, 중성자가 붕괴될 때 뉴트리노가 관측된다는 것이다.

위에서 언급한 랩톤의 종류를 표로 만들어보면 다음과 같다.

종류	기호	질량(GeV/C2)	전하
전자 뉴트리노	Ve	0.00000001	0
전자	e	0.000511	-1
뮤온 뉴트리노	Vu	<0.0002	0
뮤온	M	0.106	-1
타우 뉴트리노	Vt	<0.02	0
타우	T	1.7771	-1

〈표 9-1〉

이제 위에서 간략히 소개한 과학적 사실들이 에너지 밀도체 관점에서 보았을 때 어떤 의미를 지니고 있는지 알아보자.

기본적으로 에너지 밀도체 관점에서 물질입자란 에너지 밀도체의 덩어리를 의미한다. 따라서 쿼크와 마찬가지로 랩톤도 수많은 +에너지체와 −에너지체로 이루어진 특정한 집합체임에는 변함이 없다. 다만 그 질량 면에서 일반적으로 쿼크보다 작다는 것(단, 타우랩톤은 예외)과 단독으로 발견된다는 것 등의 차이가 있다.

주의해야 할 것은 −전하를 가지고 있다고 해서 −에너지체로만 구성되어 있지는 않다는 것이다. 정확히 어떤 비율로 구성되어 있는지는 알 수 없으나 −전하를 가지고 있다는 것은 전자, 뮤온, 타우를 구성하는 +에너지체 수보다는 −에너지체 수가 상대적으로 더 많다는 것을 의미한다.

에너지 밀도체 모델에서는 어떠한 경우에도 에너지체들이 종속 에너지 밀도체 상태를 유지하는 한 +, −의 극성 가운데 순수한 하나의 극성만으로는 구성될 수 없다고 본다. 만약 하나의 극성을 가진 에너지체만 존재한다면 절대로 물질입자 수준의 밀도를 지니지 못하기 때문이다. 이러한 에너지 밀도체 관점은, 세상만물은 음양의 조화 속에서만 탄생되고 유지된다는 동양의 음양사상과 일맥상통하는 것이다.

또한 극히 작은 값이기는 하지만 질량이 관측된다는 것은 이들

입자들이 종속에너지 밀도체를 구성하고 있다는 것을 말해주는 것이다.

그러나 뉴트리노는 표에서 보다시피 그 질량값이 어떤 특정 값보다 작은 값으로 표시되어 있다. 이것은 에너지 밀도체 관점에서 보았을 때 시사하는 바가 매우 크다. 다시 말해 뉴트리노의 존재 상태가 반드시 종속에너지 밀도체 상태라고 단언할 수는 없다는 것이다.

과학자들이 생각하는 뉴트리노는, 에너지 밀도체 관점에서 사용되는 활성에너지 밀도체 및 자유에너지 밀도체의 실존에 대한 이해 가능성을 보여주는 것이다. 과학자들이 관측한 각종의 자료들은 에너지 밀도체의 존재를 사람들에게 설명할 때 제시할 수 있는 좋은 증거자료가 된다. 물론 과학자들은 자신들이 이룩한 연구의 성과가 도달할 궁극의 목적지가 에너지 밀도체라는 사실을 아직은 모르고 있겠지만 말이다.

어쨌든 과학자들이 뉴트리노라는 입자를 생각하고 있다는 점은 머지않아 에너지 밀도체의 실재를 이해하는 데 필요한 기본적인 개념을 가지게 되었다는 것을 의미한다.

전자, 뮤온, 타우 등을 에너지 밀도체 관점에서 그려보면 다음과 같다.

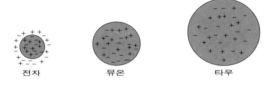

〔그림 9-1〕 전자, 뮤온, 타우

위에서 보다시피 전자, 뮤온, 타우를 구성하는 에너지 밀도체는 +, -에너지체를 모두 가지고 있지만, -에너지체가 더 많이 분포하고 있다. 이것이 바로 이들이 -로 전하된 입자로 관측되는 이유이다.

왜 어떤 입자들은 + 혹은 -의 극성을 가지고, 어떤 입자들은 그렇지 않은가?

이와 같은 기본적인 의문은 여기서 제시하는 에너지 밀도체 모델로서만이, 상대성 개념을 사용하지 않고 설명할 수 있다. 이것은 에너지 밀도체 모델이 사실일 가능성이 크다는 것을 암시해 주고 있다. 즉, 물질입자로 하여금 전자기적 극성을 나타내게 하거나 그렇지 않게 하는 원인이 물질입자 내부에 존재하고 있어야 한다는 것이다.

+, -에너지체는 바로 이것을 설명해 주는 것이다.

과학자들 스스로도 랩톤의 내부에는 다른 어떤 구조도 없는 것으로 보고 있다. 이 말은 예를 들어 질량이 큰 타우랩톤 내부에 전자나 뮤온 혹은 다른 어떤 입자가 들어가 있지 않다는 의미이다. 그럼에도 타우랩톤이 붕괴하면 전자가 발생한다는 사실이 의미하는 것은 무엇이겠는가?

이는 존재하는 모든 크고 작은 입자를 막론하고 그들을 구성하는 기본적인 어떤 입자(에너지 밀도체)는 극성만 다를 뿐, 한 가지 종류로 동일한 것이라는 것이다.

그런데 여기서 또 한 가지 의문이 있다. 위에서 언급한 대로 모든 물질입자가 +에너지체와 -에너지체로 이루어진 것이라면, 타우랩톤이 붕괴될 때 왜 뮤온입자는 절대로 발생하지 않는가 하는 것이다.

이에 대한 대답을 하기 위해서는 +, -의 에너지체들이 어떤 특정한 물질입자를 만들기 위하여 에너지 밀도체를 구성할 때, 이들의 구성비율과 밀도에 대한 규명이 선행되어야 한다. 만약 과학자들이 에너지 밀도체 모델을 인정한다면 가장 먼저 해야 할 것이 바로 방금 말한 내용을 규명하는 일다.

다시 말해 에너지체 또한 가장 근원적인 것이 아닐 가능성도 있다는 것이다. 우리가 하느님이 아니고 인간인 이상 모두 다 안다는 것은 불가능하다. 그러나 지적 능력이 우수한 과학자들이 본격적으로 연구한다면 어느 정도 실체에 접근할 수 있을 것으로 본다.

그런데 여기에는 큰 장애물이 존재하고 있다. 현재의 과학기술 수준과 과학자들이 사물을 바라보는 기본적인 시각으로는 에너지 밀도체의 존재를 인정한다는 것에 부정적 견해를 보일 것이 분명하기 때문이다.

현재의 과학이론이 대부분 서양세계로부터 유입되었고 동양의 학자들은 그것을 비판할 여유를 가지지 못한 상태에서 그것을 습득하기에 급급했기 때문에, 우리 조상들의 사물 인식방법을 서양과학과 연결시키는 능력을 상실해 버렸다. 따라서 지금 단계에서는 에너지 밀도체의 기본적 가정(기본입자인 에너지체가 음양 두 개의 극성을 가지고 있다)의 사상적 배경을 과학자들이 받아들이기는 매우 어려울 것이다. 그렇다고 해서 비판을 두려워하여 새로운 것을 주장하지 못한다면 그것은 군자가 걸어갈 길이 아니다.

어쨌든 에너지 밀도체 모델에서는 이러한 음양 두 종류의 에너지체들의 조합으로 이루어진, 에너지 밀도체가 만들어내는 가장 작은 안정된 입자를 전자라고 보고 있다. 물론 뉴트리노를 에너지 밀도체 관점에서 어떻게 볼 것인지도 결론을 내려야 한다. 이는 뒤에 설명할 것이다.

전자와 같은 랩톤은 단독으로 존재하기 때문에 과학자들이 측정하는 질량에 활성에너지 밀도체가 포함되어 있는지 없는지 확인할 방법이 없다. 하드론에서는 양성자의 경우, 양성자 자체의 질량과 양성자를 구성하는 업쿼크와 다운쿼크 각각의 질량을 비교해 봄으로써, 업쿼크와 다운쿼크를 구성하는 종속에너지 밀도체 주변에 활성에너지 밀도체가 분포하고 있다는 것을 추론할 수 있었다.

반면에 랩톤의 경우에는 랩톤의 그룹으로 이루어진 안정된 물질입자가 존재하지 않기 때문에(실지로 없는지 아니면 아직 발견되지 않았는지 확실하진 않지만), 쿼크와 같은 방법으로는 랩톤

(뉴트리노 제외)이 종속에너지 밀도체와 더불어 활성에너지 밀도체 구조를 가지고 있는지 확인할 길이 없다.

그래서 앞의 그림에서는 종속에너지 밀도체로만 랩톤이 구성되어 있는 것으로 그려져 있다.(단, 전자는 미미하지만 활성에너지 밀도체 구조를 가지고 있는 것으로 표현되어 있다. 이것은 전자를 강결합 종속에너지 밀도체로 보기 때문이다. 이는 곧 후술한다).

여러 가지 정황으로 볼 때 전자, 뮤온, 타우 등은 실질적인 활성에너지 밀도체 구조를 가지고 있지 않은 것으로 추측된다. 현대물리학의 질량 개념과 상관없이 에너지 밀도체 개념으로 볼 때, 타우나 뮤온 등과 같이 그 생존기간이 극히 짧은 입자들은 이들을 구성하고 있는 에너지체들의 밀도분포가 매우 느슨한 상태임이 분명하다. 그래야만 이들이 쉽게 붕괴되는 것을 일관되게 설명할 수 있기 때문이다.

타우 ──────→ 진자 + 반전자 뉴트리노 + 타우 뉴트리노
뮤온 ──────→ 전자 + 반전자 뉴트리노 + 뮤온 뉴트리노

타우랩톤과 뮤온랩톤이 생성되자마자 위와 같이 빠르게 붕괴(decay)된다는 것은 이들이 처음 생성될 때부터 정상적인 종속에너지 밀도체 상태로 존재하지 않았을 가능성이 크다는 것을 의미한다. 그럼에도 이들은 극성을 가진 질량체로 과학자들에게 관측되었다. 이것이 의미하는 사실은 무엇이겠는가?

그것은 에너지 밀도체의 밀도분포가 비록 느슨하다 할지라도 과학자들의 측정망에서는 물질입자로서의 특징을 보일 수 있음을 의미한다.

에너지 밀도체 관점에서 종속에너지 밀도체란 근본적으로 입자(알갱이) 즉, 고성능 현미경으로 관측할 수 있는 유형의 알갱이를 이루고 있는 상태이다. 이것은 다시 말해 종속에너지 밀도체의 밀도가 매우 높다는 의미이다. 반면에 활성에너지 밀도체는 종속에

너지 밀도체보다는 그 밀도분포가 느슨하여 유형의 알갱이를 이루지 못하고 있는 상태이다.

이처럼 알갱이를 이루지 못하고 있음에도, 질량을 가진 물질입자로 관측된다는 것은 여기서 의미하는 질량이 무게 개념만을 의미하고 있는 것이 아니라고 보아야 한다. 과학자들이 관측한 여러 입자들에게서 질량이 관측되었다고 해서 이들이 전부 다 현미경을 통해 사람의 눈에 보이는 알갱이는 아니라는 것이다.

그러므로 우리가 타우랩톤을 인식할 때 눈으로 볼 수 있는 조그만 유형의 알갱이라고 단정지어서는 안 된다는 것이 에너지 밀도체적 견해이다. 다시 말해 지금 소립자의 세계에서 과학자들이 질량으로 관측하는 것 가운데서 일부는 활성에너지 밀도체 또는 자유에너지 밀도체를 감지하고 있다는 것이다.

그러나 과학자들이 가지고 있는 양자역학적 도구는 이들을 표현하는 데 $E=mc^2$에 의한 질량밖에 달리 가지고 있지 않다. 이것이 혼란의 시작인 것이다. 그리고 누구도 이것을 건드리지 못했다. 왜냐하면 본질적으로 이것이 의미하는 것이 진실이기 때문이고, 수학이 이것을 증명하고 있기 때문이다.

문제는 우리의 경험(오감)이 이것을 잘 이해하지 못한다는 것이다. 그러나 여기서 설명하고 있는 에너지 밀도체 모델은, 이 난해한 문제를 우리의 오감이 느낄 수 있는 수준으로 평이하게 해결하는 데 도움을 줄 수 있을 것이다.

어쨌든 소립자의 세계에서 즉, 양자역학의 세계에서 질량이 관측된다는 것은, 주변의 다른 공간에 비해서 그 공간에 존재하는 어떤 것이 주변과는 다른 상태에 있다는 것을 암시할 뿐이지, 그 공간에 실제로 유형의 알갱이(종속에너지 밀도체)가 존재하고 있다는 것을 의미하는 것은 아니다. 다시 말해 활성에너지 밀도체, 자유에너지 밀도체들이 얼마든지 과학자들의 관측 시스템에서 질량의 형태로 관측될 수도 있다는 것이다.

이것은 우리가 앞으로 에너지 밀도체 모델을 통하여 기의 실체를 파악하기 위해서 가져야 할 가장 기본적인 마음가짐이다.

무협영화에서 흔히 볼 수 있는 장풍, 그리고 눈으로 보기만 하는데 숟가락이 굽는 것과 같은 초능력 등의 현상이 에너지 밀도체 관점에서 볼 때 이론상으로 불가능한 것이 아니라는 것이다. 한의학에서 인체 내부에 존재한다는 경락도 마찬가지 관점에서 볼 수 있다. 즉, 경락이 실제로 존재할 수 있다는 것이며, 뿐만 아니라 물리적으로 관측될 수 있는 여지가 얼마든지 있다는 것이다.

뮤온이나 타우랩톤의 질량과 극성을 관측하는 기법이 살아 있는 인체에 적용되기만 한다면 한의학에서 주장하는 경락을 물리적으로 밝혀낼 수 있을 것으로 본다. 그렇게 되면 기는 더 이상 형이상학적 동양철학 속에서 머물지 않고 현실세계 속으로 당당하게 자리매김할 수 있을 것이다.

이런 시대가 도래하면 삶의 방식에도 중대한 변화가 일어나게 되고 인류의 미래는 또 다른 방향으로 나아갈 수 있을지도 모른다.

제2절 질량과 에너지 밀도체의 밀도

지금까지 매우 주의 깊게 이 글을 읽어온 독자라면 한 가지 사실을 유추할 수 있을 것이다. 업쿼크나 다운쿼크를 구성하는 활성에너지 밀도체는 업쿼크나 다운쿼크의 질량으로 관측되지 않는다고 했다. 그런데 뮤온이나 타우랩톤을 구성하는 에너지 밀도체는 유형의 알갱이를 이루지 못함에도 질량으로 관측되고 있다.

이것은 결국 뮤온이나 타우랩톤을 구성하는 에너지 밀도체의 밀도는, 쿼크를 구성하는 종속에너지 밀도체의 밀도와 활성에너지 밀도체의 밀도 사이에 해당하는 밀도를 가지고 있는 것으로 볼 수 있다.

즉, 뮤온이나 타우랩톤으로 관측되는 에너지 밀도체는 활성에너지 밀도체의 밀도보다는 높지만, 정상적인 종속에너지 밀도체와 같이 안정적인 알갱이는 이루지 못하고 있는 상태에 있다는 말이다. 에너지 밀도체 모델에서는 이러한 상태의 에너지 밀도체를 약결합 종속에너지 밀도체라고 한다.

반면에 업쿼크, 다운쿼크, 전자와 같이 안정적인 알갱이를 형성하고 있는 종속에너지 밀도체를 강결합 종속에너지 밀도체라고 한다. 그러므로 실질적으로 우리 주변의 사물을 구성하는 것은 바로 강결합 종속에너지 밀도체인 것이다. 일반적으로 종속에너지 밀도체라고 하면 강결합 종속에너지 밀도체를 의미한다.

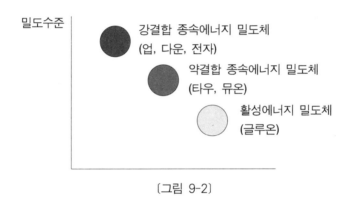

〔그림 9-2〕

앞의 [그림 9-1]에서 보면 전자를 구성하는 에너지 밀도체의 밀도분포 수준은 타우나 뮤온입자보다는 매우 조밀한 상태로 그려져 있다. 이것은 전자를 강결합 종속에너지 밀도체로 보기 때문이다.

반면에 타우나 뮤온입자는 전자에 비해 에너지 밀도체의 밀도분포 수준이 상대적으로 느슨하게 그려져 있다. 이것은 타우나 뮤온입자를 약결합 종속에너지 밀도체로 보기 때문이다.

타우나 뮤온입자를 통하여 약결합 종속에너지 밀도체의 특징을 다음과 같이 추론해 볼 수 있다.

1. 약결합 종속에너지 밀도체는 짧은 순간이나마 강결합 종속에너지 밀도체와 같이 질량이 관측된다.

2. 약결합 종속에너지 밀도체는 밀도분포가 느슨한 불안정한 상태에 있으므로 즉시 다른 형태의 에너지 밀도체로 전환(붕괴)된다.

3. 약결합 종속에너지 밀도체는, 그 일부는 강결합 종속에너지 밀도체로 전환되고 일부는 자유에너지 밀도체로 전환된다. 이 경우 관측되는 자유에너지 밀도체는 고유한 의미(운동성이 없는 상태)에서의 자유에너지 밀도체가 아니라 운동성을 나타내고 있다. 따라서 뉴트리노는 움직이고 있는 자유에너지 밀도체라고 볼 수 있다. 정지상태에 있는 뉴트리노는 현재의 기술수준으로는 관측되지 않는 것으로 생각된다.

거꾸로 말해서 우주공간에 수없이 많이 분포하고 있는 자유에너지 밀도체는 일반적으로 정지해 있는 것으로 본다. 그런데 어떤 원인으로 이것들이 이동을 하게 되면 과학자들의 측정망에 감지되는데, 이것이 뉴트리노로 생각된다.

이것을 뮤온의 붕괴를 예로 들어 정리하면 다음과 같다.

전자
(강결합 종속에너지 밀도체)

뮤온 $\Longrightarrow$ 반전자 뉴트리노 + 뮤온 뉴트리노
(약결합 종속에너지 밀도체) (관측되는 자유에너지 밀도체)

자유에너지 밀도체
(관측되지 않는 자유에너지 밀도체)

4. 약결합 종속에너지 밀도체는 강결합 종속에너지 밀도체와는 달리 주변에 활성에너지 밀도체 구조를 가지고 있지 않은 것으로 본다.

앞으로 더 자세한 설명을 하겠지만, 활성에너지 밀도체의 중요한 역할은 종속에너지 밀도체 사이의 결합상태를 유지시키는 것이다.(물론 그 결합력은 업, 다운쿼크와 참, 스트레인지, 탑, 보텀쿼

크 사이에 현격한 차이가 있다).

그런데 타우나 뮤온 같은 입자들은 생성됨과 동시에 붕괴된다. 그리고 전자 또한 비록 강결합 종속에너지 밀도체 구조를 가지고 있지만, 단독으로 관측되는 것으로 보아 타우나 뮤온과 마찬가지로 주변에 활성에너지 밀도체를 가지고 있지 않은 것으로 추측된다. 혹시 전자가 활성에너지 밀도체 구조를 가지고 있다 치더라도 무시해도 될 만큼 미미한 수준일 것으로 생각된다. 전자를 비롯한 랩톤은 활성에너지 밀도체 구조를 가지고 있지 않든가 가지고 있다 치더라도 미미한 상태이기 때문에 항상 단독으로 존재하게 되는 것이다.

따라서 쿼크와 랩톤을 구분짓는 결정적인 기준은, 활성에너지 밀도체의 존재여부와 그 발달정도에 달려있다고 볼 수 있다.

문제는, 전자는 업쿼크나 다운쿼크와 마찬가지로 강결합 종속에너지 밀도체 구조를 하고 있음에도, 어떤 이유로 주변에 분포하는 활성에너지 밀도체가 활성화되지 않았는가이다.

현재까지 나타난 자료를 토대로 생각해 보면, 전자의 질량이 업쿼크나 다운쿼크보다 현저히 작다는 것에 그 의문의 실마리가 있다. 다시 말해 에너지 밀도체의 기본적인 성질 가운데 하나인 중력작용이 매우 약하기 때문인 것으로 결론내릴 수 있다. 결국 활성에너지 밀도체가 높은 반응성을 나타내기 위해서는 어느 일정 수준 이상의 강결합 종속에너지 밀도체 구조가 필요하다는 이야기가 된다.

이처럼 에너지 밀도체 모델은, 현대 물리학이 기본적인 사실로 인정하면서도 왜 그런지는 전혀 감을 잡지 못하고 있는 것들에 대해서, 그 이유를 일관된 논리로 추론해 볼 수 있는 여지를 제공해 주고 있다. 이것은 에너지 밀도체 모델이 그만큼 사물을 이해하는 데 도움을 줄 가능성이 크다는 것을 의미한다.

10 에너지체(에너지)와 질량

제1절 입자의 붕괴

과학자들이 행한 몇 가지 입자붕괴 실험에 대한 에너지 밀도체적 견해를 이야기할 필요가 있다. 그 가운데서도 먼저 양성자와 반양성자의 충돌시 관측되는 탑쿼크의 붕괴에 대해서 알아보자. 이들 양성자와 반양성자의 충돌과 탑쿼크의 붕괴과정은 아래와 같다.

```
                      탑쿼크
                        +
양성자와
반양성자 ══════⟹ 안티탑쿼크    ══════⟹  W + 보텀
충돌
                        +
            기타 입자들  ══════⟹  W− + 안티보텀
```

양성자와 반양성자가 충돌하면 탑쿼크와 안티탑쿼크, 그리고 그 밖의 다른 여러 종류의 입자들이 발생한다고 한다. 그런데 과학자들의 실험 결과의 해석에 따르면, 탑쿼크는 생성과 동시에 다시 W보존(bosons)과 보텀쿼크로 붕괴되어 버린다고 한다.

이러한 붕괴과정에 대한 에너지 밀도체적 견해는 다음과 같다.
충돌로, 양성자와 반양성자를 구성하던 업쿼크와 안티업쿼크 그리고 다운쿼크와 안티다운쿼크의 에너지 밀도체에 커다란 밀도변

화가 발생했다.(이것은 물질과 반물질에 대한 설명에서 이미 이야기한 바 있다). 그래서 양성자와 반양성자 구조를 유지하고 있던 에너지 밀도체 구조는 깨어지고 전혀 다른 형태의 물질입자들이 구성되었다. 즉, 에너지 밀도체의 재배열이 일어났다는 말이다.

좀더 구체적으로 이야기하면 양성자와 반양성자를 구성하는 퀴크들의 강결합 종속에너지 밀도체와, 이들 주변에 분포해 있던 활성에너지 밀도체의 밀도가 전반적으로 낮아졌다는 것이다. 다시 말해 강결합 종속에너지 밀도체가 약결합 종속에너지 밀도체로 전환되었다는 것을 의미한다.

그 결과 탑퀴크 같은 약결합 종속에너지 밀도체 구조의 입자들이 관측되는 것이다. 에너지 밀도체 관점에서는 앞에서 언급한 뮤온이나 타우랩톤과 더불어 탑, 보텀/참, 스트레인지퀴크들도 약결합 종속에너지 밀도체 구조를 하고 있는 것으로 본다. 이들 또한 입자로서의 생존기간이 지극히 짧기 때문이다.

이렇게 강결합 종속에너지 밀도체가 약결합 종속에너지 밀도체로 전환됨으로써 전체적인 질량증가가 관측되는 것이다. 충돌 전, 양성자와 반양성자의 질량은 $0.938 \times 2 = 1.876$인데 비해, 이들의 충돌 후 관측되는 입자들의 질량은 이 값을 훨씬 초과하고 있다. 탑퀴크 1개의 질량만 하더라도 175이다. 이는 입자를 형성하는 에너지 밀도체의 밀도분포에 따라 관측되는 질량이 차이가 날 수 있음을 의미한다.

강결합 종속에너지 밀도체 구조를 깨뜨리기 위해서는, 더 큰 힘으로 두 입자가 충돌해야 할 것이다. 과학자들의 논리대로라면 이힘(에너지)은 질량으로 전환된다. 그래서 충돌 후 생성물들의 질량의 합이 충돌 전의 질량보다 크게 나타난다고 설명한다.

과학자들의 이러한 질량과 에너지 보존에 대한 설명을, 에너지 밀도체 모델에서는 에너지체 수 보존의 개념으로 해석한다. 즉 충돌 전 물질입자를 구성하던 에너지체 수는, 충돌 또는 붕괴 후 생성물을 구성하는 에너지체 수와 같다는 것이다. 다만 그 밀도상태가 충돌 전과 충돌 후 변화를 일으키고, 이것은 에너지 현상으로 나타나며 동시에 질량변화로 나타난다.

다시 말해 동일한 개수의 에너지체가 강결합 종속에너지 밀도체를 구성하느냐 약결합 종속에너지 밀도체를 구성하느냐에 따라 과학자들이 측정하는 질량값이 달라질 수 있다는 것이다. 이런 경우 일반적으로 약결합 종속에너지 밀도체가 더 큰 질량값을 보인다.

과학자들은 물질입자들이 왜 다양한 질량값을 가지게 되는지, 그 근거를 제시하지 않고 있다. 에너지 밀도체 관점에서는, 질량이란 에너지 밀도체를 구성하는 에너지체들이 어떤 밀도상태로 분포해 있는가에 따라 달라진다고 본다. 그러므로 질량과 에너지 밀도체의 밀도와의 관계에 대한 연구는 반드시 필요하다.

양자역학은 다른 어떤 학문 분야보다도 더 수학적인 개념 위에서 그 토대를 마련하였기 때문에, 실험의 결과들을 정리하는 데 다른 분야의 학문보다 훨씬 많은 어려움을 겪을 것이다. 에너지 밀도체 모델은 과학자들이 직면한 이러한 어려움을 해소하는 데 조금이나마 도움을 줄 수 있을 것으로 생각한다.

에너지 밀도체들이 어떤 과정을 거치면서 융합하고 붕괴되는지를 탐구해 가는 과정에서 강결합 종속에너지 밀도체, 약결합 종속에너지 밀도체, 활성에너지 밀도체, 운동성을 보이는 자유에너지 밀도체, 운동성이 없는 자유에너지 밀도체, 그 밖에 아직 생각해 내지 못한 형태의 에너지 밀도체의 존재양상들에 대한 비밀은 차츰 밝혀질 것이다.

탑쿼크의 붕괴와 관련하여 한 가지 더 설명할 것은, 질량 175인 탑쿼크가 W와 보텀쿼크로 붕괴된 후 W의 질량은 80.4이고 보텀쿼크의 질량은 4.3이다. 즉, 붕괴된 후 질량이 감소했다는 것이다.

에너지 밀도체 관점에서 볼 때 이것은 에너지체들이 다시 융합하고 있는 상태(밀도증가 상태)를 의미한다. 다시 말해 에너지체들의 운동성이 감소하여 그 이동이 활발하지 못하게 되었다는 의미이다. 에너지체들의 이동이 활발하지 않다는 것은 에너지 현상이 감소하는 것을 의미한다.

지금까지 이야기한 에너지 밀도체의 일련의 밀도변화는 정확한 것은 아니지만 다음과 같은 비유로 이해하면 쉬울 것이다.

물이 끓어 수증기가 되었다가 다시 작은 물방울이 맺히는 상태와 같다. 온도의 증감, 수증기, 물방울 이들의 관계가 소립자의 세계에서도 일어나고 있는 것이다.

제2절 에너지 밀도체의 밀도와 질량

여기 에너지 밀도체의 밀도와 질량과의 관계를 나타내는 한 가지 비유가 있다.

먼 바다를 상선을 타고 항해해 본 경험이 있는 항해사라면 누구나 항해용 레이다 스크린에 나타나는 구름을 본 적이 있을 것이다. 경험이 많은 항해사라면 레이다 스크린에 나타나는 영상을 보고 구름의 종류를 어느 정도 파악할 수 있을지도 모른다.

그러나 모든 구름이 레이다에 잡히는 것은 아니다. 구름의 두께가 얇다면 레이다에 영상으로 잘 나타나지 않는다. 물론 레이다의 성능에 따라서도 달라진다. 금방 나타났다가도 잠시 후 곧 사라지기도 하고 조금 전까지도 나타나지 않았던 위치에 불쑥 나타나기도 한다.

레이다 스크린에 나타났던 두꺼운 구름이 엷어지면서 옆으로 퍼지면, 스크린 상에는 구름이 더 넓은 면적에 분포하게 된다. 이것은 마치 강결합 종속에너지 밀도체가 약결합 종속에너지 밀도체로 전환될 때, 질량이 증가하는 것으로 관측되는 것과 같다. 다음 그림은 이러한 관계를 표현해 주고 있다.

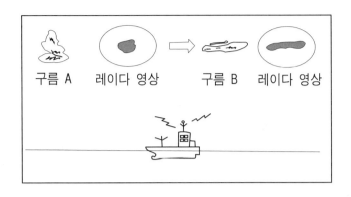

〔그림 10-1〕 구름의 실체와 레이다 영상

위의 그림에서 구름 A를 구성하고 있는 물 분자 개수와 구름 B를 구성하고 있는 물 분자 개수가 같다고 하자. 다만 이들 물 분자의 분포상태만 구름 A와 B처럼 서로 다른 상태이다. 이런 경우, 레이다 영상으로 얻어지는 자료만으로는 구름 B를 구성하고 있는 물 분자의 개수가 훨씬 많은 것으로 잘못 해석할 수 있다.

이러한 비유는 탑쿼크의 질량이 다른 쿼크들의 질량에 비해 비정상적으로 크게 관측되는 것에 대한 의문을 푸는 하나의 단서라고 생각한다.

또 한 가지 단서는 구름 A를 구름 B의 형태로 변형시킨 바람(힘, 에너지)이 물 분자로 전환되었다고 생각하는 것이다.

상식적으로 어떻게 이런 일이 일어날 수 있겠는가?

그러나 물질과 에너지의 관계에서는 실지로 이런 일이 일어난다는 것이다. 이것을 나타내는 수식이 바로 $E=mc^2$임을 모르는 사람은 거의 없다. 지금까지 과학자들은 이 공식으로 에너지를 받은 입자의 질량변화를 설명해 오고 있다.

에너지 밀도체 모델에서는 여기서 한 단계 더 나아가 입자를 구성하는 에너지 밀도체의 밀도변화가 질량값에 영향을 미치고 있다고 본다.

과연 탑쿼크의 질량을 증가시킨 원인은 무엇인가?

전통적인 해석대로 양성자와 반양성자를 가속시키기 위해 외부에서 가해진, 에너지의 실체인 에너지체들이 탑쿼크를 구성하는 에너지 밀도체에 그 구성원으로 참가하여서 질량이 증가하게 된 것인가?

양성자나 반양성자를 구성하던 에너지체들의 밀도가 느슨해져서 질량이 증가한 것으로 관측되었는가?

아니면 이 두 가지 경우가 복합적으로 작용하여 질량이 증가하게 된 것인가? 정확히 알 수는 없지만, 이렇게 생성된 탑쿼크가 곧바로 붕괴된다는 것이 의미하는 바가 무엇인지를 잘 생각해 보면 우리의 추론을 좀더 진행시킬 수 있을 것이다.

결론부터 말한다면 에너지 밀도체 모델의 관점에서는, 가속기 안에서 입자에 가해지는 에너지의 실체인 에너지체는, 충돌시 생성되는 물질입자를 구성하는 에너지 밀도체에 구성원으로 참가하지 않는다고 본다.

이 말은 결국 탑쿼크의 질량이 큰 이유는 그 입자를 구성하는 에너지 밀도체의 밀도분포 상태가 매우 느슨하기 때문이라는 것이다. 그리고 이것은 탑쿼크가 곧바로 붕괴되는 이유이기도 하다.

이러한 결론은 물질과 에너지와의 관계에 대해 우리에게 중요한 시사점을 던져주고 있다. 외부에서 가해진 에너지가 물질로 전환되지 않았다고 이야기할 수도 있다는 것이다. 외부에서 가해진 에너지는 다만 기존 에너지 밀도체의 밀도를 변화시키는 역할을 하였고, 이러한 밀도의 변화가 질량의 변화로 관측되는 것이다.

마치 외부에서 가해진 에너지가 질량으로 전환된 것처럼, 물질입자의 질량은 증가하는 결과를 보여준다. 이러한 상황을 두고 우리는 에너지가 질량으로 전환되었다고 이야기해야 옳은지, 아니면 질량으로 전환되지 않았다고 이야기해야 옳은지 고민하게 된다. 수학적인 표현으로 이 사실을 설명하기 위해서는 가해진 에너지가 질량으로 전환되었다고 말하는 것이 옳을 것이다.

그러나 이것이 사실의 전부를 설명해 주진 않는다는 것이 에너지 밀도체 모델의 입장이다. 그리고 이러한 혼돈이 생기는 원인은 과학자들이 질량과 에너지의 관계를 측정하는 실험실의 조건 때문이라고 생각한다.

만약 가속기 안이 아니라 자연상태에서 에너지를 받은 입자끼리 충돌하여 새로운 입자가 생성된다면, 그리고 이렇게 생성된 입자의 질량이 충돌 전의 입자의 질량보다 더 크고 또한 안정된 입자로 관측되었다면, 이 경우 증가한 질량은 에너지가 전환된 것이라고 말한다면 에너지 밀도체 모델에서도 어떠한 이의도 제기하지 않을 것이다.

왜냐하면 이 경우는 입자에 가해진 에너지의 실체인 에너지체들이 새롭게 생성된 물질입자의 에너지 밀도체를 구성하는 에너지체로 참가하고 있다고 보기 때문이다. 그 증거로 생성된 입자가 안정하다는 것이다. 그래서 지금 우리가 보고 있는 모든 안정된 사물들이 형성될 수 있었다.

그러나 가속기 안에서는 이러한 일이 일어나지 않는다. 왜냐하면 가속기에 의해 가해지는 에너지는 그 자체의 실존을 유지하도록 설계되어 있기 때문에 다른 공간으로 위치를 이동시키지 못한다. 이것은 항상 설계된 대로 일정한 자기장의 패턴이 형성되어 있다는 것을 의미한다. 다시 말해 가속기 안에서 입자에 가해지는 에너지는 입자와 에너지와의 상호작용(힘)의 일정한 관계를 유지해야 하므로, 자신이 새로 형성되는 입자를 구성하는 에너지체로 참가할 수 없다는 것이다.

즉, 가속기 안에서 가해지는 에너지의 실체인 에너지체들은 자신이 유지하고 있는 일정한 공간을 벗어나지 못하도록 힘(전자기력)을 받고 있도록 설계되었다는 것이다. 그 결과 가속기 안에 존재하는 입자에 상호작용을 일으킬 수는 있으나, 자신이 직접 그 입자의 구성원으로 참여하지는 못한다.

여기서 상호작용이란 가속기 안의 입자의 속도에 영향을 미치고, 그리고 이 속도는 충돌 후 생성입자의 에너지 밀도체의 밀도 상태에 영향을 준다는 것을 의미한다. 생성입자의 밀도가 영향을 받는다는 것은, 생성입자의 질량이 영향을 받는다는 것을 의미한다. 결국 가속기 안에서 가해지는 에너지는 생성입자의 질량에 영향을 미치는 결과로 나타날 것이다.(따라서 과학자들이 주장하는 것처럼 에너지가 질량으로 전환되었다는 말도 완전히 틀린 표현은 아니다).

그러나 이 경우에 생성입자의 질량변화는 에너지 밀도체의 밀도변화 때문이지, 가해진 에너지가 직접 생성입자의 질량으로 참여한 것은 아니라는 것이 에너지 밀도체의 입장이다.

두 가지 경우 모두 생성입자의 질량이 가해진 에너지에 영향을 받지만 그 본질은 전혀 다르다. 전자의 경우는 진정한 의미에서 에너지가 물질로 전환된 경우이지만 후자의 경우는 그렇지 않다.

그런데 과학자들이 행하는 대부분의 실험은 가속기 안에서 이루어지는 것이므로 에너지 밀도체 입장에서는 이러한 차이점을 고려해야 한다는 것이다.

과학자들은 낮은 질량의 입자(구름 A)를 가지고 높은 질량을 가진 입자(구름 B)를 생성시키기 위해서, 낮은 질량의 입자를 가속기 안에 놓고 엄청난 스피드(에너지)를 가해 그들을 충돌시켜 높은 질량을 가진 입자를 만들어낸다. 이렇게 하여 실지로 높은 질량값을 가지는 입자를 만들어내고 있다.

그리고 과학자들은 이것이 에너지가 입자로 전환되기 때문이라고 생각하고 있다. 앞에서 말했지만 여기에 약간의, 그러나 본질적으로 중요한 오해가 있다.

과학자들은 질량이 증가한 만큼 가해진 에너지가 새로운 입자로 전환되었다고 생각하지만, 에너지 밀도체 관점에서는 절대로 그렇지 않다. 단 이것은 가속기 안에서의 경우에만 그렇다는 말이다. 자연상태에서는 에너지는 물질로 전환된다.

가속기 안에서는 충돌 전 질량이 낮은 입자의 에너지체 수나 충돌 후 생성된 질량이 높은 입자의 에너지체 수에는 변화가 없다. 다시 말해 충돌 전 강결합 종속에너지 밀도체가 충돌 후 약결합 종속에너지 밀도체로 전환됨으로써, 그 밀도의 변화 때문에 질량이 증가된 것처럼 관측될 뿐이지, 에너지가 입자(질량)로 전환된 것은 아니다.

실제로 증가된 질량의 입자들은 거의 틀림없이 불안정한 상태에 있다는 것이 이를 증명해 주고 있다. 왜냐하면 이들은 약결합 종속에너지 밀도체 상태에 있기 때문이다. 마치 구름 A보다 구름 B가 레이다 상에서 훨씬 더 빨리 흩어져 사라지는 것과 같다.

여기 재미있는 상상이 있다.

$E=mc^2$에서 E값을 엄청나게 올리면 당연히 m값이 올라간다. 그렇다면, 가속기 안에서 딸기 2개를 엄청난 스피드(에너지)로 충돌시키면, 수십 개의 딸기를 만들 수 있을 것이라고 생각할 수 있다. 그러나 이러한 생각은 잘못된 것이다.

충돌 전의 m의 본질과 충돌 후의 m의 본질이 다르기 때문이다.

충돌 전의 딸기 입자를 이루는 에너지 밀도체의 밀도와, 충돌 후 생성된 딸기 입자를 구성하는 에너지 밀도체의 밀도가 다르며, 이러한 상이한 밀도 때문에 충돌 전의 딸기와 충돌 후의 딸기는 같을 수 없다는 것이다.

다시 말해 충돌 전의 야무지고 단단한 딸기와 똑같은 딸기가 2개를 초과하여 만들어지지는 않는다는 것이다.

그러나 이것이 만약 가속기 안이 아니라 다른 자연상태에서 두 개의 딸기가 엄청난 속도로 충돌한다면, 이 딸기에 가해진 에너지는 실제로 질량으로 전환되어 수십 개의 야무지고 단단한 딸기를 만들 수도 있다.

문제의 핵심은 외부로부터 새로운 에너지체의 유입이 없이 에너지 밀도체의 밀도만 변화되었는지, 아니면 외부에서 에너지체가 실지로 유입되었는지의 여부에 달려 있다.

앞에서 뮤온이 붕괴되면 뮤온 뉴트리노가 생성되고 타우가 붕괴되면 타우 뉴트리노가 생성된다고 하였다. 즉, 뮤온이 붕괴될 때 타우 뉴트리노가 생성된다거나 타우가 붕괴될 때 뮤온 뉴트리노가 생성되는 일은 일어나지 않는다. 에너지 밀도체 관점에서 매우 의미 있는 것을 과학자들이 발견한 이 사실이 암시해 주고 있다.

사실 현재의 에너지 밀도체 모델은 매우 허술한 수준이다. 단순히 +에너지체와 −에너지체가 모이거나 흩어지는 것으로 모든 것을 설명하고 있으면서도, 그 모이거나 흩어지는 규칙성의 단서는 전혀 발견하지 못하고 있다.

이 점은 과학자들도 마찬가지다. 과학자들도 발생하는 사실을 관측하고 자료를 정리하여 공통점을 발견할 뿐이지, 어떤 원리 때문에 그러한 현상이 일어나고 있는지, 그 근본적인 원인은 아직 명확히 알지 못하고 있는 것이 많다.

에너지 밀도체 관점에서 볼 때, 분명한 것은 +에너지체와 −에너지체가 모이거나 흩어지는 과정이 우연히 진행되는 것은 아니라는 것이다. 우연하게 진행된다면 타우 뉴트리노가 붕괴될 때 뮤온 뉴트리노의 흔적도 발견되어야만 할 것이다.

이것은 다시 말해 어떤 사건 이후 ,에너지 밀도체의 재배열이 진행될 때 +, −에너지체 하나하나 단위로 일어나지 않는다는 것이다. 즉, 고유한 +, −에너지체 집단(에너지 밀도체)단위로 재배열이 진행된다는 것이다.

이것은 우리 몸속에서 기(자유에너지 밀도체)를 만들어낼 때, 그 사람의 물질대사 혹은 의식상태에 따라 그 사람이 보유하는 기가 지닐 수 있는 고유한 성질이 달라질 수 있다는 것을 암시하고 있다.

한의학의 사상의학에서 사람의 체질을 태음인, 소음인, 태양인, 소양인의 4가지로 분류하는 것과, 각 체질별로 성질이 서로 다른 기를 보유하고 있다는 이론은 에너지 밀도체 관점에서 볼 때 매우 타당한 것으로 보인다. 예를 들어 태음인은 어떤 음식은 몸에 맞고 어떤 음식은 몸에 맞지 않는 것은, 이들 음식을 통한 물질대사 과정으로 생성되는 자유에너지 밀도체의 에너지체 배열상태가 기존의 몸 안에 있던 것과 잘 화합하는 경우도 있고 그렇지 못한 경우도 있기 때문이다.

자연에서 일어나는 모든 현상에는 반드시 그 원인이 있다. 우연은 사람들이 그 원인을 알지 못할 때 일어나는 것이다. 에너지 밀도체 관점에서 볼 때, 각 물질입자를 구성하는 에너지 밀도체의 고유한 ＋, －에너지체 배열구조를 밝히면 그 물질입자가 보이는 고유한 특성의 원인을 알 수 있을 것이다.

11 뉴트리노 · 광자

중성자 ─────────→양성자 + 전자 + 반전자 뉴트리노

위와 같은 중성자의 붕괴를 에너지 밀도체 관점에서 살펴보면, 왜 양성자의 질량이 중성자보다 적게 관측되고 또한 ＋극성을 띤 입자가 아닌 전자와 같은 ─입자가 생성되는지를 구체적으로 인식할 수 있다.

앞에서 예를 든 에너지체 구성을 가진 중성자가 있다고 하자. 이 중성자는 ─에너지체 105개, ＋에너지체 95개로 구성된 다운쿼크 2개와, ─에너지체 40개, ＋에너지체 60개로 구성된 업쿼크 1개로 이루어져 있다. 이 중성자를 그림으로 표현하면 아래와 같다.

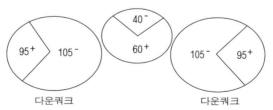

＋에너지체 개수 : 60＋95＋95＝250
─에너지체 개수 : 105＋105＋40＝250

〔그림 11-1〕

즉, 이 중성자는 +에너지체 수와 -에너지체 수가 같기 때문에
전하값이 0이 된다.

이제 이러한 중성자가 양성자와 전자 그리고 반전자 뉴트리노
로 붕괴된다고 하자. 이 붕괴로 생성되는 양성자는 다음 그림과
같이 표현된다.

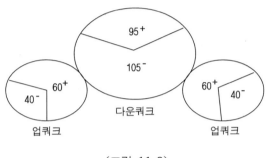

〔그림 11-2〕

중성자의 붕괴 후 생성되는, 양성자(uud)를 구성하는 에너지체
구성비율은 다음과 같다.

+에너지체 개수 : 95 + 60 + 60 = 215
-에너지체 개수 : 105 + 40 + 40 = 185
_____
합계   400

위의 수식에서 보는 것처럼 중성자의 붕괴로 생성된 양성자를
구성하는 +에너지체는 215개로 -에너지체 185개보다 30개 더
많다. 그러므로 전체적으로 +의 극성을 띠게 된다.

앞의 중성자와 양성자의 그림에서 중성자가 양성자로 전환되는
과정에서 일어난 변화를 추적해 보면 붕괴라는 사건이 일어난 후
생성되는 물질입자의 극성을 예측할 수 있다.

붕괴 전 중성자의 +에너지체는 250개였다. 그런데 붕괴 후 양
성자의 +에너지체는 215개이다. 그러므로 35(250-215)개의 +

에너지체는 붕괴 후 생성된 양성자의 에너지 밀도체를 구성하지 못하고 이탈되었다는 것을 알 수 있다.

한편 중성자는 −에너지체가 250개였는데 전환된 양성자에서는 185개이다. 그러므로 65(250−185)개의 −에너지체가 양성자를 구성하는 에너지 밀도체에 참가하지 못하고 이탈되었다.

결국 +에너지체 35개와 −에너지체 65개가, 붕괴과정에서 새롭게 생성된 전자와 반전자 뉴트리노를 구성하는 에너지 밀도체에 참가한다는 사실을 알 수 있다. 이는 전자와 반전자 뉴트리노가 극성을 가지게 된다면 −전하를 가지게 될 확률이 높다는 것을 의미한다. 왜냐하면 −에너지체가 30개 더 많이 이들의 구성에 참여하기 때문이다.

이처럼 입자의 붕괴과정을 에너지 밀도체 모델로 해석하면 붕괴에 따라 새로이 탄생하는 물질입자의 극성을 예측할 수도 있다.

그리고 붕괴 전 중성자를 구성하는 에너지체는 총 500개인데, 붕괴 후 생성된 양성자의 에너지체는 총 400개뿐이다. 따라서 이들 에너지체의 밀도분포 수준이 같다면 중성자를 구성하는 에너지체 개수가 더 많기 때문에 중성자의 질량이 양성자의 질량보다 더 크게 관측되는 것은 지극히 당연하다.

붕괴 전 중성자를 이루던 업쿼크와 다운쿼크는 강결합 종속에너지 밀도체 구조를 가지고 있다. 그런데 붕괴 후 생성된 입자들을 보면 중성자와 마찬가지로 강결합 종속에너지 밀도체 구조를 가지고 있는 양성자와 전자, 그리고 자유에너지 밀도체 구조를 가지고 있는 것으로 보이는 뉴트리노 등으로 전환되었다.

이는 강결합 종속에너지 밀도체는 붕괴 과정(에너지 밀도체의 밀도변화 과정)을 거치면서 일부 에너지체들이 자유에너지 밀도체로 전환될 수 있다는 것을 의미한다. 이는 마치 얼음을 용기 속에 넣고 끓이면 수증기로 전환되는 것과 같다. 얼음을 구성하던 물 분자들이 수증기를 구성하는 물 분자로 전환된 것과 같다.

질량 있는 뉴트리노의 형태로 관측되는 자유에너지 밀도체에 대해서 좀더 생각해 보자.

에너지 밀도체 관점에서는, 자유에너지 밀도체는 일반적으로 질량이 관측되지 않는 것으로 정의하였다. 그럼에도 불구하고 비록 미미하지만 뉴트리노처럼 질량을 가진 입자로서 관측된다는 것은, 자유에너지 밀도체에 대한 더 많은 정보를 제공해 주고 있다.

우주공간에 무한히 분포해 있다고 보는 자유에너지 밀도체 가운데 일부는 가만히 정지해 있는 상태로 존재하지 않는다는 것이다. 이들은 뉴트리노처럼 얼마든지 자유에너지 밀도체 상태를 유지하면서 자신의 존재를 나타낼 수 있는 능력을 가지고 있다. 때로는 뉴트리노처럼 물질입자와 같은 형태로, 때로는 활성에너지 밀도체처럼 힘을 전달하는 전달자(힘매개입자, 예 : 글루온, W, Z 입자)로서 자신의 존재를 드러낸다.

후자에 해당하는 것이 광자(photon)이다. 그러므로 광자는 자유에너지 밀도체 상태로 힘을 전달하는 것이라고 말할 수 있다.

과학자들이 뉴트리노와 관련하여 최근에 발표한 실험 결과를 에너지밀도체 입장에서 한번 생각해보자. 이는 에너지체들이 물질입자로 전환되는 과정에서 일어나는 사건들이 어떤 식으로 전개되는지를 이해하는 데 도움이 될 것이다.

다음 그림은 과학자들이 최근에 타우 뉴트리노를 확인한 실험의 개념도이다. 이 실험은 타우(Tau) 뉴트리노가 포함되어 있을 것으로 예상되는, 뉴트리노 빔을 철(iron) 원자핵에 주사함으로써 타우랩톤이 발생하는 것을 관측하였다.

이 실험으로 과학자들은 타우 뉴트리노가 철 원자핵과 상호작용(interaction)을 일으킨다는 사실을 인정하게 되었다. 그래서 기존의 뉴트리노는 다른 물질입자와 상호작용을 하지 않는다는 주장에 문제가 있음을 알게 되었고, 타우 뉴트리노의 존재를 개별적으로 확인하게 되었다.

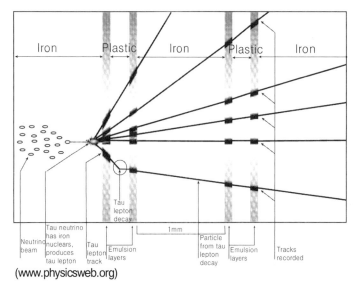

〔그림 11-3〕

　이제 위의 사건을 에너지 밀도체 입장에서 구체적으로 생각해
보자. 먼저 타우 뉴트리노가 철 원자핵과 상호작용을 일으킨다는
것은, 타우 뉴트리노를 질량 있는 자유에너지 밀도체로 보기보다
는 약결합 종속에너지 밀도체로 보는 것이 더 타당하다는 것을 암
시한다.

　철 원자핵은 양성자와 중성자의 다발로 구성되어 있다. 그리고,
양성자와 중성자는 업쿼크와 다운쿼크로 구성되어 있다.

　또한 에너지 밀도체 모델에서는, 업쿼크와 다운쿼크는 종속에너
지 밀도체와 활성에너지 밀도체(글루온에 해당됨)로 이루어진 것
으로 본다.

　그렇다면 위의 실험은 약결합 종속에너지 밀도체인 타우 뉴트리
노가, 철 원자핵을 구성하는 업쿼크와 다운쿼크의 종속에너지 밀
도체, 활성에너지 밀도체 분포 공간을 통과함으로써, 이들 사이에
에너지체의 교환이 일어났다는 것으로 요약할 수 있다.

　그런데 에너지 밀도체의 논리에서 볼 때, 약결합 종속에너지 밀

도체는 종속에너지 밀도체 분포 공간을 통과할 수 없고 활성에너지 밀도체 분포 공간은 통과할 수 있다. 다시 말해, 타우 뉴트리노는 자신보다 밀도분포가 느슨한 활성에너지 밀도체 분포 공간을 통과하면서 활성에너지 밀도체를 형성하고 있는 에너지체들의 일부를 포획한다는 것이다.

이러한 포획이 이루어지는 원인은 에너지 밀도체의 중력작용 때문인 것으로 볼 수 있다. 다시 말해 타우 뉴트리노가 철 원자핵과 상호작용을 일으킨다는 것은, 철 원자핵을 이루던 쿼크의 활성에너지 밀도체를 형성하고 있는 에너지체들의 일부를, 타우 뉴트리노가 흡수하는 것으로 볼 수 있다.

그런데 에너지 밀도체 모델에서는, 업쿼크를 구성하는 활성에너지 밀도체보다는 다운쿼크를 구성하는 활성에너지 밀도체 분포 공간이 더 넓다고 본다.

따라서 타우 뉴트리노는 다운쿼크의 활성에너지체를 형성하던 에너지체들을 더 많이 흡수할 확률이 크다. 이 말은 곧 −에너지체들을 더 많이 흡수한다는 뜻이며, 이는 타우랩톤이 −극성을 띠게 되는 원인이기도 하다.

이와 같은 논리로 본다면 전자 뉴트리노 혹은 뮤온 뉴트리노가 원자핵과 상호작용하여 생성되는, 전자 혹은 뮤온랩톤의 극성도 모두 −가 될 것으로 추론할 수 있다.

하지만, 같은 에너지체들의 집합체인데도 불구하고 어떤 것은 전자 뉴트리노가, 어떤 것은 뮤온 뉴트리노가, 어떤 것은 타우 뉴트리노가 되는 이유는 무엇일까 하는 의문에 마주치게 된다. 그리고 랩톤계 입자들에게서 보이는 가족(family)관계는 왜 발생하는가 하는 의문도 있다.

에너지 밀도체 입장에서 볼 때 이러한 현상은, 에너지체들이 집합체를 이룰 때 아래 그림처럼 에너지체들의 분포상태의 전체적인 크기(dimension)와 모양(구조)에 몇 가지 패턴이 정해져 있기 때문인 것으로 생각한다.

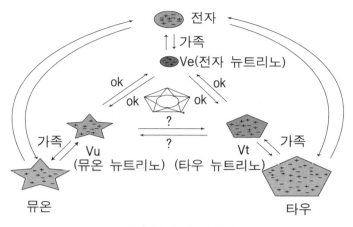

〔그림 11-4〕 랩톤 모형

이제 뉴트리노 그리고 광자가 어떤 방법으로 자신의 존재를 드러내는지 알아보자. 먼저 뉴트리노의 경우를 생각해 보자.

에너지 밀도체 입장에서는, 주변의 자유에너지 밀도체의 밀도와는 다른 더 높거나 낮은 밀도가 순간적으로 특정 공간에 형성됨으로써, 뉴트리노 같은 물질입자가 관측되는 것으로 생각된다.

다음 그림들은 이러한 상황을 개념적으로 설명해 주고 있다.

M		A	B	C	D	E	F	G	H	I	J	K	L
		+	−	+	−	+	−	+	−	+	−	+	−
		−	+	−	+	−	+	−	+	−	+	−	+
+														
−														
		+	−	+	−	+	−	+	−	+	−	+	−
		−	+	−	+	−	+	+	+	−	+	−	+
+														
−														
		+	−	+	−	+	−	+	−	+	−	+	−
		−	+	−	+	−	+	−	+	−	+	−	+
+														
−														

〔그림 11-5〕 기초 단계

위의 기초단계 그림은 균일한 밀도의 특정 공간(A~L)에 어떤 사건의 발생으로, 외부 공간 M으로부터 일단의 에너지체들이 유입되기 직전의 상황을 나타낸다. 이 때의 자유에너지 밀도체 공간 A~L에서는 질량, 전하, 힘, 파동 등의 어떤 물리량도 관측되지 않는 상태이다. 한마디로 과학자들의 관측망에 어떤 것도 나타나지 않는 공간을 의미한다.

A	B	C	D	E	F	G	H	I	J	K	L
+	−	+	−	+	−	+	−	+	−	+	−
−	+	−	+	−	+	−	+	−	+	−	+
+											
−											
+	−	+	−	+	−	+	−	+	−	+	−
−	+	−	+	−	+	+	+	−	+	−	+
+											
−											
+	−	+	−	+	−	+	−	+	−	+	−
−	+	−	+	−	+	−	+	−	+	−	+
+											
−											

〔그림 11-6〕 1단계

위의 1단계 그림은 에너지체들이 공간 M에서 공간 A로 유입된 상황을 나타내고 있다. 이 때의 공간 A에서는 질량, 전하, 힘, 파동 등의 물리량이 관측될 수 있다. 왜냐하면 주변의 다른 공간의 에너지 밀도체 분포밀도보다 더 높기 때문이다.

A	B	C	D	E	F	G	H	I	J	K	L
+	−	+	−	+	−	+	−	+	−	+	−
−	+	−	+	−	+	−	+	−	+	−	+
	−										
−	+										
+	−	+	−	+	−	+	−	+	−	+	−
−	+	−	+	−	+	+	+	−	+	−	+
	−										
	+										
+	−	+	−	+	−	+	−	+	−	+	−
−	+	−	+	−	+	−	+	−	+	−	+
	−										
	+										

〔그림 11-7〕 2단계

앞의 2단계 그림은, 1단계에서 공간 M으로부터 유입된 일단의 에너지체가 공간 A를 거쳐서 공간 B로 유입되었다고 볼 수도 있고(광자의 경우임), 공간 M에서 곧 바로 공간 B로 유입되었다고 (뉴트리노의 경우임) 볼 수도 있는 상황을 나타내고 있다. 어쨌든 이 때의 공간 B에서도 질량, 전하, 힘, 파동 등의 물리량이 관측될 수 있다.

1단계의 공간 A에서 관측되는 물질입자와 2단계의 공간 B에서 관측되는 물질입자는 모두 자유에너지 밀도체 구조를 가지고 있는 것으로 보고 이야기를 진행한다.

그림 2단계를 가지고 설명하면 다음과 같다.

공간 B의 에너지 밀도체의 밀도는, 다른 자유에너지 밀도체 분포 공간A, C~L 등보다 높다. 따라서 관측자는 공간 B에 어떤 물질입자가 1개 존재하는 것으로 관측하게 된다. 페르미온 (Fermions)인 뉴트리노는, 2단계 공간 B에서 형성된 상대적으로 밀도가 높아진 자유에너지 밀도체가 하나의 독립된 물질입자처럼 나타나는 상태이다.

그림에서 혼동하지 말아야 할 점은, 일단의 유입된 에너지체들이 공간 A──→B──→C……순으로 차례대로 거쳐가는 것이 아니라는 점이다. 기초단계에 있는 A에서 L 중의 어떤 특정 공간에 존재하는 자유에너지 밀도체 분포 공간에, 일단의 에너지 밀도체가 유입되어 하나의 물질입자(뉴트리노)가 형성되었다는 의미이다. 그리고 이렇게 형성된 물질입자(뉴트리노)의 본질은 여전히 자유에너지 밀도체라는 것이다.

이 에너지 밀도체(뉴트리노)는 다른 물질입자에 아무런 영향을 끼치지 않기 때문이다. 이것은 과학자들의 주장이다. 따라서 에너지 밀도체 모델에서는 뉴트리노를 자유에너지 밀도체로 분류하게 된 것이다.

뉴트리노는 한마디로 자유에너지 밀도체 공간에 존재하면서, 주변에 분포하는 자유에너지 밀도체보다는 더 높은 밀도를 가지고 독자적으로 움직이는 에너지 밀도체라고 할 수 있다. 여기서 독자적이라는 말의 의미는 2단계에서 볼 때 공간 B에 존재하는 에너지 밀도체(기존의 에너지 밀도체 + 유입된 에너지 밀도체)가 한덩어리로 즉, 개별적으로(페르미온적으로) 움직인다는 것이다.

앞에서 자유에너지 밀도체는 종속에너지 밀도체에 속박되지 않고 자유로운 상태로 있는 에너지 밀도체라고 정의하였음을 기억하기 바란다. 뉴트리노 같은 자유에너지 밀도체가 우리 몸속에서 돌아다닌다고 생각해 보라!

제2절 광자

이제 또 다른 자유에너지 밀도체 입자인 광자를 생각해 보자.

에너지 밀도체 관점에서는 자유에너지 밀도체는 안정된 물질입자를 구성하지 못하는 것으로 보고 있다. 따라서 자유에너지 밀도체 입자라는 말 자체가 이미 모순이지만, 현대 물리학에서 광자를 입자로 보기 때문에 어쩔 수 없이 이런 표현을 사용하였다.

앞의 그림에서 일어날 수 있는 한 가지 현상을 생각해 보자. 만약 유입된 일단의 에너지 밀도체가 공간 A $\longrightarrow$ B $\longrightarrow$ C……을 거쳐 차례대로 진행한다면 어떤 현상이 관측될까?

먼저 공간 A에서 한 개의 물질입자가 관측될 것이다. 그리고, 그다음 공간 B에서 또 한 개의 물질입자가 관측될 것이다. 물질입자가 관측된다는 것은, 그 관측시점의 그 공간에 물질이 실제로 존재한다는 것을 의미한다. B 다음에는 C공간에서 물질입자가 관측될 것이다. 이런 식으로 진행되면 A에서 L까지의 모든 공간에서 물질입자가 관측될 것이다.

우리는 "빛이 입자인가? 파동인가?"하는 문제로 과학자들 사이에서 논쟁이 끊이질 않는다는 것을 잘 알고 있다. 에너지 밀도체 관점에서 볼 때, 빛(광자)은 입자일 수도 있고, 파동일 수도 있으며 또한 한 개의 입자일 수도 있고, 수십 개의 입자가 될 수도 있다.

이것을 결정짓는 기준은 관측자에게 있는 것으로 본다. 관측자에게 허용된 시간과 측정 방법, 관측 공간의 크기 등의 상대적 조건에 따라 존재하는 광자의 개수는 다르게 관측될 수 있다는 것이다.

과학자들이 광자라고 하는 것은, 앞의 그림에서 A에서 L 중의 어떤 특정한 하나의 공간에 존재하고 있는 입자의 성질을 나타내는 자유에너지 밀도체를 의미한다.

이것은 시간적 개념으로 보면 '순간'에 해당한다. 다시 말해, 순간 순간에 빛은 한 개의 물질입자처럼 존재한다. 그러나 그 순간 순간이 모인 일정한 시간 안에서는 빛(광자)은 더 이상 한 개가 될 수 없는 연속성(파동성)을 가지게 된다. 따라서 광자의 개수를 측정한다는 것은 의미 없는 일인지도 모른다. 왜냐하면 광자는 종속에너지 밀도체가 아니기 때문이다. 에너지 밀도체 관점에서 볼 때 개수가 의미를 가지는 것은 강결합 종속에너지 밀도체뿐이다.

과학자들에 따르면 서로 구별할 수 없는 입자들 가운데서 하나의 '공간(state)'을 '여러 개의 입자'가 공유할 수 있으면 이 입자를 보존(Boson)이라 하고, 그렇지 않은 입자를 페르미온(Fermions)이라 한다.

그런데 '여러 개의 입자'라는 이 말에서 의미하는 입자는, 에너지 밀도체 관점에서 볼 때, 종속에너지 밀도체로 구성된 입자가 아니라 활성에너지 밀도체(W, Z, 글루온) 또는 자유에너지 밀도체(photon)를 의미하는 것으로 본다. 따라서 여러 개라는 말의 의미는 앞의 광자의 예에서처럼 A에서 L공간에서 관측되는 12개의 입자로 해석해야 한다.

쿼크의 종속에너지 밀도체 주변에 분포하고 있는, 강결합 활성에너지 밀도체(gluon에 해당함)를 구성하는 에너지체들이 끊임없이 이동(위치 교환)하는 것은 이러한 맥락에서 보아야 한다.

그리고 에너지 밀도체 개념에서 활성에너지 밀도체를 구성하는

에너지체의 이동이란, 그들 내부에서 +, -에너지체 사이에 인력
과 척력에 의한 균형을 이루기 위해서 끊임없이 자신의 위치가 바
뀌고 있다는 의미이지, 한 입자에서 다른 한 입자로의 위치 교환
을 의미하는 것은 아니다. 그러나 단계적으로 이웃한 위치의 에너
지체 사이에 자리 바꿈을 계속 하다 보니, 어느덧 자신이 종속된
입자를 벗어나서 다른 입자에 종속될 수는 있다.

다음 그림은 이러한 관계를 보여주고 있다.

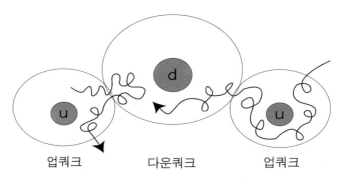

업쿼크   다운쿼크   업쿼크

〔그림 11-8〕 특정 에너지체 하나의 이동경로 예

일단의 에너지 밀도체가 파동처럼 이동한다는 것은, 우리 논의
의 궁극적 목표인 기의 흐름의 본질이다. 그리고 일단의 자유에너
지 밀도체를 구성하는 에너지체들이 공간을 파의 진행처럼 이동
하는 것이, 빛의 이중성을 설명하는 핵심이다.

생명체를 구성하는 물질입자(종속에너지 밀도체)와 함께 이웃
하여 분포하는 활성에너지 밀도체 그리고 자유에너지 밀도체를
구성하는 일단의 에너지체들의 이동(에너지 밀도체의 밀도변화)
이 바로 생명체 내부에서 일어나는 기 현상의 실체이다.

따라서 생명체와 무생명체를 막론하고 우주에 존재하는 만물에
는 기가 흐르고 있다라고 말할 수 있는 것이다.

앞에서는 공간에서 광자가 어떤 원리에 의해 하나의 입자로 인

식되는가에 초점을 두고 광자에 대한 에너지 밀도체적 견해를 설명하였다. 이번에는 광자의 파동성에 더욱 초점을 두고 한번 생각해 보자.

만약 광자를 구성하는 에너지체들이 아래 그림과 같은 양상으로 이동한다면 우리에게 어떤 모습으로 인식될까?

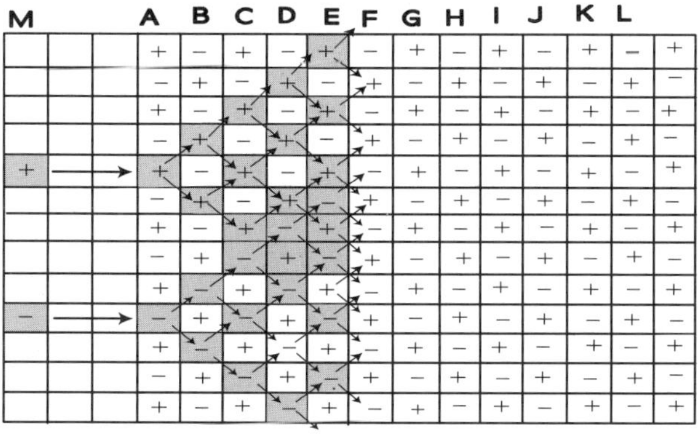

〔그림 11-9〕

먼저 공간 M에 있던 +에너지체가 어떤 원인에 의해 공간 A로 이동하게 된다면, 그림에서 보는 것처럼 공간 A에 있던 +에너지체는 유입된 +에너지체와의 척력에 의해 공간 B로 이동하게 된다.

그런데 이 경우 오른쪽 위로 이동할 확률도 50퍼센트이고, 오른쪽 아래로 이동할 확률도 50퍼센트이다. 이것은 결국 양쪽 모두로 이동할 수 있다는 말이다. 그리고 이러한 연쇄과정은 공간 B——C——D——E……를 거쳐 차례대로 진행된다. 그리하여 하나의 광자 빔(beam)이 유입되었는데, 공간 C에서는 3개의 광자 빔이 관측될 수 있다. 또한 위의 그림은 광자의 파동적 성질을 적나라하게 보여주고 있기도 하다. 이처럼 에너지 밀도체 모델은 마술과 같은 광자의 속성을 아주 구체적으로 인식할 수 있도록 해준다.

참고로 위의 그림과 관련하여 한 가지만 더 이야기하면 파장(λ)이 짧을수록 즉, 주파수가 높을수록 위의 확산 폭은 좁아질 것이다. 즉, 단위공간 내에 존재하는 광자의 에너지체 수(밀도)는 증가한다는 것이다. 다시 말해 단위공간 내에서 광자를 발견할 확률이 더 증가한다는 의미이다.

이것이 E=hv(h : 플랑크 상수, v : 주파수)에서 v값이 증가할 때 에너지 E가 증가한다는 것의 실상이다. 에너지 밀도체 모델에서 E는 얼마나 많은 에너지체가 이동하고 있느냐를 나타내는 물리량임을 알고 있다면, 위의 수식이 어떤 의미를 가지는 것인지 잘 알 것이다.

과학자들은 광자의 질량을 0으로 보고 있다.

이것은 구름이 너무 얇으면 레이다에 잡히지 않듯이 광자를 구성하는 에너지 밀도체의 밀도가 너무 낮기 때문이거나 혹은 광자를 형성하는 에너지체 개수 자체가 너무 적기 때문인 것으로 추측된다.

그러나 광자는 빛의 속도로 이동하기 때문에 이동하는 물질입자가 가지는 힘의 속성은 나타낼 수 있다. 즉, 광자의 질량은 비록 현재의 관측기술로는 측정되지 않지만, 에너지 밀도체로서의 실체성은 가지고 있으므로 그 움직이는 속도가 크면 힘의 속성을 나타낼 수 있다는 것이다.

과학자들은 광자와 마찬가지로 글루온의 질량값도 0인 것으로 보고 있다. 이에 대한 에너지 밀도체적 견해는 다음과 같다.

이것은 광자의 질량이 0인 것과는 근본적으로 그 개념이 다르다. 강결합 활성에너지 밀도체(글루온이 이에 해당함)는 일반적으로 종속에너지 밀도체와 일체인 상태로 존재하기 때문에, 이것만 따로 질량을 가진 입자로는 관측되지 않는다고 본다. 좀더 엄밀하게 말하면 글루온의 질량은 이미 물질입자의 질량관측에 포함되어 있다는 것이다. 따라서 이것만 별도로 그 질량을 알기 위해서는 에너지 밀도체 모델을 도입해야만 가능할 것이다.

반면에 약결합 활성에너지 밀도체인 W, Z 등이 질량을 가진 입자로 관측되는 것은, 이들이 종속에너지 밀도체로부터 이탈(붕괴)되는 과정에 있기 때문에 따로 질량을 가진 물질입자인 양 관측되는 것이다.

위에서 설명한 내용들은 같은, 힘매개입자인 W, Z의 질량은 관측되는데 글루온은 왜 아직 발견되지 않고 그 질량이 관측되지 않고 있는가라는 물음에 그 해답을 제시하고 있다. 이처럼 에너지 밀도체 모델은 현대 물리학의 체계로는 설명되지 않는 많은 부분들에 대해서 그 원인을 추론해 볼 수 있는 단서를 제공해 주고 있는 데 그 의의가 있다고 할 수 있다.

물론 이 모델이 수학적 방법과 실험에 의해서 그 타당성을 입증받을 수 있으리라고는 기대하지 않는다. 우리 인간들 대부분은 다른 사람의 생각을 먼저 이해해 보려는 마음보다는 그 결점을 먼저 찾아내는 데 훨씬 더 열심이기 때문이다. 그러나 이러한 인간의 속성은 사물의 진실을 발견해 가는 과정에서 반드시 필요하다.

정당한 반론에 대한 정당한 근거를 제시하지 못한다면 그 이론은 문제가 있는 것임에 틀림없으며 폐기하든지 수정해야 할 것이다. 그러한 과정을 거치면서 우리 모두는 진실에 조금씩 다가갈 수 있는 것이다.

사물에 대한 개인의 견해는 그것이 진실인지 아닌지를 떠나 누구나 말할 수 있는 것이며, 진실이 아닌 것은 스스로 사라지게 되는 것이다. 문제는 처음부터 말하지 못하도록 하는 분위기와, 편견을 가지고 사물을 바라보는 마음자세에 있다. 과학의 역사에서는 많은 가설들이 등장했고 그것들은 현상을 설명하지 못하면 사라지거나 수정, 보완되어 오늘의 과학을 이룩하고 있다. 진실한 것이라면 언제까지나 사람들의 마음속에 자리잡고 있을 것이며 거짓이라면 이내 비난받고 다시는 부활하지 못할 것이다.

진리와 거짓을 구분하는 잣대는 우리 인간의 이성이 아니라 자연임을 잊지 말아야 한다. 우리는 누구도 진실을 알고 있지 못하다. 다만 자연을 심판자로 하여 우리들 이성과 이성의 싸움만이 존재하며 자연에 합당한 이론이 법칙이라는 이름으로 살아남게 되는 것뿐이다.

그러므로 우리 모두는 자연을 이야기할 때 겸손하고 또 겸손해야 하는 것이며, 비록 자신의 모든 정열을 바쳤다 하더라도 다른 사람에 의해 모순과 오류가 발견된다면, 그리고 그것에 대한 합당한 반론을 제시하지 못한다면, 언제든지 자신의 주장을 미련 없이 버릴 수 있는 마음의 여유를 가지고 자신의 생각을 이야기해야 할 것이다.

듣는 사람 또한 마찬가지다. 자신이 배운 논리가 진실이 아닐 수도 있다는 의심 속에서 항상 사물을 바라보아야 한다. 그러면 새로운 주장을 더 정확하게 판단할 수 있을 것이다. 그럼에도 새로운 주장에 수긍할 수 없다면, 그 새로운 주장은 무언가 오류가 있음이 거의 확실하고, 그 주장을 한 사람은 과감히 자신의 주장을 수정하든지 버려야 할 것이다. 아집은 우리 영혼을 황폐화시킬 뿐이다.

여기 적고 있는 불완전한 나의 주장들 또한 그 예외가 될 수 없으며 언제라도 폐기할 수 있다. 만약 폐기한다면 나는 그만큼 진리에 더 접근해 간 것이며 폐기시킨 사람 역시 진리에 더 접근해 간 것이다. 양쪽 모두는 야유와 논쟁 대신에 진리를 향해 접근해 가는 동반자적인 마음의 교감으로 서로 행복감을 줄 수 있을 것이다.

12 상호작용과 에너지체 이동

제1절 상호작용

이제 본격적으로 입자들 사이에 작용하는 힘(상호작용, interaction)에 대한 이야기를 해보자.

먼저 힘과 상호작용이라는 용어의 차이를 간단히 설명하면, 힘이란 어떤 입자가 존재함에 따라 다른 입자에게 미치는 영향력이라고 말할 수 있다. 이때 다른 입자에게 어떤 효과가 발생하도록 힘을 전달하는 것을 힘매개입자라고 한다.

반면에 상호작용이란 그 입자에 미치는 영향력(힘)은 물론이고 붕괴(decay), 소멸까지도 포함하는 개념이다. 뒤에서 차차 설명하겠지만 자연계를 지탱해 주고 있는 상호작용에는 4가지 유형이 있다. 중력, 전자기력, 강력, 약력이 그것이다.

우리는 힘이라는 것에 대해서 더 분명한 개념을 가지고 있어야 한다. 먼저 힘이라는 개념을 적용하기 위해서는 2개 이상의 입자가 필요하다.

투수의 공을 떠나 포수에게로 날아가는 야구공을 생각해 보자. 투수의 손이 공에 어떤 영향력을 행사하지 않았다면, 공 혼자서는 절대로 날아갈 수 없다. 또한 공이 비록 날아가고 있지만 공은 공 그대로이다. 투수의 손이 공에 어떤 영향력을 미쳤지만 투수의 손

모양도 공을 던지기 전 그대로고, 조그맣고 둥근 공의 모양도 변하지 않았다.

그럼에도 야구공은 날아간다. 이런 상황에서 투수의 손을 거쳐 공으로 전달되어 그것을 날아가게 만든 그 무엇을 힘이라고 하는 것이며 이 힘을 전달하는 실체를 힘매개입자라고 한다. 즉, 힘이란 힘매개입자가 두 개의 어떤 물질입자를 지나갈 때 혹은, 두 물질입자 사이를 왕복할 때 나타나는 현상이라고 말할 수 있다.

그런데 우리 모두를 혼란케 하는 것은 지금부터 말하는 것이다. 위의 예에서는 투수의 손이 야구공을 쥐고 있다가 즉, 접촉하고 있다가 공을 세게 던졌다. 그래서 공이 날아간다. 이런 상황은 우리가 경험으로 이해할 수 있다.

그런데 지구에서 멀리 떨어져 있는 달이 지구의 바닷물을 끌어당기는 것, 태양이 지구를 끌어당기는 것, 자석의 N극이 떨어져 있는 다른 자석의 N극을 밀어내는 것 등등은 두 개체가 서로 접촉하지 않고 있음에도, 이들 사이에 힘이 작용하고 있다는 것을 보여준다.

이 사실을 어떻게 받아들여야 할 것인가?

과학자들은 핵력이라는 상호작용을 설명하기 위해 일반적으로 다음과 같은 비유를 들고 있다.

일정한 거리를 두고 마주보고 서 있는 어떤 두 사람 A와 B가 있다고 하자. 이들은 배구공 주고 받기 놀이를 하고 있는 중이다.

먼저 A가 B에게 배구공을 던진다. 그러면 B는 이 공을 받기 위해 다음 그림처럼 자신의 상체를 뒤로 젖히든가 한두 발 뒤로 물러나 이 공을 받을 것이다. 다음 B가 A에게 다시 이 공을 던진다. B는 이 공을 던지기 위해 자신의 상체를 앞으로 숙이든지 팔을 세게 내던질 것이다. 이런 B의 동작을 통해 배구공은 A에게로 날아간다. A는 이 공을 받기 위해 자신의 상체를 뒤로 젖히거나 한두 발 뒤로 물러설지도 모른다.

〔그림 12-1〕 상호작용의 비유

    A   B   C

    그런데 이들 주변에서 가만히 이들 두 사람을 보고 있는 C가 있다고 하자. 만약 A와 B가 주고 받는 배구공이 보이지 않는 투명한 공이라고 가정하면 C눈에 보이는 A, B의 상황은 다음과 같이 말할 수 있을 것이다.

    첫째, A와 B는 항상 일정한 거리 범위 안에서 움직인다. 너무 멀리 떨어지면 공을 주고 받고 할 수 없으니까.

    둘째, A와 B는 외부에서 아무도 떠밀거나 당기지 않았는데 스스로 상체를 뒤로 젖혔다 앞으로 젖혔다, 한 발 앞으로 갔다 한 발 뒤로 갔다 한다.

    그러나 실제로 A와 B는 공과 접촉하기 위해서 자신의 몸을 움직이고 있는 것이다. 이 모든 것을 알고 있는 우리는 다음과 같이 말할 수 있다.

    "A와 B는 비록 공간적으로 떨어져 있지만 배구공을 통해 서로에게 영향력(힘)을 미치고 있다."

    A와 B는 공간적으로 떨어져 있는 두 물질입자에 해당되고, 배구공은 힘매개입자에 해당되며, A와 B의 상체가 앞뒤로 젖혀지고 일정한 거리 안에서 움직이는 것은, 두 입자 사이에 영향력(힘)이 행사되고 있는 결과 나타나는 현상이다.

    이와 같이 A와 B가 이 보이지 않는 배구공을 주고 받는 방식이 바로 4가지 상호작용인 것이다. 결국 문제의 핵심은 보이지 않는 배구공(힘매개입자)의 실체를 밝히는 데 있다. 에너지 밀도체 관점에서, 힘매개입자가 될 수 있는 것은 활성에너지 밀도체와 자유에너지 밀도체이다. 구체적인 내용은 뒤에서 설명할 것이다.

여기서 다시 한번 확인하고 넘어가야 할 것은, 과학자들이 말하는 물질입자란 에너지 밀도체 관점에서는 종속에너지 밀도체와 그에 부속된 활성에너지 밀도체에 해당한다는 사실이다. 따라서 독자들은 한 가지 개념상의 차이를 짚고 넘어가야 한다.

그것은 전자기력에 관한 것으로서 과학자들에 따르면 +전하를 가진 입자는, -전하를 가진 입자를 끌어당기고 같은 +전하를 가진 입자는 밀어내는 힘이 있는데, 이것을 전자기력이라고 한다.

그런데 에너지 밀도체 관점에서는 자연계에는 근본적으로 한 가지 형태의 상호작용만이 존재하는 것으로 본다. 즉, +에너지체와 -에너지체 사이에는 상호인력(끌어당기는 힘)이 작용하고, +에너지체와 +에너지체 그리고 -에너지체와 -에너지체 사이에는 상호척력(밀어내는 힘)이 작용하고 있으며, 다른 모든 형태의 힘은 모두 이 힘에서 비롯된다고 본다. 에너지 밀도체 모델에서는 이 한 가지 유형의 힘을 에너지체력이라고 부른다.

+, -에너지체 사이에 작용하는 인력·척력 개념과, 과학자들이 말하는 전자기력과는 다소 개념상의 차이가 있다. 과학자들이 말하는 4가지 상호작용 가운데 한 유형인 전자기력은 단순히 물질입자(종속에너지 밀도체와 활성에너지 밀도체로 구성된 에너지 밀도체) 사이에 발생하는 상호작용을 의미한다.

반면에 에너지 밀도체 모델에서 말하는 근원적인 한 가지 힘의 유형이란 +, -에너지체 사이에 발생하는 전자기적 개념의 인력과 척력을 의미한다.

따라서 과학자들이 말하는 전자기력은 +, -에너지체 사이에 발생하는 상호작용의 결과 나타나는 부차적인 현상인 것이다.

제2절 에너지체의 이동

에너지 밀도체 모델에서는 에너지체가 움직이는 원인을 두 가지로 보고 있다.

첫째, 에너지체력 때문이다.

둘째, 에너지 밀도체의 밀도차이 때문이다.

이것은 에너지 밀도체 모델에서 설정한 기본적인 가정이다. 모든 에너지체들은 위의 두 가지 원인에 의해서 자신들의 위치를 이동시키게 된다. 두 가지 원인 가운데서 어떤 한 가지 원인으로 움직이는 경우도 있고, 이들 두 가지 원인이 복합적으로 작용하여 움직이는 경우도 있다.

에너지 밀도체의 밀도차이에 의해서 움직이게 될 경우에는 +, − 에너지체가 동시에 같은 방향으로 움직일 수 있다. 그러나 에너지체력에 의해서 움직이게 되는 경우에는 +에너지체와 −에너지체가 움직이는 방향은 같은 방향이 될 수 없다. 즉 반대 방향으로 움직이거나 혹은 서로 어긋나는 방향으로 움직이게 된다.

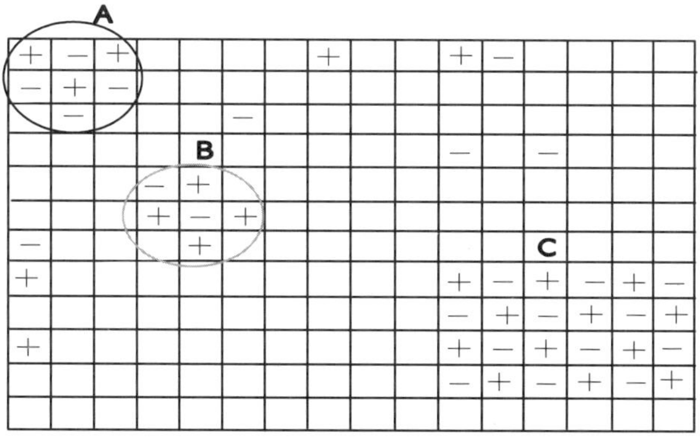

〔그림 12-2〕 공간에 분포하는 에너지체들

앞의 [그림 12-2]는 어떤 특정 공간에 분포하는 에너지체를 나타내고 있다. 그림을 잘 보면 +에너지체와 +에너지체, 그리고 −에너지체와 −에너지체는 인접해서 분포해 있지 않다. 왜냐하면 각각 척력의 에너지체력이 작용하고 있기 때문이다.

반면에 +에너지체와 −에너지체는 서로 가까이 분포해 있다. 서로 인력의 에너지체력이 작용하고 있기 때문이다.([그림 12-2]에서 에너지체와 에너지체 사이의 대각선 거리는 서로 충분히 척력이 미치고 난 후의 거리임을 가정한다).

앞 그림에서는 +, −에너지체들 사이에 인력의 에너지체력이 작용하여 공간의 특정 부분에 밀집된 3개의 그룹이 형성되었다. 이는 곧 공간의 특정 부분에 에너지 밀도체가 형성되었다는 것을 의미한다. 다시 말해, 어떤 특정 공간에서 물질입자가 관측될 확률이 높아지게 되었다는 것이다.

3개의 에너지 밀도체가 각각 물질입자를 구성하였다면, 물질입자 A는 −에너지체 4개, +에너지체 3개로 구성되어 있다. 따라서 물질입자 A는 −전하를 띠게 된다. 반면에 물질입자 B는 +에너지체 4개, −에너지체 2개로 구성되어 있다. 그러므로 물질입자 B는 +전하를 띠게 된다. 또한 물질입자 C는 +에너지체 12개, −에너지체 12개로 중성의 입자가 된다.

따라서 물질입자 A와 B 사이에는 전자기적으로 인력이 작용하게 되며, 이것이 바로 과학자들이 말하는 전자기력에 해당한다. 과학자들은 이러한 전자기력을 전달하는 입자를 광자라고 보고 있다. 광자는 질량이 0이고 항상 빛의 속도로 움직이는 것이라고 한다.

에너지 밀도체 관점에서는 전자기력을 전달하는 입자로서의 광자는 다음과 같이 설명할 수 있다.

다음 그림과 같이 종속에너지 밀도체가 −전하를 가진 입자 A 주변에는, 역시 상대적으로 많은 −에너지체를 가진 활성에너지 밀도체가 분포해 있다.

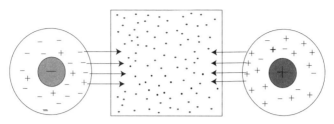

물질입자 A   자유에너지 밀도체 공간   물질입자 B

〔그림 12-3〕 힘의 전달자로서의 광자

따라서 이들은 주변의 다른 공간(자유에너지 밀도체 분포 공간)
보다 고밀도 상태이므로, 활성에너지 밀도체를 구성하던 에너지체
들 가운데서 일부가 저밀도 상태의 다른 공간으로 이동하게 되는
데, 이들 이동하는 에너지체들의 대부분은 ㅡ에너지체이다. 왜냐
하면 ㅡ에너지체가 처음부터 많이 있었기 때문이다.

그런데 주위에 ＋에너지체가 우세한 에너지 밀도체가 가까이
있을 경우, 사방으로 퍼져가던 이들 ㅡ에너지체들은 인접해 있는
＋에너지 밀도체로 대다수 끌리게 된다.

이와 같은 에너지체들의 이동과정에서 과학자들이 관측하는 전
자기적 스펙트럼에는 여러 형태의 파동이 기록될 수 있다. 이들
파동의 종류는 이동하는 에너지체들의 ＋, ㅡ 극성 비율, 밀도 그
리고 중간에 있는 자유에너지 밀도체의 분포상태에 따라서 관측
되는 양상이 달라질 수 있다.

물질입자 B의 경우도 마찬가지다. 결국 입자 A와 B는 서로 반
대 극성이 우세한 에너지체들을 발산하여 중간의 공간에서 결합
하는 과정(위치 교환의 반복)이 연속적으로 일어남으로써, 궁극적
으로 입자 A와 입자 B 사이에는 인력이 작용하게 되는 것이다.

반대로 만약 입자 B가 ㅡ전하를 가지게 되었다면, 입자 B를 구
성하는 활성에너지 밀도체에도 ㅡ에너지체들이 더 많이 있게 되
므로, 중간의 공간에서는 입자 A로부터 발산된 ㅡ에너지체들과
입자 B로부터 발산된 ㅡ에너지체 사이에 끊임없이 척력이 작용하

게 된다. 그러므로 궁극적으로 입자 A와 입자 B 사이에는 전자기적 척력이 작용하게 된다.

과학자들이 비록 광자의 질량을 0으로 보고 있지만, 앞의 설명에서 보다시피 실체인 일단의 에너지체(에너지 밀도체)가 실질적으로 이동하고 있으므로 파동적 특성은 물론이거니와 물질입자로서의 특성도 함께 가지게 되는 것은 당연하다.

그런데 한 가지 이상한 점이 있다.

과학자들에 따르면 보통의 원자들은 +전하를 가진 양성자의 수와 -전하를 가진 전자의 수가 동일하다고 한다. 따라서 전체적으로 중성의 상태가 된다. 그렇다면 일반적으로 원자와 원자는 전기적으로 중성이기 때문에 앞에서 언급했던 전자기적 상호작용이 일어날 여지가 없는 것이 논리적으로 타당하다. 그럼에도 현실 세계에서는 원자와 원자가 전자기적으로 결합된 안정된 분자가 존재한다는 것은 어떻게 된 일인가?

이에 대해서 과학자들은 원자 내의 특정 전하를 가진 부분은, 다른 원자 내의 반대 전하를 가진 부분과 전자기적 상호작용을 일으킨다고 한다. 그리고 이러한 전자기적 상호작용을 잔류전자기력(residual electromagnetic force)이라 한다. 여기서 'residual'은 '여분의', '잔류의'라는 뜻이다.

그런데 이것의 의미가, 원자 안에 존재하면서 전하를 가진 입자(양성자, 전자)는 이들이 원자 안에서 전기적으로 서로 상쇄되지만 여전히 그 힘은 잠재되어 있다는 것인지, 아니면 상쇄되고 난후 나머지가 있다는 것인지 명확하지 않다.

양성자의 전하값을 +1, 전자의 전하값을 -1이라고 할 때 원자안에 같은 수가 존재한다면 서로 상쇄되어 중성이 된다고 해놓고, 또 이들이 잔류전자기력을 가지고 있다는 것은 상식적으로 잘 이해가 가지 않는다.

그러나 다음과 같이 생각해 본다면 과학자들의 생각에 충분히 동의할 수 있다.

"주변에 다른 원자 없이 홀로 존재하는 상황과, 바로 인접해서 또 다른 원자가 존재하여 서로 전자기력이 미칠 수 있는 상황은 다르다. 원자 홀로 존재할 때는 나타나지 않던 힘이 주변에 다른 원자가 접근함으로써, 이것이 원인이 되어 홀로 존재할 때는 잠재된 상태로 있다가 비로소 그 모습을 드러내는 것이다. 그리고 다른 원자가 멀어지면 그 힘은 다시 사라진다."

이러한 관계를 그림으로 나타내면 다음과 같다.

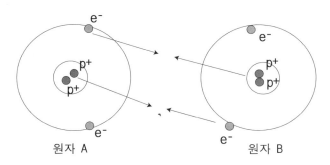

〔그림 12-4〕 잔류전자기력

그렇다면 원자 안의 어떤 메커니즘에 따라 이러한 현상이 나타나는가? 무엇이 원자들 사이에서 잔류전자기력을 발생시키는가? 과학자들은 왜 이와 같은 확장된 형태의 전자기력을 도입할 수밖에 없었는가?

이것을 알아야만이 진정으로 알았다고 말할 수 있지 않을까?

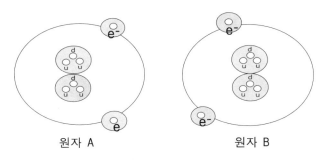

〔그림 12-5〕 에너지 밀도체로 표시한 원자

에너지 밀도체 모델에서는 잔류전자기력을 다음과 같이 설명한다. 먼저 [그림 12-4]의 원자 모형을 에너지 밀도체 개념의 원자 모형으로 바꾸어 그리면 [그림 12-5]와 같다.(단, [그림 12-4]와의 비교를 위해 중성자를 그리지 않았고, 원자핵과 전자 사이에 존재하는 에너지 밀도체 장벽도 그리지 않았다)

에너지 밀도체 관점에서 보았을 때 [그림 12-4]와 [그림 12-5]의 근본적인 차이는, [그림 12-4]의 물질입자는 에너지 밀도체 구조로 되어 있지 않은 데 반해, [그림 12-5]의 물질입자는 에너지 밀도체 구조로 되어 있다는 것이다.

특히 [그림 12-5]의 양성자를 구성하고 있는 회색으로 표시한, 활성에너지 밀도체의 존재는 입자 사이에 작용하는 힘을 설명할 때 매우 중요한 의미를 지닌다.

바로 이 활성에너지 밀도체를 구성하는 에너지체들이 힘매개입자의 역할을 하고 있기 때문이다.

그러나 이들만으로는 쿼크 범위를 벗어난, 원자 범위의 입자 사이에 작용하고 있는 힘을 설명하지 못한다. 원자 사이에 작용하는 힘을 설명하기 위해서는 활성에너지 밀도체는 물론이고, 원자 안에 형성되어 있다고 생각되는 에너지 밀도체 장벽(이것은 원자핵에 종속된 활성에너지 밀도체라고 볼 수 있음), 그리고 원자 범위 밖에 존재하는 자유에너지 밀도체까지도 고려해야 한다.

다음 [그림 12-6]은 이들 각 에너지 밀도체를 구성하는 에너지체들 중의 일부가 끊임없이 상호 위치 교환을 함으로써, 물질입자로서의 형태를 유지함과 동시에 입자(원자) 상호간에 작용하는 인력을 형성하고 있음을 보여준다.

[그림 12-6]처럼 이들 힘매개입자로서 작용하는 에너지체들(에너지 밀도체)의 흐름이 순환구조를 가지고 있느냐, 아니면 그 흐름이 차단되느냐에 따라 물질입자들 사이의 결합 혹은 붕괴 현상이 나타나는 것이다.

잔류전자기력을 가능케 하는 실체는 바로 원자구조 내부에 존재하고 있는 것으로 생각되는 에너지 밀도체 장벽, 그리고 공간에 무한히 분포해 있는 자유에너지 밀도체인 것이다.

과학자들의 설명과 굳이 비교하자면, 쿼크에 종속된 활성에너지 밀도체가 가지고 있는 전하값은, 이미 과학자들이 말하는 양성자와 전자가 가지고 있다는 전하값에 포함되어 있다. 그러므로 이것은 '여분의'라는 개념에 포함되지 않는다.

'잔류의' 또는 '여분의'라는 개념에 해당하는 것은, 원자 범위 안에 분포해 있는 에너지 밀도체 장벽, 그리고 원자 범위 밖에 분포해 있는 자유에너지 밀도체이다. 그리고 이들을 구성하는 에너지체들의 위치 교환이 바로 잔류전자기력의 실체가 되는 것이다.

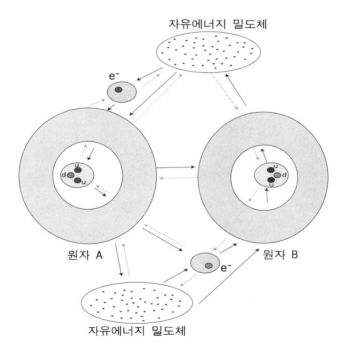

〔그림 12-6〕 힘매개입자를 구성하는 에너지 밀도체의 순환

[그림 12-6]은 자유에너지 밀도체 공간, 전자, 원자의 에너지 밀도체 장벽, 원자핵 사이를 순환하는 에너지체들의 이동을 나타내

고 있다. 이 그림은 우리에게 참으로 많은 것을 시사해 주고 있다. 이것은 우리 자신이 곧 우주이며, 존재하는 모든 것이 일체라는 것을 말해준다.

기를 수련하는 사람들에게도 이 그림은 무한한 가능성을 제시해 준다. 물질대사뿐만 아니라 피부를 통해서도 기의 왕래가 일어난다는 것을 적나라하게 보여주기 때문이다. 그리고, 모든 물질 상호간에 에너지체를 주고 받음으로써 우주 전체가 하나의 통일된 원리로 존재할 수 있음을 암시하기도 한다. 또한, 처음부터 존재했던 것은 결코 없어지지 않으며, 완전히 새로운 것 역시 생기지 않는다는 것을 보여주고 있다.

우리 자신은 항상 우주와 통하고 있음을
그리고
존재하는 모든 것은
우리 자신과 하나임을 이해하고
당신 아닌 모든 다른 것들을
아끼고 사랑해야 함을 잊지 말기를……

13 강력

제1절 강력

양성자를 구성하는 종속에너지 밀도체와 이것에 인접하여 분포하는 활성에너지 밀도체에 대한 개념이 없는 상황에서, 과학자들이 전자기력만으로 원자핵의 안정된 구조를 설명할 수 없었던 것은 당연하다.

그래서 과학자들은 또 기발한 힘을 하나 창안해 내었다. 그러나 하느님이 처음 우주를 창조할 때 아무 상관없는 몇 가지 종류의 힘을 함께 창조해 냈다고는 생각되지 않는다. 그럼에도 사람들은 자꾸만 우주 구성의 원리를 복잡하게 설명하려 한다.

그렇지만 과학자들 역시, "우주는 이렇게 복잡한 원리들을 모두 내포하는 하나의 크고 단순한 원리에 따라 유지되고 있을 것"이라고 생각하고 있음이 틀림없는 것 같다. 통일장 이론(우주에 존재하는 4가지 기본 힘인 강력, 약력, 전자기력, 중력을 하나의 이론으로 통합하여 설명하려는 이론)을 완성하려는 과학자들의 노력이 이러한 사실을 보여주고 있다. 우리 모두는 우주에서 벌어지는 모든 현상을 하나의 큰 원리로 설명할 수 있을 것이라는 희망을 버리지 못하고 있다.

경제학 용어 가운데 '구성의 오류'라는 것이 있다. 미시적 이론상으로는 아무리 옳다고 하더라도, 거시적 관점에서는 바람직하지 않을 수 있다는 것을 의미하는 말이다. 저축은 개인에게는 미덕이지만, 경제 전체적으로는 결코 미덕이 될 수 없다는 것이 하나의 좋은 예다.

자연현상을 연구하는 과학이론에서도 마찬가지 오류가 발생할 수 있음을 걱정하지 않을 수 없다. 하나의 사물 안에서 벌어지는 현상을 설명하는 데, 서로 다른 체계의 몇 가지 이론을 따로 따로 동원해야 한다는 것은, 무언가 우리가 발견치 못한 불완전성이 그 이론들 속에 내포되어 있을지도 모른다는 의심이 간다는 것이다.

이런 관점에서 볼 때 통일장 이론의 완성은 현재의 물리 체계로는 불가능할 것이라고 생각한다. 비록 미시적 관점에서 개개의 이론에 하자가 없다고 할지라도, 그것이 거시적 관점에서(다른 이론들과의 통합과정에서) 자신의 일관된 체계를 유지하지 못한다면 그 이론에는 무언가 발견되지 않은 오류가 있을 수 있다는 것이다.

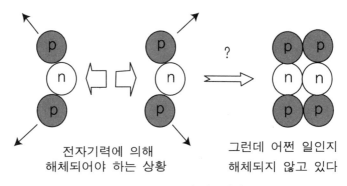

전자기력에 의해
해체되어야 하는 상황

그런데 어쩐 일인지
해체되지 않고 있다

〔그림 13-1〕 무엇 때문인가?

어쨌든 과학자들이 부딪힌 문제와, 그 문제를 어떻게 해결했는지를 먼저 간단하게 이야기하고, 이를 에너지 밀도체 관점에서 재해석하는 방식으로 논의를 진행하기로 하자.

알다시피 대다수의 원자핵은 +전하를 가진 양성자들과 극성을 가지지 않은 중성자들이 하나의 다발을 이루며 존재하고 있다. 그렇다면 전자기력에 따라 +전하를 가진 양성자들 사이에서는 척력이 작용하게 될 것이다. 그러면, 양성자는 인접한 위치에 있는 다른 양성자를 밀어내게 된다. 그럼에도 양성자 옆에 또 다른 양성자가 자리 잡을 수 있을까?

과학자들은 이 물음에 대한 해법으로, 양성자 사이의 척력을 극복할 수 있는 또 다른 형태의 힘을 하나 생각해 냈다.

앞에서 원자핵의 양성자와 중성자를 구성하는 기본입자는 업쿼크와 다운쿼크라고 하였다. 이들은 전자기적인 전하값을 가지고 있다.(업쿼크 : $+2/3$, 다운쿼크 : $-1/3$).

과학자들에 따르면 쿼크에는 위와 같은 전자기적 전하뿐만 아니라, 쿼크들마다 모두 다른 종류의 또 다른 전하를 가지고 있다고 하며 이것을 '색깔(color charge)'이라고 부른다.

이러한 색깔을 가진 입자들 사이에는 매우 강력한 힘이 작용한다고 한다. 과학자들은 이 힘을 강력이라고 하며, 이 힘을 전달한다고 생각되는 입자를 글루온이라고 부른다. 쿼크 사이에 작용하는 이러한 강력 때문에 양성자와 같은 하드론입자가 형성된다고 한다.

색깔은 다음과 같은 특징을 가지고 있다.

앞에서 광자는 전하값이 0이라고 하였다. 그러나 원자핵 내부에서 강력을 전달하는 입자인 글루온은 그 자체가 색깔을 가지고 있다. 또한, 과학자들은 쿼크들이 각각 자신의 색깔을 가지고 있는 반면에, 쿼크들로 구성된 양성자, 중성자 같은 하드론들은 색중립(color neutral) 상태로 존재한다고 한다. 이 색중립이 의미하는 바는 강력이 결국 하드론입자 안에서만 작용한다는 뜻이다. 이런 의미에서 강력을 다른 말로 핵력이라고도 한다.

색중립이라는 의미를 간단히 알아보면 다음과 같다.

빨간색, 노란색, 파란색의 빛을 혼합하면 흰색(무색)이 되는 것처럼, 바리온(예, 양성자, 중성자)을 구성하는 3개의 쿼크들이 가지고 있는 색깔이 합해지면 색중립의 상태가 된다는 것이다. 물론

2개의 쿼크라 할지라도 쿼크와 그것의 안티쿼크인 경우에는 색중립 상태가 될 수 있다고 한다.

결국 쿼크들은 단독으로 존재하지 않고 항상 그룹을 지어서 존재하기 때문에 현실적으로 색깔을 가진 입자 단독으로는 관측되지 않는다. 관측될 때는 이미 색중립된 상태이기 때문이다. 그러므로 색중립이 되지 않은 ud나 uuud구조를 가진 입자는 관측되지 않는다는 것이 과학자들의 주장이다.

앞에서 예로 든 배구공을 주고 받는 두 사람의 경우처럼, 인접한 두 쿼크는 색깔을 가진 글루온이라는 입자를 상호교환함으로써 매우 강력한 색력마당(color force field)을 만들어내고, 이에 따라 두 쿼크는 결합된 상태를 유지한다는 것이 과학자들의 주장이다.

과학자들이 글루온을 주고 받는 공간을 색력마당이라고 하는 이유는, 인접한 쿼크들 사이에 글루온이 맹렬하게 교환됨으로써 마치 쿼크와 글루온이 일체인 것처럼 구성되어 있다는 것을 나타내기 위함이라고 보여진다. 또한 과학자들은 이러한 색깔이 항상 보존된다고 한다.

그런데, 과학자들이 주장하는 강력은 쿼크 사이의 결합은 설명하고 있으나, 여전히 원자핵 내부에서 서로 인접해 분포하는 양성자와 양성자의 관계를 설명하지는 못했다. 그래서 과학자들은 또 다른 힘을 하나 더 생각해 냈다.

과학자들이 생각해 낸 것은 잔류강력(Residual strong force)이라는 것으로, 이것은 원자핵을 구성하는 양성자와 양성자 사이의 척력을 충분히 극복할 수 있는 강력으로서, 하나의 양성자를 구성하는 쿼크들과 인접한 다른 양성자를 구성하는 쿼크들 사이에 작용하는 강력이라는 것이다.

이것 역시 앞에서 말했던 잔류전자기력과 같이 약간 미심쩍다. 그러나 과학자들은 이것을 증명할 수 있는 객관적인 자료들을 가지고 있다. 따라서 양성자와 양성자를 묶어주고 있는 어떤 힘이 존재한다는 것만은 분명하다.

　문제는 이 힘을 얼마나 전체와 일관되게 설명했는지 아닌지에 있는 것이다. 다시 말해, 경제학에서 말하는 구성의 오류와 같은 것이 없이 설명한 것인지 아닌지이다. 실험의 결과와 수학적 논리 전개가 일치한다고 해서 우리가 그 사물에게서 일어나는 현상을 다 이해했다고 말해서는 안 된다고 본다.

　자연현상 또한, 우리의 일상적인 언어로 그 과정들을 비유 없이 일관되게 서술해야만 진정으로 알았다고 할 수 있을 것이다. 정말 실력 있는 교수는 학생들에게 어떤 현상을 쉽게 설명한다. 이와 반대로 실력 없는 교수는 자기 자신이 그 내용을 마음으로 알지 못하기 때문에 어렵게 가르치는 것이다.

　문제는 수학적으로 전개되는 논리를 우리의 상식(경험)이 받아들이지 못하는 데 있다. 수학은 결과만을 증명할 뿐이지, 그 현상의 과정(실상)까지 증명해 주는 것은 아니라는 점을 잊지 말아야 한다.

　우리에게 잡히는 고기의 크기는 우리가 던진 그물 눈의 크기에 따라 달라진다. 그러므로 우리에게 잡힌 고기만 보고 물 속에 사는 고기 종류를 다 알았다고 해서는 안 된다. 물 속에 플랑크톤이라는 미세한 생물이 존재할지도 모른다고 주장하는 사람을, 직접 잡아서 보여주지 못한다는 이유만으로 미친놈이라고 일방적으로 몰아붙여서는 안 된다.

　물론 우리에게 잡힌 고기만으로도 충분히 배를 채울 수는 있다. 마찬가지로 사물에 대한 결과만 알아도 충분히 문명을 발달시킬 수 있고, 자연을 이용할 수 있다. 이러한 이유로 과학에서 수학이 차지하는 위상은 절대적인 것이 되었다. 앞으로도 과학에서 수학의 이러한 역할과 위상은 확고할 수밖에 없을 것이다. 그리고 그것은 당연한 것이기도 하다.

　그러나 사과 1개 더하기 1개는 2개라는 것과, 귤 1개 더하기 1개는 2개라는 것이, 수학적으로는 똑같이 표현된다는 것을 잊어서는 안 된다. 비록 수학적으로는 동일하게 표현된다 하더라도 그 실상 (대상)은 엄연히 사과와 귤처럼 서로 다를 수 있다는 것이다.

우리는 귤을 사과로 착각하고 있지는 않은지, 아니면 사과를 귤로 착각하고 있지는 않은지 항상 조심해야 한다. 만약 사과를 귤로 착각하고 있다면, 이 경우에는 이성은 이해해도 마음은 이해하지 못하는 이론이 될지도 모른다.

과학자들은 수학이 가지고 있는 이러한 함정을 두려워해야 한다. 반쪽만의 진실은 비록 반론을 물리칠 수는 있다 하더라도, 근원을 이해하는 데는 사람들 혹은 과학자 자신에게 완전한 성취감을 주지는 못할 것이다.

어쨌든 에너지 밀도체 관점에서 과학자들이 주장하고 있는 강력을 재해석해 보면 다음과 같다.

결론부터 말한다면 에너지 밀도체 관점에서는 강력이라는 특별한 유형의 힘의 존재를 인정하지 않는다. 즉 과학자들이 주장하는 색짐 개념을 무시한다.

그럼에도 쿼크와 쿼크 사이의 결합, 양성자와 양성자 사이의 결합을 얼마든지 논리적으로 설명할 수 있다. 물론 설명의 근거가 되는 힘은 +에너지체와 -에너지체 사이에 작용하는 인력과 척력(에너지체력)이다.

다시 한번 말하지만 에너지 밀도체 모델에서는, 자연계에 작용하는 모든 상호작용을 에너지체력과, 에너지 밀도체의 밀도차이에 따른 에너지체의 위치 교환으로 설명이 가능하다고 본다.

에너지 밀도체 관점에서 쿼크와 쿼크가 결합되는 원리를 설명해 보자. 양성자를 구성하는 쿼크는 업쿼크 2개, 다운쿼크 1개이다. 이것을 그림으로 나타낸 것이 [그림 13-2]이다.

[그림 13-2]의 양성자를 구성하는 에너지체의 구성비율을 잘 보면 업쿼크에는 +에너지체가 더 많이 분포되어 있고, 다운쿼크에는 -에너지체가 더 많이 분포되어 있음을 볼 수 있다.

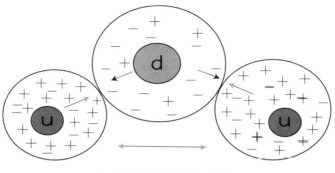

〔그림 13-2〕 양성자 모델

알다시피 업쿼크는 +2/3의 전하값을 가지고 있다. 이것은 업쿼크를 구성하는 에너지 밀도체가 +2/3의 전하값을 가지고 있다는 뜻이다. 즉, 업쿼크를 구성하는 종속에너지 밀도체(그림에서는 기호 u로 표시한 부분) 중에는 +에너지체가 −에너지체보다 더 많다. 그러므로 인접한 활성에너지 밀도체에도 +에너지체가 더 많이 분포해 있을 것으로 본다. 따라서 업쿼크를 구성하는 활성에너지 밀도체는 +로 전하되어 있는 상태이다.

반면에 다운쿼크는 −1/3의 전하값을 가지고 있다. 이것은 다운쿼크를 구성하는 종속에너지 밀도체(그림에서는 기호 d로 표시된 원의 내부이다)가 −1/3의 전하값을 가지고 있다는 뜻이다. 즉, 다운쿼크를 구성하는 종속에너지 밀도체에는 −에너지체가 +에너지체보다 더 많이 분포해 있는 상태이다. 그러므로 인접한 활성에너지 밀도체에도 −에너지체가 더 많이 분포해 있다고 볼 수 있다. 따라서 다운쿼크를 구성하는 활성에너지 밀도체는 −전하를 띠게 된다.

결국 업쿼크와 다운쿼크 사이에는 +전하를 띤 에너지 밀도체와 −전하를 띤 에너지 밀도체라는 관계가 성립한다. 따라서 이들 에너지 밀도체 사이에는 전자기력과 같은 종류의 인력이 발생하게 된다. 앞에서 이러한 에너지 밀도체 사이에 작용하는 힘을 전자기력과 구분하여 에너지 밀도체력이라고 하였다. 물론 업쿼크와 업쿼크 사이, 다운쿼크와 다운쿼크 사이에는 척력의 에너지 밀도체력이 작용하게 된다.

따라서 에너지 밀도체 관점에서 양성자는 u-d-u 구조를 가지고 있다라고 말할 수 있다.다시 말해, 색력(color force) 개념으로는 u-d-u 구조와 u-u-d 구조를 모두 가질 수 있으나, 에너지 밀도체 개념에서는 u-u-d 구조는 존재할 수 없다는 말이다. 왜냐하면 u-u 구조 사이에 척력의 에너지 밀도체력이 작용하기 때문이다.

만약 어떤 과학자가 업쿼크와 업쿼크가 결합된 안정된 입자를 발견하게 된다면 이것을 설명하기 위해 또 어떤 힘을 창안해 낼까? 자못 궁금해진다.

양성자와 양성자가 인접해 있는 것을 설명하는 논리로 업쿼크와 업쿼크가 인접해 있을 수 있다는 생각은 왜 애써 거부하는가? 단지 관측되지 않는다는 이유만으로? 양성자와 양성자가 인접해 있는 것은 관측되었다는 이유만으로?

과연 하느님은 이토록 일관성 없이 우주를 창조했을까? 그렇지 않다면 양성자와 양성자의 결합을 설명하는 논리가 수학적으로는 이상이 없다 하더라도 무언가 잘못된 것은 아닐까?

우리는 사물을 너무 우리 편한 대로 단편적이고 근시안적으로 해석하고 있는지도 모른다.

제2절 글루온

과학자들이 말하는 글루온(gluon)이란 에너지 밀도체 관점에서 볼 때 무엇을 의미하는 것인가?

글루온은 쿼크를 구성하는 종속에너지 밀도체 주변에 분포하는 + 혹은 − 전하를 띤 활성에너지 밀도체를 의미한다.

강력을 전달한다는 글루온을 과학자들이 설명하는 방식 그대로 에너지 밀도체 모델에 적용해 보면 앞에서 설명하였던 광자와는 다소 차이점이 있다. 글루온과 광자는 힘을 전달하는 입자라는 점에서는 공통점을 가지고 있지만, 그 힘을 전달하는 경로에는 차이가 있다. 글루온은 활성에너지 밀도체가 분포하는 공간 안에서만 상호교환된다. 반면에 광자는 자유에너지 밀도체가 분포하는 공간에서 상호교환되고 있다.

이것은 매우 중요한 의미를 지니고 있는데, 결국 글루온이 전달하는 힘의 크기가 광자가 전달하는 힘의 크기보다 크다는 것이다. 왜냐하면 활성에너지 밀도체의 밀도가 자유에너지 밀도체의 밀도보다 훨씬 높기 때문이다. 즉 교환되는 에너지체의 개수가 글루온 쪽이 더 많으며, 이것은 결국 더 큰 힘을 전달하고 있다는 의미가 된다.

다시 말해, 글루온에 의해 힘이 전달되고 있는 입자 사이에는 강력한 결속력이 발생한다는 것이다. 이것은 과학자들이 글루온을 주고 받는 공간을 색력마당이라고 특별히 부르는 이유이기도 하다.

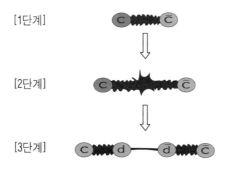

〔그림 13-3〕 색력마당의 변화

[그림 13-3]은 참쿼크(c)와 안티참쿼크($\bar{c}$)가 붕괴되면서, 안티참쿼크와 다운쿼크로 그리고 참쿼크와 안티다운쿼크로 전환되는 사건을 나타내고 있다.

과학자들은 이 사건을 쿼크들 가운데 하나가 이웃한 쿼크로부터 떨어져나갈 때, 이들 사이에 형성된 색력마당이 늘어나고, 이 늘어난 곳에 에너지가 첨가되고, 이 에너지가 질량을 가진 입자로 전환된다고 설명하고 있다. 즉, 쿼크가 서로 떨어질 때 색력이 증가한다는 것이다.

이러한 사건을 에너지 밀도체 관점에서 재해석해 보면 다음 그림과 같이 나타낼 수 있다.

안티참쿼크를 구성하던 종속에너지 밀도체의 밀도가 낮아지고, 여기서 빠져 나온 에너지체들이 다운쿼크와 안티다운쿼크를 이루게 된다. 이것은 안티참쿼크가 반물질(antimatter) 상태이므로, 에너지 밀도체 관점에서는 앞의 [그림 13-3]의 1, 2, 3단계에 존재하는 안티참쿼크의 상태는 각기 밀도가 낮아지는 과정에 있는 것으로 보기 때문이다. 이는 앞 부분의 반물질에 관한 내용에서 설명한 바 있다.

결국, 과학자들에게 참쿼크(c)와 안티참쿼크($\bar{c}$)가 분리되는 것처럼 관측되는 것은, 안티참쿼크가 근본적으로 불안정한 상태의 에너지 밀도체여서 곧 해체되기 때문이다. 즉, 1단계의 안티참쿼크를 구성하던 에너지 밀도체가 2단계의 참쿼크와 안티참쿼크 사이의 글루온을 구성하는 활성에너지 밀도체로 첨가되는 과정을 과학자들은 색력이 증가한다는 말로 표현하고 있다.다음으로 2단계에서 증가된 글루온을 구성하던 에너지체들은, 에너지체력에 의해서 다운쿼크와 안티다운쿼크($\bar{d}$)라는 새로운 종속에너지 밀도체를 구성하게 되는 것이다.

결론적으로 여기에서 말하려는 것은, 글루온이라 표현되는 활성에너지 밀도체는 상황에 따라 종속에너지 밀도체로 전환될 수 있다는 것이다. 또한, 두 개의 쿼크 사이에 색력이 증가하려면 두 개의 쿼크 가운데서 한 개는 반드시 안티쿼크라야 한다는 것이 에너지 밀도체 관점이다.

참고로 위의 사건에서 생성된 참-안티다운($c\bar{d}$) 구조 혹은 안티참-다운($\bar{c}d$) 구조의 입자는, 에너지 밀도체 관점에서는 안정된 입자로 존재하기 어려운 구조를 가지고 있다. 왜냐하면 c와 d는 모두 +전하를 가지고 있기 때문에 이들 사이에서는 척력의 에너지 밀도체력이 작용하기 때문이다. 그럼에도 일단 참-안티다운(c d) 구조가 관찰되는 것은, 비록 짧은 순간이지만 아래 그림과 같은 결합상태로 존재할 수 있기 때문인 것으로 추측한다.

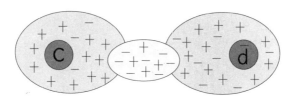

〔그림 13-4〕 참쿼크와 안티다운쿼크의 결합 구조

즉 약결합 종속에너지 밀도체에 인접해 분포하는 활성에너지 밀도체들의 +, −에너지체 배열구조가, [그림 13-4]와 같이 중간에 −에너지체들이 집중되어 양쪽의 쿼크들을 묶어주고 있는 것이다. 그러나 안티다운쿼크가 반입자이므로 이 구조는 곧 해체되어 다른 입자로 전환되거나, 자유에너지 밀도체 상태로 전환된다. 따라서 에너지 밀도체 관점에서 볼 때 위의 구조는 매우 짧은 순간에만 존재가 가능한 입자의 형태라고 볼 수 있다.

과학자들에 따르면 하드론을 구성하는 쿼크들은 각기 다른 색깔을 가지고 있다고 하는데, 이것을 에너지 밀도체 관점에서 해석해 보자.

예를 들어 uud로 구성된 양성자는 그 배열에 일정한 규칙성을 보이고 있다. 다시 말해 같은 종류의 쿼크 즉, 극성이 같은 쿼크들끼리는 가까이 분포하지 않는다는 것이다.

그럼에도 오메가 바리온(baryon)의 구조가 sss인 것으로 관측한 과학자들의 측정 결과는 매우 당황스럽다. 이것은 같은 극성의 쿼크들은 인접해 분포하지 않는다는 일반적인 원칙을 위반하는 구조이기 때문이다.

그러나 이러한 sss구조의 바리온 입자가 관측되었다는 사실 때문에, 양성자와 중성자의 구조를 설명하는 일반적인 논리가 잘못되었다고 단정지을 수는 없다. 왜냐하면 양성자와 중성자를 형성하고 있는 구조가 더 안정적인 구조로, 이들이 실지로 우리 주변에 존재하는 사물을 형성하고 있기 때문이다.

자연계에 일상적으로 존재하는 양성자와 중성자를 가장 정상적이고 근본적인 것으로 보고 논의를 진행한다. 왜냐하면 자연상태에서는 존재하지 않으면서 실험실에서 순간적으로 관측되는 것들에 주의를 너무 집중하면, 주객을 전도시키는 오류를 범할 수 있기 때문이다.

그렇지만 일단 sss구조가 관측된 이상 이에 대한 에너지 밀도체 모델의 입장을 밝혀야만 할 것으로 생각한다.

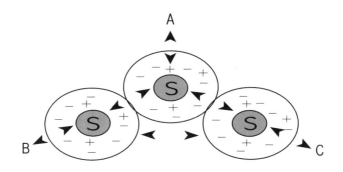

〔그림 13-5〕 오메가 바리온 입자의 에너지 밀도체적 모델

오메가 바리온은 - 전하를 가진 3개의 스트레인지쿼크(s)로 구성되어 있다고 한다. 이들 스트레인지쿼크들을 이루는 에너지 밀도체 사이에는 척력의 에너지 밀도체력이 발생하여 이 구조는 곧 깨진다는 것이 에너지 밀도체 모델의 기본적인 견해이다.

그럼에도 이 sss구조의 입자가 관측되었다는 것은, 이 입자의 존재시간의 길고 짧음에 상관없이 이 구조가 형성되었다는 사실만은 분명하다. 어떻게 이러한 구조가 형성될 수 있었을까?

가능한 가정을 한번 해보면, [그림 13-5]에서 보는 것처럼 −전하를 가진 에너지 밀도체 사이에는 척력이 작용하여 서로 튕겨나가야 한다. 그런데 만약 이들이 튕겨나가는 방향에 또 다른 제3의 −전하를 가진 에너지 밀도체가 형성되어 있다면, 이 제3의 에너지 밀도체와 튕겨나온 스트레인지쿼크를 이루는 에너지 밀도체 사이에도 척력이 발생한다. 그 결과 스트레인지쿼크를 구성하는 에너지 밀도체는 자신이 튕겨나온 방향으로 되돌아갈 것이다. 결국 sss쿼크의 생존기간은 이 제3의 −전하를 가진 에너지 밀도체의 상태에 따라 결정된다.

이렇게 볼 때 다음과 같이 추측할 수도 있다.

확률적으로 스트레인지-안티업(sū)의 메존(mesons)이 발견되는 공간에서 sss의 오메가 바리온이 발견될 수 있지 않을까 추측한다. 그리고 만약 이 공간에서 오메가 바리온이 발견된다면 이것은 순간적으로 나타났다가 사라질 것이다. 왜냐하면 에너지 밀도체 관점에서는 안티업쿼크는 곧 해체되거나 다른 입자로 전환되어 버리기 때문이다. 아래 그림은 이러한 관계를 나타내는 그림이다.

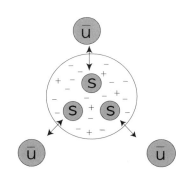

〔그림 13-6〕 오메가 입자의 존재 조건

안티업쿼크는 −2/3의 전하값을 가지고 있고, 스트레인지쿼크는 −1/3의 전하값을 가지고 있으므로, 스트레인지쿼크들끼리 밀어내는 힘보다 스트레인지쿼크가 안티업쿼크로부터 튕겨나가는 힘이 더 크다. 따라서 순간적이나마 sss구조가 형성될 수 있는 것으로 본다. 이처럼, 에너지 밀도체가 형성하는 소립자들의 이합집산 속에 숨어 있는 자연의 대원칙을 찾아내기 위해서, 비록 지금 단계에서는 증명하기 힘들지만 이러한 구체적인 가정을 해보는 것도 의미있는 일이라 생각한다.

제3절 색중립의 의미

하드론을 구성하는 3개의 쿼크들이 각기 다른 색깔을 가지고 있다는 것은, 달리 말하면 하드론 범위에서는 색중립 상태가 된다는 뜻이다.

지금부터 과학자들이 말하는 색중립이 에너지 밀도체 관점에서는 어떻게 재해석되는지 알아보자. 앞에서도 잠깐 이야기했지만 색중립은 하드론 속에 존재하는 쿼크들 사이의 배열구조를 결정하는 원리가 된다. 이는 달리 말해 쿼크 사이에 발생하는 상호작용은 일정한 경로를 통해서 일어난다는 것이다. 즉, 하드론을 구성하는 쿼크들 사이에는 일정한 힘의 전달 경로가 존재한다는 것이다.

글루온이라는 힘매개입자가 전달되는 경로 즉, 색력마당이 하드론 구조 전체를 무차별적으로 둘러싸고 있는 것이 아니라 일정한 경로를 따라 차별적으로 형성된다는 의미이다. 이것은 3개의 쿼크로 구성된 하드론에는 항상 대칭적인 2개의 경로가 형성되며, '중립'이라는 말은 이 대칭적인 경로 상에서 작용하는 에너지 밀도체력이 균형을 이룬다는 뜻이다.

생명체를 비롯하여 자연계에 존재하는 대부분의 사물이 대칭적인 형상을 하고 있는 것은 이러한 점에서 볼 때 결코 우연이라 할 수 없다.

색중립이 하드론의 쿼크의 배열구조를 결정하고 있다는 것을, 양성자를 예로 들어 설명하면 다음과 같다.

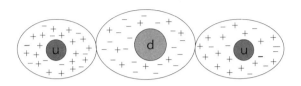

〔그림 13-7〕 양성자 구조

위의 양성자 모델을 색중립 관점에서 기호로 표시하면 다음과 같다.

$$u \diagdown d - u$$

즉 색중립이 뜻하는 것은, 다운쿼크를 중심으로 대칭적으로 형성되어 있는 색력마당 상에 작용하는 에너지 밀도체력이 똑같은 값을 가진다는 것이며, 글루온은 기호로 나타난 선 상으로 힘을 전달하고 있는 입자라는 것이다. 에너지 밀도체 모델에서는 이와 같이 에너지 밀도체력이 전달되는 경로를 에너지 밀도체력선이라고 부른다.

따라서 하드론을 구성하는 쿼크들 상호간에 작용하는 힘은 에너지 밀도체력선을 따라 전달된다고 볼 수 있다. 일반적으로 에너지 밀도체력선은 두 쿼크 사이에 작용하는 인력을 표시한다. 그러나 척력을 표시할 수도 있다. [그림 13-6]의 sss구조를 에너지 밀도체력선으로 표시하면 두 쿼크 사이의 척력을 표시하게 된다.

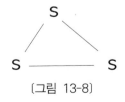

〔그림 13-8〕

마찬가지로 중성자를 에너지 밀도체 모델의 기호로 표시하면 다음과 같다.

$$d - u - d$$

위와 같은 구조로 표시되는 중성자의 실제 모형은 다음과 같이 그릴 수 있다.

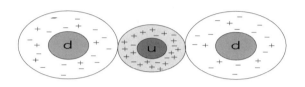

〔그림 13-9〕 d-u-d 구조의 중성자 모형

중성자의 전하값이 0이라는 것은, [그림 13-9]에서 표시한 +에너지체와 -에너지체 개수가 같다는 뜻이다. 물론 위 그림에서는 알파벳 기호로 표시한 원안의 에너지체는 표시하지 않았다. 그리고 가운데의 업쿼크를 중심으로 분포한 +전하를 가진 에너지 밀도체와 -전하를 가진 에너지 밀도체 사이에 작용하는 인력은 양쪽 모두 같은 크기로 균형을 이루고 있는 상태이다.

이렇게 균형을 이루고 있는 상태가 바로 색중립의 에너지 밀도체적 의미이다. 따라서 u-d 라든가 u-u-u-d 구조는 색중립의 조건을 만족시키지 못한다.

확실치는 않지만 ud입자가 보존(bosons)류의 입자가 아니라면, 업쿼크는 +2/3의 전하값을 가지고 있고 다운쿼크는 -1/3의 전하값을 가지고 있으므로, u > d의 관계가 되기 때문에 균형이 맞지 않는다. 따라서 색중립 조건이 만족되지 않는다. 그리고 u-u-u-d 구조는 세 번째 위치한 업쿼크에 작용하는 힘이 불균형하므로 역시 에너지 밀도체 관점에서의 색중립 관계가 성립하지 않는다. 따라서 우리가 매일 접하는 사물을 구성하는 입자들 가운데서는 이와 같은 구조를 가지고 있는 것이 존재하지 않는다.

두 개의 쿼크만으로 이루어진 메존(mesons)은 에너지 밀도체력 선이 하나만 존재한다. 따라서 하드론에서와 같은 형태의 균형은 성립될 여지가 없다. 그러나 실제로는 짧은 시간 동안이기는 하지 만 메존 형태의 입자가 관측되고 있으므로, 이들 두 개의 쿼크 사 이에 형성되는 힘의 균형에 대해서 생각해 볼 필요가 있다.

에너지 밀도체 관점에서 볼 때, 메존을 구성하는 두 쿼크 사이 에 에너지 밀도체력선의 균형이 이루어지려면, 이들 메존이 과학 자들이 말하는 보존류 입자의 성질을 가지고 있어야만 한다. 즉, 어떤 특정의 자리에 여러 개의 메존이 동시에 관측되어야 한다. 그래야만 에너지 밀도체 관점에서의 색중립이 성립한다.

이를 스트레인지쿼크와 안티업쿼크로 구성된 K중간자(kaon)라 는 메존을 예로 들어, 에너지 밀도체력선 구조식을 그려보면 다음 과 같다.

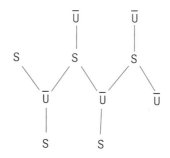

〔그림 13-10〕 kaon 메존입자의 에너지 밀도체력선 구조식

위 그림에서 보다시피 메존이 보존류의 성격을 가지고 있다면, 에너지 밀도체적 의미에서의 색중립이 성립하고 있음을 알 수 있 다. 어떤 스트레인지쿼크(s) 혹은 안티업쿼크($\bar{u}$)와 결합되는 에 너지 밀도체력선을 보더라도 항상 순간적으로 다음과 같은 균형 을 이루고 있다.

이러한 관계는 양성자와 중성자의 경우와는 다소 차이가 있지 만, 메존(meson)입자의 고유한 특성 때문이다.

〔그림 13-11〕

또한, 여기서 한 가지 더 고려해 볼 것은 스트레인지-안티업(s
ū) 구조와 앞에서 언급한 sss구조의 상관관계이다. 만약 중앙에
분포하던 안티업쿼크(ū)가 사라지면 곧 바로 sss구조의 하드론입
자가 관측되리라는 것을 예측해 볼 수 있지 않을까?

이처럼 동일한 sss구조의 입자가 형성될 수 있는 상황은 여러
경우가 있을 수 있다. 따라서 과학자들이 행하고 있는 가속기 안
에서의 입자의 충돌 실험에서 일관된 결과를 도출한다는 것은 매
우 난해한 작업이 될 것이라 예상한다.

과학자들에 따르면 색짐은 항상 보존된다고 하는데, 이에 대한
에너지 밀도체적 견해는 어떤 사건이 일어나기 전이나 일어난 후
에 에너지체 수가 보존된다는 것이다.

그리고 글루온을 교환함으로써 쿼크의 색짐이 변한다는 것은,
에너지 밀도체 관점에서는 에너지체가 상호교환되어 그 개수가
항상 보존된다는 것 이상의 어떤 의미도 부여할 수 없다.

사실 에너지 밀도체 관점에서는 색짐 개념도 글루온 개념도 모두
필요 없다. 에너지 밀도체력만으로 설명이 가능하기 때문이다. 그
러나 과학자들이 도입한 색중립 개념은, 에너지 밀도체 모델로 입
자의 구성원칙을 설명하는 데 결정적 단서를 제공해 준 개념이다.

과학자들이 주장하는 것 가운데서 에너지 밀도체 모델에서 보
았을 때, 또 한 가지 흥미로운 사실이 있다. 그것은 하나의 하드론
을 구성하는 쿼크들은 글루온을 방출하거나 흡수하고 있다는 것
이다. 그리고 이때 각각의 쿼크들은 자신의 색짐을 변경시키는데,

그 이유는 자신의 색깔을 유지하기 위해서라고 한다.

쿼크에서 글루온이 방출되고 있다는 것을 어떻게 관측했는지는 모르겠지만 쿼크에서 글루온이 방출된다거나 혹은 글루온을 흡수한다는 사실은, 다시 한번 에너지 밀도체 모델이 사실일 가능성이 크다는 것을 직접적으로 보여 주고 있다.

에너지 밀도체 모델의 기본 관점은 쿼크나 글루온이 밀도체라는 것이다. 에너지체라는 기본 단위들이 특정 공간에 모여야만 물질입자가 형성된다는 것이다. 마치 일정한 크기의 유리상자 안에 담배연기를 계속 뿜어넣으면 처음에는 엷게 보이던 담배연기가, 나중에는 유리상자 안에 자욱한 상태로 밀집되어 유리상자를 통해 볼 수 있는 시야를 가릴 정도가 되는 것처럼, 에너지체들도 그렇게 물질입자를 형성한다고 보는 것이다.

만약 유리상자의 출입구를 열면 담배연기는 일제히 유리상자 밖으로 배출될 것이다. 이것은 물질입자가 붕괴되거나 사라지는 것으로 비유할 수 있다.

또한 쿼크에서 글루온이 방출된다는 것은 쿼크가 글루온을 구성하는 입자와 동일한 입자의 집합체라는 것을 암시하고 있다. 에너지 밀도체 관점에서 보면 쿼크의 글루온 방출은, 쿼크를 구성하는 활성에너지 밀도체에서 인접한 활성에너지 밀도체로 에너지체들이 이동하고 있음을 의미한다. 물론 이러한 이동을 가능케 하는 힘은 에너지 밀도체력과, 에너지 밀도체의 밀도차이 때문이다.

과학자들은 이미 입자들을 유지시켜 주는 힘의 가장 근원적인 발생원을 발견하고 있다. 그 사실을 알고 있는지 모르는지……

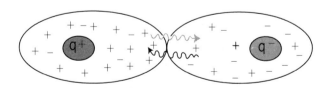

〔그림 13-12〕 쿼크로부터 글루온의 방출

제4절 하드론과 하드론의 결합

이제 쿼크 범위를 벗어나서 하드론과 하드론의 관계, 다시 말해 양성자와 중성자 범위에서 에너지 밀도체 모델이 어떻게 현상을 설명하고 있는지 알아보자.

문제의 핵심은 + 전하를 가진 양성자끼리 어떻게 인접하여 원자핵을 구성하게 되느냐 하는 것이다.

과학자들의 설명에 따르면 양성자를 구성하는 쿼크는 색깔을 가지고 있기 때문에, 이들 쿼크 사이에는 강력이 작용하여 양성자의 형태를 유지한다고 한다. 하나의 양성자를 구성하는 쿼크와 다른 양성자를 구성하는 쿼크 사이에 작용하는 강력은, 양성자 사이의 전자기적 척력을 극복할 만큼 충분히 강하다는 것이다. 그래서 결과적으로 양성자들을 묶을 수 있다는 것이다. 이러한 관계를 과학자들은 압축된 스프링을 둘러싸고 있는 노끈의 힘에 비유하고 있다.

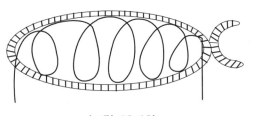

〔그림 13-13〕

이러한 노끈의 힘에 비유되는 강력을, 하나의 하드론 안의 쿼크 사이에 작용하는 강력과 구별하여 잔류강력(Residual strong interaction)이라 부르고 있다. 즉 양성자와 양성자는 잔류강력에 의해서 결합되어 있다는 것이다.

과학자들이야 어떻게 주장하든 간에, 에너지 밀도체 모델에서는 다음과 같이 원자핵의 구성을 설명하고 있다.

먼저 양성자와 양성자의 결합원리를 살펴보자. 결론부터 이야기하면 에너지 밀도체 관점으로는 양성자와 양성자만으로는 결합관계를 유지할 수 없다. 즉 양성자와 양성자가 인접하여 분포하기 위해서는 중성자가 필요하다는 것이다.

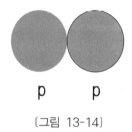

p   p

〔그림 13-14〕

에너지 밀도체 관점에서는 양성자만으로 구성된 위와 같은 구조의 원자핵은 존재할 수 없다. 위의 상태를 에너지 밀도체력선 구조식으로 표현해 보면 에너지 밀도체적 의미에서의 색중립이 성립하지 않기 때문이다.

$$u-d-u-u-d-u$$

왼쪽에서부터 세 번째와 네 번째에 분포한 업쿼크 사이에는 척력의 에너지 밀도체력이 작용하고 있다. 또한 이들 사이에는 색중립 조건도 성립하지 않고 있다.

세 번째에 위치한 업쿼크를 분석해 보면 알 수 있다.

$$d-u-u$$

세 번째의 업쿼크를 가운데 놓고 보면, 양쪽에 작용하는 에너지 밀도체력선 상의 힘이 균형이 맞지 않음을 볼 수 있다.(다운쿼크

의 전하값은 −1/3인 데 반해, 업쿼크의 전하값은 +2/3으로 그 절
대값의 크기가 다르다는 것을 상기하기 바람). 네 번째에 위치한
업쿼크도 마찬가지다.

　그렇다면 양성자가 이웃에 또 다른 양성자를 두기 위하여 중성
자와 결합되어 있는 경우를 보자.

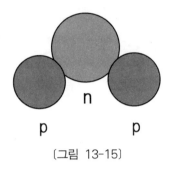

〔그림 13-15〕

　이러한 구조의 원자핵이 가능한지는 에너지 밀도체력선 구조식
을 그려보면 알 수 있다.

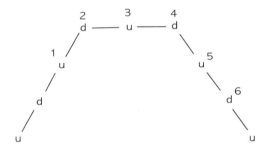

〔그림 13-16〕 p-n-p 구조의 원자핵 구조식

　위의 구조식에서 보면 각 쿼크들을 연결하는 에너지 밀도체력
선에는 인력이 작용하고 있다. 그리고 모든 경우에, 업쿼크의 양쪽
에는 다운쿼크가 연결되고 다운쿼크의 양쪽에는 업쿼크가 연결됨
으로써 에너지 밀도체적 의미의 색중립이 성립한다.

　주의할 것은 최외곽에 분포하는 두 개의 업쿼크는 에너지 밀도

체적 의미의 색중립 조건에서 제외된다는 것이다. 이들 이외의 나머지 쿼크들 사이에 작용하는 에너지 밀도체력선 구조는 항상 u-d-u이거나 d-u-d 구조로 연결됨으로써, 서로 인력이 작용하면서 색중립 조건이 성립되고 있다.

또 한 가지 주의할 점은, [그림 13-16]에서 1~2와 4~5번 쿼크 사이에 형성되어 있는 에너지 밀도체력선을 이루는 활성에너지 밀도체의 에너지체들은, 대부분 기존의 양성자와 중성자를 구성하던 활성에너지 밀도체에서 온 것으로 추정한다는 것이다. 왜냐하면 원자핵 전체의 질량과, 각 양성자와 중성자의 질량의 합이 거의 같은 것으로 관측되고 있기 때문이다.

이것에서 유추할 수 있는 것은, 양성자가 중성자와 결합할 때 이들을 구성하던 에너지 밀도체에 밀도변화가 일어난다는 점이다. 밀도변화가 일어난다는 것은 에너지체들의 이동이 활발히 진행되고 있다는 뜻이다. 그리고 이들 에너지체들의 이동은 잔류강력상호작용(Residual strong interaction)을 의미하는 것이라 볼 수 있으며, 그것은 에너지 밀도체적 의미에서의 색중립이 성립할 때까지 진행된다고 볼 수 있다.

그리고 일단 색중립이 성립하고 나면 에너지체들의 이동은 평형상태를 유지하는 수준으로 일정하게 지속된다. 이러한 활성에너지 밀도체의 움직임에 대해, 과학자들은 쿼크가 약간의 떨림을 보이면서 원자핵 내부에 존재한다라고 말하고 있으며 에너지가 잠재된 상태를 의미한다.

일반적으로 널리 알려진 헬륨 원자핵 즉, 2개의 양성자와 2개의 중성자로 이루어진 원자핵을 에너지 밀도체력선 구조식으로 표현한 것이 [그림 13-17]이다.

에너지 밀도체 모델에서 헬륨 원자핵 구조는 매우 중요한 의의를 가지고 있다. [그림 13-17]의 구조식에서 보다시피 에너지 밀도체적 의미의 색중립 조건도 만족시키고 있으며, 또한 각 쿼크들을 연결하는 에너지 밀도체력선 상에는 인력의 에너지 밀도체력이 작용하고 있다. 왜냐하면 업쿼크는 +전하를 가진 에너지 밀도체이고 다운쿼크는 -전하를 가진 에너지 밀도체이기 때문이다.

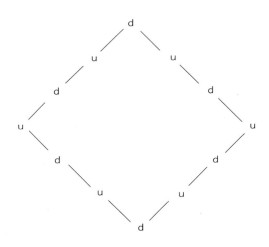

〔그림 13-17〕 헬륨 원자핵의 에너지 밀도체력선 구조식

그리고 가장 중요한 것은, 헬륨 원자핵 구조는 에너지 밀도체적 의미의 색중립 조건을 만족시키면서, 그와 동시에 인력의 에너지 밀도체력선의 연결구조가 폐쇄되어 있는 최소의 단위라는 것이다.

알려진 원자핵 구조 가운데, 2개의 하드론을 가지고 있는 중수소라는 것이 있다. 이것은 1개의 양성자와, 1개의 중성자로 이루어져 있다. 이것의 에너지 밀도체력선 구조식은 다음과 같다.

$$u-d-u-d-u-d$$

이 구조는 폐쇄되어 있지 않다. 따라서 양끝에 존재하는 업쿼크와 다운쿼크에 각각 반대 전하를 가진 쿼크를 끝 단으로 하는 하드론이 결합될 가능성이 높다. 삼중수소가 바로 그 예다. 삼중수소는 양성자 1개에 중성자 2개가 결합된 핵 구조를 가지고 있다.

$$d - u - d - u - d - u - d - u - d$$

위에서 보듯이 삼중수소 또한 다른 조건들은 모두 만족시키고 있으나, 에너지 밀도체력선이 폐쇄된 구조를 보이지 않고 있다. 즉 양끝에 존재하는 다운쿼크에 업쿼크를 끝 단으로 하는 하드론(양성자, u-d-u)이 결합될 확률이 큰 상태에 있다. 따라서 헬륨 원자핵처럼 에너지 밀도체력선 구조식이 폐쇄된 모양을 갖추기 위해서 필요한 최소한의 구성요소는 2개의 양성자와 2개의 중성자가 되어야만 한다는 결론을 얻을 수 있다.

에너지 밀도체력선이 폐쇄적이라는 것은, 이러한 구조를 가지고 있는 상태에서는 밖에서 다른 양성자나 중성자가 유입될 경우 이 구조를 개방하는 것이 쉽지 않다는 의미이다.

따라서 유입된 양성자나 중성자는 이 구조의 어느 변두리에 결합하게 된다. 결국 이것들은 어떤 충격을 받으면 가장 먼저 이탈되는 위치에 놓이게 된다.

따라서 에너지 밀도체 관점에서는, 자연상태에서 존재하는 원자핵 구조 가운데서 헬륨 원자핵 구조를 가장 안정된 최소단위로 본다.

자연계에 존재하는 무거운 원자핵들 가운데서 알파입자가 방출되는 것은, 바로 헬륨 원자핵이 가지고 있는 이러한 에너지 밀도체력선의 최소단위에서 형성되는 폐쇄성 때문인 것으로 추측된다. 이는 현대 핵물리학에서는 아직도 의문시되고 있는 사항이나, 이처럼 에너지 밀도체 모델을 통해서 보면 충분히 납득할 수 있다.

비록 많은 수의 양성자와 중성자가 존재하는 원자핵이라 할지라도 그들 사이에 작용하는 힘은 에너지 밀도체력선이라는 끈으로 연결되어 있다. 이러한 구조는 여성들의 목에 걸려 있는 진주목걸이를 생각해 보면 쉽게 이해할 수 있다. 여성의 목에 걸려 있는 진주 목걸이는 다음 그림 A처럼 일직선으로 보기 좋게 배열되어 있다.

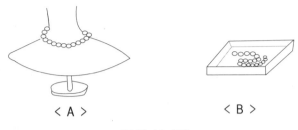

〔그림 13-18〕

　그러나 이것을 그림 B처럼 조그만 보석상자 안에 집어넣으면 하나의 뭉쳐진 다발처럼 된다. 그러나 진주 알들은 끈에 의해 차례로 연결되어 있다.

　원자핵을 구성하는 많은 수의 양성자와 중성자들도 그림 B의 진주 알처럼 다발로 무리 지어져 있으나, 에너지 밀도체력선에 따라 차례대로 연결되어 있다. 다만 우리들의 눈에 에너지 밀도체력선이 보이지 않기 때문에 이들 양성자와 중성자가 무질서하게 묶여 있는 것처럼 보이는 것이다. 그러나 그 속에는 엄연히 힘이 전달되는 질서가 존재하고 있다는 것이 에너지 밀도체의 견해이다. 이것은 에너지 밀도체를 구성하는 에너지체들의 흐름에 일정한 경로가 존재함을 의미한다.

　결론적으로 과학자들이 강력이라 부르는 힘은, 에너지 밀도체 관점에서 볼 때 +, -에너지체의 상호작용의 결과 나타나는 힘의 한 유형일 뿐이며, 새로운 종류의 힘이 아니라는 것이다.

　에너지 밀도체 모델로 자연계의 사물을 구성하는 원자핵 구조를 나름대로 설명할 수 있다는 것은, 우리 자신과 우리 주변에 존재하는 모든 사물이 에너지 밀도체로 되어 있다는 뜻이다. 이는 곧 기(자유에너지 밀도체)는 우리 자신과 주변에 존재하는 모든 것에 내재해 있으며, 기가 곧 나이며 사물 그 자체이기도 하다는 것을 증명해 주고 있다.

　우리들 대부분은 예부터 전해져 온 기의 개념과, 학교에서 배운 원자핵은 각각 별개의 것으로 생각했던 것이 사실이다. 그동안 기와 물질이 어떤 관계에 있는지, 손에 잡힐 듯 하면서도 잡히지 않는 추상적인 많은 말들 때문에 혼란만 쌓여왔다. 이제 독자들은 기의 실체가 에너지 밀도체의 특정한 상태를 가리키는 것임을 이해하기 바란다.

종속에너지 밀도체와 활성에너지 밀도체가 물질입자를 구성하고 있으며, 이 물질이 생명체를 이루고 있을 때 우리는 이것을 정이라 한다. 그리고 이들 물질을 구성하는 종속에너지 밀도체와 활성에너지 밀도체의 밀도변화에 따라 자유에너지 밀도체가 생성·소멸되고, 또한 우주공간에 처음부터 분포하는 자유에너지 밀도체가 생명체 내부에 존재하게 될 때, 이를 우리 몸속에 기가 있다라고 이야기하는 것이다. 그러므로 기라는 것은 우리 몸 안과 밖, 모든 사물과 우주공간에 가득히 존재하고 있는 자유에너지 밀도체를 뜻한다.

21세기를 살아가는 우리들은 21세기에 걸맞는 언어로 기를 인식해야 한다. 아직도 기를 신비스러운 어떤 것 혹은 실재하지 않는 어떤 것으로 여기는 사람이 있다면, 자기 자신과 우리 주변의 사물들에게서 일어나는 현상들을 찬찬히 한번 바라보기 바란다.

기가 나와 우주만물을 구성하는 에너지 밀도체임을 이해하고 나면 '나'와 '나 아닌 것'이 모두 하나임을 깨닫게 될 것이다. 그리고 이 깨달음은 '나 아닌 것'에 대한 배려와 사랑으로 나타나게 되며, 이때 우리의 삶은 진정으로 풍요해질 것이다.

14 약력

제1절 약력

에너지 밀도체 관점에서는 과학자들이 주장하는 약력 또한 강력과 마찬가지로 새로운 별개의 상호작용으로는 보지 않는다.

다시 한번 말하지만, 에너지 밀도체 관점에서는 우주를 구성하는 힘과 이것을 지탱하는 힘은 +, −에너지체 상호간에 작용하는 인력과 척력 그리고 에너지 밀도체의 밀도변화로 설명할 수 있다고 본다.

과학자들에 따르면 약력(Weak interaction)이란 주로 입자의 붕괴과정에 관여하는 상호작용이라고 한다. 앞에서 이야기했듯이 쿼크와 랩톤은 각각 6종류가 있는데, 이들은 질량이 큰 것에서부터 적은 것에 이르기까지 다양한 종류로 분류된다. 그런데 이들 가운데서 질량이 큰 것들은 붕괴되어 질량이 적은 것으로 전환된다고 한다. 그 결과 실제로 우리 주변에서 물질을 구성하는 것은 업쿼크와 다운쿼크(이들은 쿼크 가운데서 질량이 가장 작은 것들이다), 그리고 전자와 뉴트리노(이들은 랩톤 가운데서 질량이 가장 작은 것들이다) 등이라고 한다.

2개 이상의 쿼크가 강력으로 묶여 있으면 붕괴가 일어나지 않아야 함에도, 실제로는 붕괴가 일어나고 있다. 따라서 입자들 사이에 강력 이외의 다른 더 약한 종류의 상호작용으로 입자들이 결합되어 있는 경우 붕괴가 일어날 수 있다는 식으로 설명하기 위해 약력의 개념이 필요하지 않았나 생각한다.

어쨌든 과학자들의 주장에 따르면 약력의 세기는 입자 사이의 거리가 가까울수록 크고, 멀수록 약하다고 한다. 그리고 이러한 약력을 전달하는 입자에는 W^+, W^-, Z 등이 있다. W입자는 전하를 가져 극성을 나타내는 반면에 Z입자는 전하값이 0이다. W입자의 질량은 $80.4GeV/C^2$이고, Z입자는 $91.187GeV/C^2$이다. 또한 입자의 붕괴과정에서 질량이 큰 입자는 보통 붕괴과정에서 질량이 잠재 에너지로 전환되며, 그 결과 새로 생긴 입자는 처음의 입자가 가지고 있던 질량값보다 항상 작은 값을 가지게 된다고 한다.

위에서 간략히 소개한 약력에 대한 과학자들의 연구 결과를 에너지 밀도체 관점에서 재해석해 보자. 이를 위해서는 먼저 에너지 밀도체 모델에서는 입자의 붕괴를 어떻게 보는지를 밝혀야 할 것이다.

물질입자의 붕괴는, 그 물질을 구성하던 에너지 밀도체에 급격한 밀도변화(낮아지는 변화)가 일어나는 것이다. 일반적으로 고밀도 상태에서 저밀도 상태로 바뀌는 과정이라 볼 수 있다.

과학자들이 분류한 6종류의 쿼크와 랩톤을 에너지 밀도체 개념에서 재분류해 보면 다음과 같다.

<페르미온>

	쿼크	랩톤
강결합 종속에너지 밀도체	업, 다운	전자(e⁻)
약결합 종속에너지 밀도체	참, 스트레인지 탑, 보텀	뮤온, 타우 메존
자유에너지 밀도체		뉴트리노

<보존>

	힘매개입자
강결합 활성에너지 밀도체	글루온
약결합 활성에너지 밀도체	W, Z
자유에너지 밀도체	광자

〈표14-1〉

사실 에너지 밀도체 관점에서는 입자들을 위의 표처럼 구분해야 할 필요가 없다. 이들 입자들은 모두 에너지 밀도체의 밀도차이에 따른 구분으로밖에 보이지 않기 때문이다. 일반적으로 밀도의 크기는, 종속에너지 밀도체 > 활성에너지 밀도체 > 자유에너지 밀도체 순서로 본다.

그러나 이들은 각각 별개의 상태로 존재하는 것이 아니라 하나로 어울린 상태로 존재하고, 끊임없이 에너지체들을 상호교환하고 있기 때문에 이 전체를 하나의 일체로 보아야 한다. 위의 표는, 에너지 밀도체 관점에서 밀도수준을 이해하기 위해 과학자들이 표준으로 정한 입자들을 구분해 본 것뿐이다.

위의 표에 나온 몇 가지 입자를 예로 들어 밀도 관계를 그림으로 나타내보면 다음과 같다.

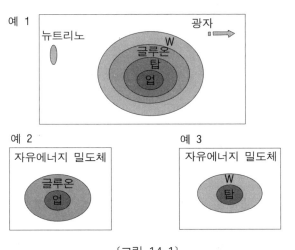

〔그림 14-1〕

앞의 예 1, 2, 3에서는 원의 중심부에서 외곽으로 나갈수록 에너지 밀도체의 밀도가 낮아지는 것으로 본다.

또 한 가지 짚고 넘어가야 할 것은 주로 입자의 붕괴과정에서 나타나는 W, Z에 관한 것이다. 이것은 주로 종속에너지 밀도체, 강결합 활성에너지 밀도체가 더 낮은 밀도로 전환되는 과정에서 관측되는 입자이다.

이를 앞서 이야기한 중성자의 붕괴과정을 예로 들어 설명하면
아래와 같다.

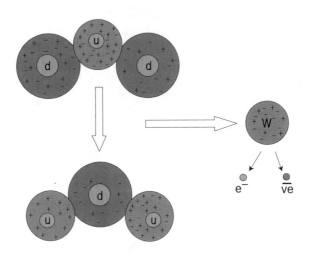

〔그림 14-2〕 중성자의 붕괴와 W입자

에너지 밀도체력선 구조식 d-u-d를 가지고 있는 중성자(n)에,
어떤 원인으로 밀도변화가 일어났다. 즉 중성자가 원자핵으로부
터 이탈되면, 중성자를 구성하는 에너지 밀도체와 인접한 공간 사
이에는 심한 밀도차이가 발생한다.

따라서 중성자를 구성하는 종속에너지 밀도체(기호로 표시된
원 내부)와 활성에너지 밀도체(기호의 원 밖에 분포하는 글루온을
구성하는 에너지 밀도체 부분)들 중의 일부는 이웃한 인접공간으
로 흩어지게 된다. 이때 업쿼크보다 다운쿼크가 질량이 더 크기
때문에, 이웃 공간으로 빠져나오는 에너지체들 가운데는, 업쿼크

에서 나오는 +에너지체보다 다운쿼크에서 나오는 −에너지체의 수가 상대적으로 많다.

바로 이때 빠져나오는 −에너지체들의 밀도체가 과학자들이 관측한 W입자가 되며, 이것은 당연히 −전하를 띠게 된다. 이렇게 중성자를 구성하던 다운쿼크의 종속에너지 밀도체, 그리고 글루온을 형성하던 에너지체들은 과학자들에게 W입자로 관측되면서 동시에 일부는 가까운 업쿼크로 대거 유입된다.

그 결과 중성자의 업쿼크는 다운쿼크로 전환된다. 그리고 나머지는 전자(e−)와 반전자 뉴트리노를 구성하는 에너지 밀도체로 전환된다. −에너지체들이 대거 빠져나간 중성자의·다운쿼크는 업쿼크로 전환되어 결과적으로 양성자로 바뀌게 된다. 이러한 일련의 과정은 매우 짧은 시간 동안 일어난다.

이것이 바로 에너지 밀도체 관점에서 보는 중성자의 붕괴과정이다. 여기에는 과학자들이 주장하는 약력의 개념이 개입될 여지가 없다.

다만 인접한 공간과의 밀도차이에 따른 에너지체들의 이합집산이 있을 뿐이다. 물론 이 과정에서 중성자를 구성하던 에너지체들은 고스란히 양성자와 전자 그리고 반전자 뉴트리노에 보존되어 있다고 본다.

문제는 물질입자를 구성하던 에너지 밀도체가, 어떤 조건이 성립될 때 얼마만큼의 밀도변화가 일어나는지, 그 규칙성을 발견하는 일이다.

위와 같은 중성자의 베타붕괴(붕괴과정에서 전자를 방출한다는 의미) 과정에서 관측되는, 입자 W에 대해서는 에너지 밀도체 관점에서 좀더 깊이 다루어야 할 필요성이 있다.

과학자들의 주장에 따르면, 질량이 0.940밖에 되지 않는 중성자에서 질량이 80.4인 W입자가 출현하더라도 이것이 질량보존의 원칙을 위반한 것이 아니라고 한다. 과학자들은 이것을 설명하기 위하여 하이젠베르그의 불확정성의 원리를 이용하고 있다.

제2절 하이젠베르그의 불확정성 원리

하이젠베르그 불확정성 원리란, 특정 입자의 위치(position)와 속도(momentum)를 동시에 정확하게 관측한다는 것은 불가능하다는 이론이다. 입자의 위치와 속도 가운데서 어느 하나를 더 정확하게 관측하면 관측할수록, 다른 하나에 대한 정보는 그만큼 더 부정확해 진다는 것이다.

이것을 수식으로 표현하면 다음과 같다.

$$\triangle X \times \triangle P \geq \bar{h}/2$$

$\triangle X$는 위치를 나타내고 $\triangle P$는 속도에 관련한 정보를 나타낸다.

그리고 위의 식은 다시 다음과 같은 에너지와 시간에 대한 식으로 표현할 수 있다.

$$\triangle E \times \triangle t \geq \bar{h}/2$$

이 식은 어떤 입자가 매우 짧은 시간 동안만 존재한다면, 그 입자가 가진 에너지 값은 정확히 측정할 수는 없지만 매우 크다는 것을 의미한다. 다시 말해 어떤 입자가 순간적으로 존재한다면 그 입자는 놀랄 만큼 큰 에너지를 가질 수 있다는 것이다.

위의 두 식의 우변에 있는 h는 플랑크 상수이다. 이 식에서 보면 $\triangle t$의 값이 무한히 작아지면 $\triangle E$의 값은 무한히 커질 수밖에 없다는 것을 알 수 있다. 그리고 $\triangle t$의 값이 무한히 작아진다는 것은 입자가 존재할 수 있는 시간이 매우 짧은 한순간이라는 것을 의미한다.

중성자의 붕괴과정에서 나타나는 W입자는 그 존재시간이 극히 짧다. 따라서 위의 하이젠베르그 불확정성 원리에 의하면 이 W입자는 매우 큰 에너지를 가지게 되는 것을 알 수 있다. 과학자들은 이와 같은 W입자를 가상입자(Virtual particles)라고 부른다. 이것은 이 입자의 존재시간이 너무 짧아 현실세계에서는 존재하지 않는다는 것을 뜻한다.

이제 W입자에 대한 위와 같은 과학자들의 설명에 비추어 에너지 밀도체 관점에서 재해석해 보면 다음과 같다.

순간적이지만 W입자를 구성하는 에너지체들의 출처는 중성자를 구성하던 종속에너지 밀도체와 활성에너지 밀도체들이라고 본다. W의 질량이 크게 관측되는 것은 W를 구성하는 에너지 밀도체의 밀도가 종속에너지 밀도체나 활성에너지 밀도체의 밀도보다 낮기 때문이다.

에너지 밀도체의 밀도가 낮은 W입자에서 전자가 만들어졌다는 것은, W를 구성하던 낮은 밀도분포의 에너지체들이 다시 밀도가 높은 종속에너지 밀도체 수준으로 밀도변화를 일으켰다는 것을 의미한다.

그리고, 하이젠베르그의 불확정성 원리는 이러한 짧은 순간 발생하는 에너지 밀도체의 밀도변화와, 그에 따라 일어나는 에너지 현상을 너무나 잘 대변해 주고 있다.

과학자들이 에너지라고 부르는 것의, 에너지 밀도체적 의미는 에너지 밀도체의 밀도변화 즉, 에너지체들의 이동의 결과 나타나는 현상이라고 하였다. 따라서 Δt가 무한히 작아지면 ΔE가 무한히 증가한다는 식,

$$\Delta E \times \Delta t \geq \hbar /2$$

에 따라 W를 구성하는 에너지 밀도체에 급격한 밀도변화가 진행되며, 밀도변화가 진행된다는 것은 다른 종류의 입자가 만들어

질 수 있다는 가능성을 내포하는 것이다. 만약 위의 식이 없었다면, 순간적으로 존재하는 저밀도의 W입자가 고밀도의 전자로 전환되는 것을 설명할 수 없었을지도 모른다

즉, 중성자의 베타붕괴 과정에서, 짧은 시간 동안 고밀도에서 저밀도로, 저밀도에서 다시 고밀도로의 밀도변화가 일어났다는 것을 알 수 있으며, 이러한 밀도변화의 격렬함을 나타내는 증거가 바로 과학자들에게는 ΔE(에너지)의 증가로 인식되는 것이다.

결국 어떤 입자가 아주 짧은 순간에만 존재하다가 다른 입자로 전환된다는 것은, 그 입자를 구성하던 에너지 밀도체에 격렬한 밀도변화가 일어난다는 뜻이며, 바로 이것이 높은 에너지의 출입이 관측되는 이유이다.

그 결과 일반적으로 에너지(열, 파동$E=h v$ 등) 현상이 나타나게 된다. 과학자들은 이것을 입자가 엄청난 잠재에너지를 가지고 있는 것으로 해석한다.

에너지 밀도체 모델은 실체의 변화에 초점을 맞추고 그 변화의 결과로써 에너지 현상이 나타난다고 설명하는 데 반해, 과학자들은 실체에 구체적으로 어떤 일이 벌어졌는지는 설명이 없고 다만 그 실체의 변화로 나타나는 최종적인 결과에 초점을 두고 사물을 이해하는 것에 익숙해 있는 것 같다.

한마디로 질량이라는 물리량을 보여주는 실체가 구체적으로 어떤 과정을 거쳐서 에너지라는 물리량으로 전환되는지, 반대로 어떤 과정을 거쳐서 에너지가 질량으로 전환되는지에 대한 설명이 없다는 것이다.

불확정성 원리와 관련하여 하나의 예를 들어보자.

연안 항해를 하는 선박들은 일반적으로 해도 위에 표시되어 있는 육지의 물표를 방위로 측정하여 그것을 해도 위에 표시함으로써 선박의 현재 위치를 결정한다. 다음 그림은 항해중인 선박의 위치결정 과정을 보여주고 있다.

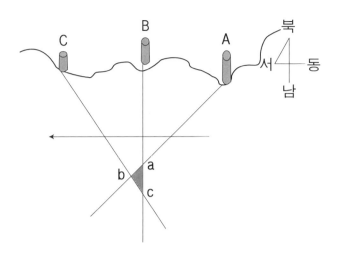

〔그림 14-3〕 선박의 위치결정과 불확정성 원리

진행방위 270도(서쪽을 의미함), 속력 15노트로 연안 항해중인 선박 펜크리스탈호의 3등 항해사 김씨는 오전 10:00:00에 갑판에 설치된 나침반으로 등대 A의 방위를 측정하고, 3초 후 등대 B의 방위를 측정하고, 또 3초 후 등대 C의 방위를 측정해서 3개의 위치선 Aab, Bac, Cbc를 해도 위에 표시하여, 오전 10시 정각의 본선 위치(삼각형abc)를 결정하였다. 그러나 엄밀히 말해 10:00:00의 위치를 해도 위에 정확히 표시하는 것은 불가능하다.

첫째, 항해사 김씨는 동시에 3개의 방위를 측정할 수 없기 때문이다.

둘째, 김씨는 이동중인 선박에서 방위를 측정하고 있기 때문이다. 김씨가 방위를 측정하는 6초 동안 선박은 계속해서 이동하고 있다.

위에서 말한 두 가지 가운데 하나라도 만족시키면 즉, 선박이 정지해 있거나 또는 동시에 3개의 방위를 측정할 수 있다면 10:00:00의 선박의 정확한 위치를 표시할 수 있을 것이다.

엄밀히 말해서 10:00:00의 선박의 위치는 위치선 Aab와 그 연장선 상의 어딘가에 존재할 것이다. 마찬가지로 10:00:03의 선박의 위치는 위치선 Bac와 그 연장선 상의 어딘가에 존재할 것이다. 또한 10:00:06의 선박의 위치는 위치선 Cbc와 그 연장선 상의 어딘가에 존재할 것이다. 이와 같이 어느 시점이건 간에 그 선박의 정확한 위치는 알 수 없다.

다만 알 수 있는 것은 [그림 14-3]의 오차 삼각형 abc근처에 선박이 존재하고 있을 확률이 높다는 것뿐이다.

만약 세 사람의 항해사가 동시에 각각 하나씩 등대의 방위를 관측하여 위치선을 얻었다면, 오차 삼각형 없이 10시 정각의 정확한 위치를 구할 수 있을지도 모른다. 그러나 이렇게 되면 10시 정각에 선박은 정지한 상태가 된다. 어떤 물체가 특정 시점에 정확한 자신의 위치를 보여주기 위해서는 그 물체는 반드시 그 시점에 정지한 상태라야 한다. 그러나 현실은 어떠한가? 선박은 분명히 15노트의 속력으로 이동하고 있다.

반면에 오차 삼각형이 발생하는 부정확한 위치에 대한 정보는 한편으로는 선박이 이동중임을 암시하는 것이다. 다시 말해 어떤 입자의 위치에 관한 정보가 부정확해진 만큼 그 입자의 운동성에 대한 정보는 정확해진다는 것이다.

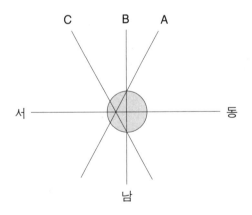

〔그림 14-4〕 선박이 발견될 확률

앞의 그림에서 보면 오차 삼각형 부근에서 선박이 발견될 확률이 가장 높다는 것을 알 수 있다. 따라서 항해사들이 오차 삼각형을 10시의 본선 위치로 가정하는 것은 다소 비약적인 비유이기는 하지만 하이젠베르그의 불확정성 원리 때문이라고 볼 수 있다.

제3절 파울리의 배타율

지금까지는 중성자의 붕괴와 관련한 사항들을 알아보았다.

전자와 양전자가 충돌하면 Z입자가 관측된다고 한다. 양전자는 전자와 같은 질량을 가지면서 +전하를 가지고 있다. 양전자와 전자를 에너지 밀도체 모델로 비교하여 그려보면 다음과 같다.

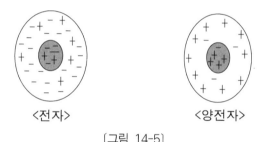

〈전자〉   〈양전자〉

〔그림 14-5〕

위 그림에서 보다시피 전자가 −에너지체가 많은 것과 같은 비율로 양전자는 +에너지체가 더 많다. 그러나 양전자는 전자보다 그 에너지 밀도체의 밀도가 낮다. 즉, 에너지체 사이의 간격이 상대적으로 먼 상태이다. 이것은 양전자를 전자의 반입자로 보기 때문이다.(에너지 밀도체 모델에서는 반입자의 밀도가 낮다는 것을 상기하기 바람)

참고로 전자와 업쿼크, 다운쿼크를 구성하는 에너지체 배열구조를 비교해 보면, 전자가 +에너지체와 −에너지체가 가장 골고루 배열되어 있고, 그다음이 업쿼크 그다음이 다운쿼크인 것으로 추정된다.

즉, 이들 셋 가운데서 다운쿼크를 구성하는 에너지체들의 배열 상태는, +에너지체에 이웃해서 +에너지체가 배열되고 -에너지체에 이웃해서 -에너지체가 배열되어 있을 확률이 가장 높다는 것이다. 이는 셋 가운데서 다운쿼크의 부피가 가장 클 것이라는 점을 의미한다. 왜냐하면 +에너지체와 +에너지체 사이에는 척력이 작용하므로, 이들 상호간은 척력이 미친 후의 거리를 유지할 것이기 때문이다.

소립자 세계에서의 밀도와 질량과의 관계는 앞서 이야기하였다. 밀도가 낮고 질량이 큰 입자로 관측되는 입자들은, 질량이 적은 입자로 관측되는 입자보다 더 쉽게 붕괴된다.

다시 본론으로 돌아와, 전자와 양전자가 충돌하면 다음과 같은 과정이 일어난다.

〔그림 14-6〕

놀라운 것은 전자와 양전자가 사라진다(소멸한다)는 것이다. 에너지 밀도체적 관점에서 보면 전자와 양전자를 구성하던 종속에너지 밀도체가 해체되었다는 의미이다. 아마도 이런 일이 일어나기 위해서는 전자와 양전자가 엄청난 속도로 충돌하였음이 틀림없다. 입자와 입자가 충돌하여 그 결과 충돌했던 입자가 소멸하고 대신 다른 유형의 입자가 관측된다는 사실은 에너지 밀도체 모델이 사실일 확률이 크다는 것을 다시 한번 증명하는 사건이다.

어떤 입자가 소멸됨과 동시에 새로운 입자가 탄생한다는 것은, 소멸 전의 입자의 구성성분과 소멸 직후 새로이 탄생한 입자의 구성성분이 동일한 것임을 암시하고 있다. 물론 에너지 밀도체 모델에서는 이것을 +에너지체와 -에너지체로 보고 있다.

중성자의 붕괴과정에서 W입자가 관측되고 양전자와 전자의 충돌에서는 Z입자가 관측되는데, W는 극성을 가지는 반면에 Z는 극성을 가지지 않는다. 에너지 밀도체 관점에서, 이것은 당연하다. 왜냐하면 전자와 양전자의 충돌 직후 혼재하는 +에너지체와 -에너지체 개수가 같기 때문이다. 에너지 밀도체 모델에서는 어떤 입자를 구성하는 +, -에너지체 개수가 서로 같다는 것은 그 입자가 중성임을 의미한다.

또한 W입자와 Z입자는 그 생성원리가 같다. 즉 고밀도의 에너지 밀도체가 저밀도의 에너지 밀도체로 전환되는 과정에서 관측된다. 이들은 약결합 활성에너지 밀도체로 분류된다. 강결합 활성에너지 밀도체인 글루온보다 더 적은 수의 에너지체가 교환되고 있기 때문이다. 따라서 이들에 의해 힘을 전달받는 입자들 사이의 결합력은, 글루온에 의해 힘을 전달받는 입자들 사이의 결합력보다 훨씬 약하다.

이것이 바로 W, Z입자와 관련한 약력에 대한 에너지 밀도체의 견해이다.

참고로 W, Z입자와 관련하여 파울리의 배타율에 대한 에너지 밀도체의 견해는 다음과 같다. 하나의 입자가 어떤 특정한 양자역학적 값을 가지고 있을 때, 이와 동시에 같은 장소에서 이 입자와 같은 양자역학적 값을 가지는 입자는 있을 수 없다는 것이 파울리의 배타율이다.

이를 에너지 밀도체 관점에서 보면, 어떤 공간에 특정의 에너지 밀도체가 형성되면 동시에 그 장소에는 다른 에너지 밀도체는 형성되지 못한다는 의미이다. 만약 이 원칙이 지켜지지 않는다면 에너지 밀도체의 밀도변화(에너지체의 이동)는 일어나지 않을 것이다.

그러나 에너지 밀도체에 밀도변화가 급격하게 일어나는 경우에는, 과학자에게 관측되는 물질입자로서의 에너지 밀도체는 동시에 한 공간에서 한 개 이상의 물질입자가 존재하는 것처럼 관측될 수도 있다.

그 이유는, 밀도변화가 진행되는 경계선이 뚜렷하지 않아 물질입자의 경계가 확실치 않기 때문이다. 즉, 어디까지가 하나의 입자인지 명확하지 않아서 여러 개가 동시에 존재하는 것처럼 보인다는 것이다.

또 하나의 이유는, 그 밀도변화가 우리가 인식할 수 없을 정도로 빠르게 진행되기 때문이다. 그래서 동시에 도처에 존재하는 것처럼 보이는 것이다. 빠르게 돌아가는 선풍기의 날개는 동시에 도처에 있는 것처럼 보이지만, 3개의 날개 중 하나의 날개가 돌아가고 있는 그 시점 그 위치에서는, 절대로 나머지 두 날개는 그곳에 존재할 수 없는 것과 마찬가지다.

일반적으로 종속에너지 밀도체로 이루어진 물질입자는 파울리의 배타율이 적용되는 것으로 관측된다. 종속에너지 밀도체는 그 밀도가 높기 때문에, 여기에 밀도변화가 일어나 과학자들의 측정망에 나타나는 데 걸리는 시간은, 상대적으로 밀도가 낮은 활성에너지 밀도체나 자유에너지 밀도체의 경우보다 길 것이다. 그래서 우리에게는 파울리의 배타율이 성립하는 것으로 관측된다.

반면에 활성에너지 밀도체와 자유에너지 밀도체의 밀도변화는 이보다 훨씬 짧은 시간 안에 진행되어 과학자들의 검출기에 그 변화를 드러낸다. 그래서 이 경우에는 파울리의 배타율이 성립하지 않는 것처럼 관측될 수 있다.

과학자들이 뉴트리노를 페르미온류로 분류했다는 것은, 뉴트리노를 이루는 에너지 밀도체가 자유에너지 밀도체 수준에서 이제 막 종속에너지 밀도체 수준으로 올라섰음을 의미하는 것이다.

그러나 에너지 밀도체 관점에서는, 뉴트리노는 아직 주변에 활성에너지 밀도체가 형성되지 않은 상태에 있다고 본다. 뉴트리노는 다른 물질입자와 상호작용을 일으키지 않는다고 하기 때문이다. 그러므로 뉴트리노는 자유에너지 밀도체에서 종속에너지 밀도체로 전환된 초기상태의 입자로서, 아직 자유에너지 밀도체의 성질을 유지하고 있는 입자라고 볼 수 있다.

결국 에너지 밀도체 관점에서는, 공간에 존재하는 에너지 밀도체(과학자들이 의미하는 물질입자)는 모두 파울리의 배타율이 적용된다고 본다. 다만 관측의 오류로, 일부 입자는 이 원칙에 적용되지 않는 것처럼 보일 뿐이다.

파울리의 배타율이 성립하지 않는 입자(보존류의 입자)가 있다는 것은, 종속에너지 밀도체에서 분리된 활성에너지 밀도체 또는 자유에너지 밀도체(뉴트리노 제외)에 대한 관측의 오류 때문이다.

에너지 밀도체 모델은 모든 사물을 절대시간, 절대공간 안에서 바라보고자 노력한다. 현실적으로 우리는 사물을 상대적 개념으로 해석하고 인식하는 것이 더 유익하고 실용적이다. 그러나 우주를 지배하고 있는 단 하나의 원리를 인식하는 것은, 상대적인 관점으로는 불가능하다는 것이 에너지 밀도체 모델의 기본적인 입장이다.

상대적인 시·공간만을 인식할 수 있는 우리가, 앞에 펼쳐지는 현상들을 어떻게 절대적 사건으로 해석할 수 있겠는가? 눈은 상대적으로 현상을 바라보지만 사고는 절대적일 수 있다고 생각한다. 달리는 버스의 창밖에 부딪히는 빗줄기가 45도 각도로 흘러내려도, 비는 수직으로 오고 있다고 머리 속으로 얼마든지 생각할 수 있다. 진실을 밝히기 위해서는 버스에서 내려, 버스 밖에서 비를 바라볼 수 있는 수단을 가져야 한다.

그 수단이 바로 에너지 밀도체라는 것이다.

이러한 파울리의 배타율이 기를 수련하는 사람들에게 시사하는 바는, 기의 수련이 절대로 무에서 유를 만드는 일이 아니라는 것이다. 즉, 우주공간에 충만한 기(자유에너지 밀도체)를 받아들이기 위해서는 자신의 몸속에 있는 또 다른 기를 희생해야 한다는 것이다. 한정된 자신의 세포(공간) 속에 무한히 자유에너지 밀도체(기)를 받아들일 수 없다는 것이다.

그러므로 문제의 핵심은 얼마나 적게 희생하고, 얼마나 많이 받아들이는가에 달려있다. 명상, 참선, 단전호흡, 요가 등등은 모두 자신의 몸속에 존재하는 생기를 가능한 한 적게 희생하면서 진기를 축적할 수 있는 수단들이다.

많든 적든 생기를 소모해야 한다는 것은, 곧 인간의 한계를 벗어날 수 없다는 뜻이다. 그러나 이런 것(명상, 참선, 단전호흡, 요가 등등)조차 하지 않는 사람들보다는, 나름대로의 방법으로 기를 수련하는 사람들이 훨씬 더 건강과 자연의 이치를 깨달을 확률이 높은 것은 분명하다. 이들은 영원히 존재하는 자유에너지 밀도체(기)를 인식하므로 자신이 곧 자연임을 알게 되기 때문이다.

이는 곧 생명체(인간) 최대의 문제인 삶과 죽음의 공포(두려움)로부터 벗어난다는 것을 의미한다. 그러고 나면 남는 것은 자신과 존재하는 모든 사물과의 일체감과, 그들에 대한 애틋한 배려와 사랑뿐……

15 우라늄 원자핵의 붕괴

    지금까지는 주로 쿼크나 랩톤 및 중성자 1개의 붕괴에 대해서 알아보았다. 여기서는 그 범위를 좀더 확대하여 원자핵, 그 가운데 서도 우라늄 원자핵의 자연붕괴를 에너지 밀도체 관점에서 논의하 기로 하자.

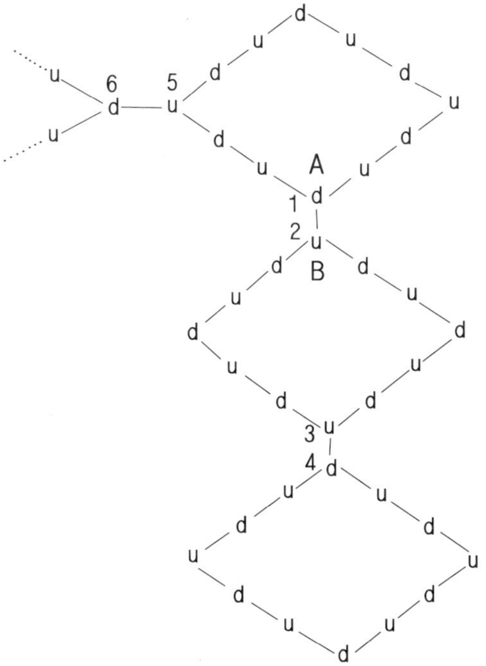

〔그림 15-1〕 우라늄 원자핵의 에너지 밀도체력선 구조식

쿼크나 랩톤 또는 중성자의 붕괴와는 달리, 원자핵의 붕괴는 양성자와 중성자의 다발로 이루어진 원자핵에서 알파입자 즉, 헬륨 원자핵이 방출되는 것을 말한다. 에너지 밀도체 관점에서는 에너지 밀도체력선이 끊어지는 상태를 의미한다.

원자핵에서 알파입자가 방출된다는 사실을 근거로 하여 우라늄 원자핵을 에너지 밀도체력선 구조식으로 표현한 것이 [그림 15-1]이다. 앞의 그림에서 A의 양성자를 구성하는 다운쿼크를 중심으로 에너지 밀도체력선 구조식을 따로 그려보면 다음과 같다.

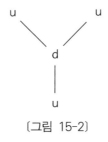

〔그림 15-2〕

다운쿼크를 중심으로 세 방향의 균등한 힘이 전달되고 있음을 알 수 있다. 그러므로 에너지 밀도체적 의미의 색중립이 성립하고 있다. 마찬가지로 B의 중성자를 구성하는 업쿼크를 중심으로 에너지 밀도체력선 구조식을 따로 그려보면 다음과 같다.

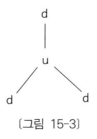

〔그림 15-3〕

A의 양성자의 경우와 같이 업쿼크를 중심으로 균등한 힘이 세 방향으로 전달되고 있음을 알 수 있다. 그러므로 여기서도 역시 에너지 밀도체 관점에서의 색중립 조건이 성립하고 있다. 따라서

원자핵 전체에 걸쳐 에너지 밀도체력선을 통한 힘의 전달이 가능하다.

그러나 [그림 15-1]에서 보다시피 다른 쿼크들은 두 방향의 상호작용만 균형을 이루면 되지만 1~6에 위치한 쿼크들은 세 방향에서 상호작용의 균형을 유지해야 된다. 그러므로 균형이 깨질 확률은 이들이 훨씬 크다.

우라늄 원자핵이 이러한 조건에 따라 알파입자(2개의 양성자와 2개의 중성자로 구성됨) 단위로 붕괴된다는 것이 에너지 밀도체의 견해이다.

그리고 알파입자와 알파입자를 연결시켜 주는 에너지 밀도체력선(1—2, 3—4, 5—6) 상에 작용하는 에너지 밀도체력은, 기존의 색중립 상태에서 알파입자 단독으로 존재할 때 업쿼크와 다운쿼크 사이에 작용하던 에너지 밀도체력과 그 크기가 같다고 본다.

다시 말해 이 에너지 밀도체력선 상에 존재하게 되는 에너지체들은 따로 외부에서 유입된다는 것이다. 이 에너지체들의 근원은 에너지 밀도체의 중력작용에 의해 원자 범위에 종속된 활성에너지 밀도체(에너지 밀도체 장벽)에서 유입되었을 가능성이 크다.

따라서 헬륨 원자핵 구조 이상의 원자핵을 형성할 때는, 색중립이 세 방향에서 성립되는 경우도 있다는 것을 추론할 수 있다.

위의 구조식은 이해하기 쉽게 평면으로 그려져 있지만, 실제로는 아래 그림과 같은 입체적 구조로 배치되어 있을 확률이 높다.

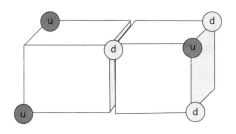

〔그림 15-4〕 에너지 밀도체력선 구조식의 실제 배치 모형

[그림 15-1]처럼 세 방향 균형상태를 유지하고 있는 상황에서, 이들을 연결하고 있는 활성에너지 밀도체(글루온)의 밀도변화가, 어느 한 에너지 밀도체력선 상에서 다른 두 곳과는 다르게 일어나면 균형은 깨진다. 또는, 쿼크의 위치가 균형상태에서 벗어나도 균형이 깨지는 것으로 추측된다. 이러한 원인들로, 우라늄 원자핵에서 알파입자가 떨어져 나가는 것이다.

그러나 무엇이 에너지 밀도체력선 상의 활성에너지 밀도체의 밀도변화를 불규칙적으로 일으키게 하고 쿼크들의 위치를 뒤틀리게 하는지는 현재 수준에서는 확실히 알 수 없다. 아마도 여러 가지 복합적인 원인들로 인한 것일 확률이 높기 때문에, 일목요연하게 규명한다는 것은 매우 어려울 것이다.

이는 다시 말해, 어느 시점에 원자핵에서 알파입자가 방출될 것인지를 예측할 수 없다는 의미이다. 이러한 이유로 과학자들은 양자역학의 세계에서는 우연이 물리적 현상을 지배한다고 말하고 있다.

그러나 아인슈타인의 말처럼 하느님은 주사위 놀이는 하지 않는다. 우리가 설명할 수 있는 도구를 가지고 있지 않다고 해서 그것을 우연으로 돌릴 수는 없다. 우주는 우리가 아직 알지 못하는, 지극히 간단한 하나의 원리에 따라 존재하고 있음이 분명하다. 아무리 사소하고 하찮은 현상이라도 이 원리에 따라 일어나는 것이다. 우리가 아직 알지 못한다는 이유만으로 그것을 우연으로 돌리는 것은 우리의 기술수준에 대한 자만일 뿐이다.

30cm의 잣대를 가지고 있으면 30cm 이하의 세계만 설명할 수 있다. 우리 모두는 세상을 잴 잣대의 길이를 좀더 늘릴 수 있도록 노력해야 할 것이다.

자기 자신과, 다른 사람과, 다른 생명체 모두를 위해서……

원자핵 붕괴와 관련하여 또 한 가지 짚고 넘어가야 할 것은 질량 문제이다.

우라늄238의 질량은 238.0508이다. 그리고 이것은 붕괴되어 질량이 234.0436인 토륨(thorium)으로 전환되고, 질량 4.0026인 알파입자를 방출한다. 이렇게 되면 다음과 같은 결과가 나타난다.

우라늄238 ―――――――→ 토륨(thorium) + 알파입자
238.0508   >   234.0436   +   4.0026

즉, 0.0046(238.0508 − 234.0436 − 4.0026)의 질량이 붕괴로 사라져버렸다. 물론 과학자들은 이 사라진 질량이 잠재에너지로 전환되어, 알파입자가 원자핵에서 떨어져 나가는 데 필요한 운동력에 사용되었다고 한다.

그러나 에너지 밀도체 모델을 좀더 상세히 설명하고 있다.

다음 그림은 붕괴 전의 우라늄238 원자핵의 에너지 밀도체력선 구조식이다.

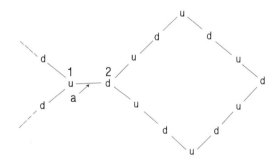

〔그림 15-5〕 우라늄238의 원자핵 에너지 밀도체력선 구조식

과학자들이 관측한 우라늄238의 질량 238.0508에는, 위 그림에서 a의 에너지 밀도체력선을 이루고 있는 활성에너지 밀도체(글루온에 해당함)가 포함된다.

그러나 붕괴 후 토륨의 질량 234.0436에는, a의 에너지 밀도체력선을 구성했던 활성에너지 밀도체가 포함되어 있지 않다. 그리고 방출되는 알파입자의 질량 4.0026에도 a를 구성했던 활성에너지

밀도체는 포함되지 않는다.

즉, 붕괴과정에서 쿼크 1, 2의 종속에너지 밀도체 주변에 분포하면서, a의 에너지 밀도체력선을 구성하던 활성에너지 밀도체는 급격한 밀도변화를 겪고 자유에너지 밀도체로 전환된다. 이에 따라 1, 2의 쿼크를 묶어주던 활성에너지 밀도체는 해체되고, 기존의 원자핵과 알파입자 사이에는 ＋, ＋의 척력만이 작용하게 되어 알파입자가 튕겨나가는 것이다.

위의 상황을 종합해 보면 사라진 질량, 0.0046의 실체는 a부분에 분포하던 활성에너지 밀도체라는 것을 알 수 있다. 그러므로 에너지 밀도체 관점에서도 질량이 보존되었다고 볼 수 있다. 즉, 아래와 같은 관계식이 성립한다.

우라늄 ──→ 238토륨 ＋ 알파입자 ＋ a부분 활성에너지 밀도체
238.0508 ＝ 234.0436 ＋ 4.0026 ＋ 0.0046

위의 관계식에서 나타나는 a부분 활성에너지 밀도체가, 잔류강력의 본질임을 알 수 있다.

과학자들은 원자핵 내부에 존재하는 이러한 실체에 대해서는 설명하지 않고 있다. 그러나 에너지 밀도체 모델에서는 그 실체를 이처럼 명확하게 보여주고 있다. 이는 에너지 밀도체 모델의 가치를 나타내는 매우 중요한 추론내용 중의 하나이다.

그렇다면 0.0046의 질량에 대한 에너지 밀도체의 견해와 과학자들의 주장의 근본적인 차이점은 무엇인가?

잃어버린 질량 0.0046이 에너지로 전환되었다는 과학자들의 주장에 대한, 에너지 밀도체적 견해는 다음과 같다. 붕괴 전, a부분에 존재하던 활성에너지 밀도체는 어떤 원인으로 급격한 밀도변화를 겪게 된다. 에너지 밀도체에 밀도변화가 일어난다는 것은 밀도체를 구성하는 ＋, －에너지체들이 격렬히 이동하고 있다는 것을 의미한다. 이러한 에너지체의 이동과정에서 과학자들이 소위

에너지라고 부르는 힘, 파동($E=hv$) 또는 열현상 등이 발생하는 것이다.

따라서 알파입자를 튕겨나가게 하는 힘은, 붕괴되지 않은 나머지 원자핵이 가지는 +전하와 알파입자의 +전하 사이의 척력, 그리고 a부분 활성에너지 밀도체의 밀도변화에 따른 힘(고밀도 상태에서 순간적으로 저밀도 상태로 전환될 때 나타나는 폭발력) 등이 복합적으로 작용하여 나타나는 현상이라고 볼 수 있다.

결론적으로 위의 과정에서 a부분의 활성에너지 밀도체를 구성하던 에너지체들은, 자유에너지 밀도체로 밀도변화를 일으켰을 뿐 사라진 것은 아니다.

과학자들은 이러한 과정을 단순히 질량에너지 등가원리에 따라 질량이 에너지로 전환되었다는 말로 설명하고 있다. 이러한 설명이 수학적으로 틀린 것은 아니지만 사물에서 일어나는 본질을 정확히 설명하지는 못한다.

우라늄 원자핵의 붕괴과정에서 질량이 결손되고, 이 결손된 질량이 에너지로 전환되었다는 것 자체가, 에너지 밀도체의 실존 가능성을 암시해 주는 또 하나의 증거이다. 에너지 밀도체의 존재는 에너지체의 존재를 의미하고, 그 존재의 증명은 궁극적으로 생명체에 작용하는 기가 실재로 존재한다는 것을 의미한다.

이와 같이 우리는 과학자들이 발견한 사실들을 에너지 밀도체 모델을 통하여 재해석함으로써 기의 실재함을 도처에서 인식할 수 있다. 이것은 기가 신비의 대상이 될 수 없는 엄연한 자연의 사실임을 의미하는 것이다.

이 글은, 입자물리학에서 밝혀낸 여러 가지 실증적 사실들을 에너지 밀도체 모델로 재해석함으로써, 우리가 궁극적으로 규명하고자 하는 기의 실체를 유도해 내고 있음을 이해해야 할 것이다.

그리고 기의 실체가 에너지 밀도체라는 것은, 생명체인 우리 역시 진실로 자연의 일부라는 것을 의미한다.

16 에너지 밀도체 장벽

우리는 지금까지 원자핵 범위 안에서 에너지 밀도체가 어떻게 작용하는지를 알아보았다. 이제 그 범위를 전자를 포함한 원자 범위로 확대하여 생각해 보자.

다시 말하면, 원자를 구성하는 전자의 운동양상을 에너지 밀도체 관점으로 재해석해 보자는 뜻이다.

원자핵은 +의 극성을 띤다. 그럼에도 −극성을 띠는 전자가 원자핵에 끌려 달라붙지 않고, 과학자들이 주장하는 파동함수(원자 내에서 전자가 발견된 확률을 수학적으로 표현한 것) 궤도 위에 존재한다는 것은, 전자가 운동성(momentum)을 가지고 있다는 것과 원자핵과 전자 사이에 어떤 그 무엇이 존재해야 한다는 것을 의미한다.

에너지 밀도체 모델에서는 원자핵과 전자 사이에 존재하면서 전자가 원자핵에 달라붙지 못하게 하는 역할을 하고, 또 과학자들이 주장하는 전자의 파동함수 궤도에 해당하는 것으로 에너지 밀도체 장벽이라는 개념을 도입하고 있다.

에너지 밀도체 장벽은 원자핵 전체를 종속에너지 밀도체로 볼 경우, 이것 주변에 분포하는 활성에너지 밀도체에 해당하는 것으로 볼 수 있다.

이것은 분포하는 형식에 일정한 구조가 있다. 일반적인 활성에너지 밀도체는 +에너지체와 −에너지체가 서로 섞여 있는 하나의 덩어리 형태를 하고 있는 데 반해, 에너지 밀도체 장벽은 +에

너지체와 −에너지체가 서로 분리된 상태로 집단적으로 분포하고
있는 것으로 본다.

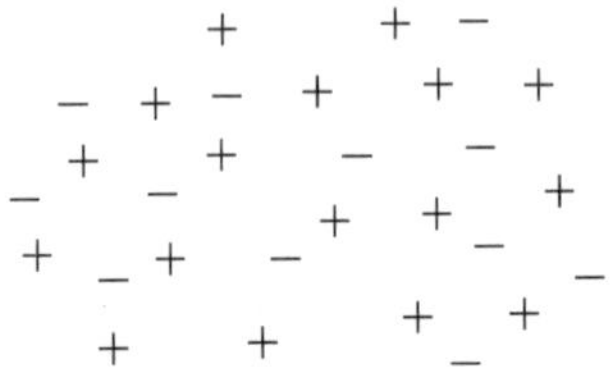

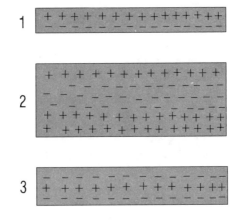

〔그림 16-1〕 일반적인 활성에너지 밀도체 분포상태

〔그림 16-2〕 에너지 밀도체 장벽을 구성하는 에너지체 분포 예

위의 [그림 16-1]과 [그림 16-2]는 일반적인 활성에너지 밀도체
와 에너지 밀도체 장벽의 에너지체 분포양상의 차이점을 보여주
고 있다.

[그림 16-2]의 1, 2와 같은 형식으로 존재하는 에너지 밀도체 장
벽은, 그것을 구성하는 +에너지체와 −에너지체 수가 같은 것으
로 보기 때문에 이 에너지 밀도체 장벽은 전체적으로 극성을 띠지
않는다. 그러나 3과 같은 형식으로 존재하는 에너지 밀도체 장벽은
−에너지체가 +에너지체보다 많기 때문에 −의 극성을 띤다.

그리고 다음 [그림 16-3]과 같이 선형의 자유에너지 밀도체를

구성하는 에너지체들은, 에너지 밀도체 장벽을 깨뜨리지 않고 통과할 수 있는 것으로 본다. 물론 이는 에너지 밀도체 장벽의 밀도가 어느 정도인가에 따라 달라질 수 있다. 그러나 일반적으로 종속에너지 밀도체 상태에서는 에너지 밀도체 장벽을 깨뜨리지 않는 한 통과하지 못한다.

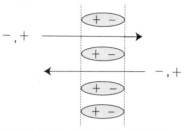

〔그림 16-3〕 에너지 밀도체 장벽의 통과

아래 [그림 16-4]에서 보듯이 +에너지체들이 왼쪽에 배치되어 있고, −에너지체들이 오른쪽에 배치되어 있는 상황에서, 오른쪽에서 전자가 접근하면 −끼리 척력이 발생하여 전자가 튕겨나간다.

반대로 오른쪽에서 +전하를 띤 입자가 접근하면, 에너지 밀도체 장벽의 오른쪽에 배치된 −전하를 띤 입자 사이에 인력이 발생하여, 이 입자는 에너지 밀도체 장벽 오른쪽 주변에서 발견될 확률이 높아진다.

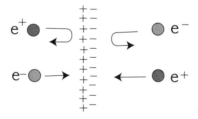

〔그림 16-4〕 에너지 밀도체 장벽과 접근 입자의 인력, 척력 관계

이제 에너지 밀도체 장벽의 형성과정을 알아보자.

자연상태에서 에너지 밀도체 장벽이 형성되려면, 최소한 하나의 양성자가 존재해야 한다. 양성자가 나타내는 +극성 때문에 인접 공간에 있던 +에너지체들이 양성자로부터 일정한 거리 떨어져 분포하게 되고, 이것은 다시 주변 공간의 -에너지체를 끌어당김 으로써 에너지 밀도체 장벽과 같은 것이 형성된다.

아래 [그림 16-5]는 이러한 관계를 보여준다.

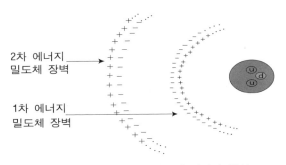

〔그림 16-5〕 에너지 밀도체 장벽의 형성

양성자의 수가 많으면 많을수록 원자핵에서 더 먼 공간까지 에 너지 밀도체 장벽이 형성될 것이다. 이렇게 1차 에너지 밀도체 장벽이 형성되면 이것은 다시 일정거리 떨어진 공간에 2차 에너지 밀도체 장벽을 형성시킨다. 그리고 원자핵에 가깝게 형성된 것일 수록 그 밀도는 높아진다.

위의 그림과 같은 상태에서 만약 전자가 이 주변을 지나가면, 양성자의 +극성은 전자의 -극성을 끌어당겨 전자를 포획한다. 그러나 포획된 전자는 양성자와 결합하지 못한다. 전자가, 전자와 양성자 사이에 존재하는 에너지 밀도체 장벽의 바깥부분의 -에 너지 밀도체에 충돌하여 튕겨나가기 때문이다.

전자가 얼마나 세게 양성자에 끌리는가에 따라, 2차 에너지 밀 도체 장벽을 통과할 수도 있고 그렇지 못할 수도 있다. 그러나 일 반적으로 최외곽에 형성된 에너지 밀도체 장벽은 뚫고 들어오는 것으로 본다. 비록 전자가 2차 에너지 밀도체 장벽을 뚫고 들어왔 다 하더라도 1차 에너지 밀도체 장벽은 뚫지 못한다.

왜냐하면 외곽의 2차 에너지 밀도체 장벽을 뚫고 들어올 때 이미 힘(속도)을 많이 잃었으므로 1차 에너지 밀도체 장벽과 충돌하면 다시 튕겨나가기 때문이다.

또 한 가지 생각할 수 있는 것은, 1차 에너지 밀도체 장벽이 2차 에너지 밀도체 장벽보다 밀도가 더 높기 때문에 전자를 더 세게 튕겨낸 것일 수도 있다.

그러나 튕겨나가던 전자는 2차 에너지 밀도체 장벽에 의해 다시 튕겨 돌아오게 된다. 마치 당구대의 당구공이 당구대 벽과 충돌한 후 되돌아오는 것과 같다. 이런 과정이 반복되면서 전자는 파동함수로 표현되는 일정한 궤도함수 안에서 존재하게 되는 것으로 본다.

아래 [그림 16-6]은 앞에서 설명한 것을 표현하고 있다.

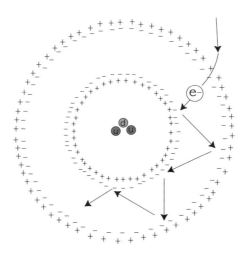

〔그림 16-6〕 에너지 밀도체 장벽과 전자 궤도

여기서 또 한 가지 설명해야 할 사항이 있다.

만약 위 [그림16-6]에서 원자핵과 가장 가깝게 형성되어 있는 1차 에너지 밀도체 장벽을 구성하는 에너지 밀도체에 －에너지체가 대량 유입되는 변화가 일어난다면 즉, 1차 에너지 밀도체 장벽의 밀도가 올라가는 변화가 일어나면, 1차 에너지 밀도체 장벽과 충돌한 전자의 반발력은 기존보다 증가한다. 따라서 전자는 2차 에너지 밀도체 장벽을 뚫고 그 바깥으로 자신의 위치를 옮기게 된다.

이러한 상태를, 과학자들은 전자가 에너지를 얻어서 궤도함수를 바꾼 것이라고 설명하고 있다. [그림 16-7]은 이러한 과정을 표현하고 있다. [그림 16-6]과 [그림 16-7]을 비교해 보면, [그림 16-7]의 1차 에너지 밀도체 장벽의 밀도가 [그림 16-6]의 그것보다 훨씬 높은 상태임을 알 수 있다.

그리고, 전자가 2차 에너지 밀도체 장벽을 뚫고나갈 때, 이 2차 에너지 밀도체 장벽을 구성하던 일단의 에너지 밀도체들이 방출될 수 있다. 이것은 전자가 통과하는 부분의 에너지 밀도체 장벽이 깨어지기 때문인데, 이 과정에서 일단의 에너지 밀도체가 방출된다. 전자가 원자 안에서 궤도를 바꿀 때 파장이 관측되는 것은 바로 이러한 이유 때문인 것으로 보인다.

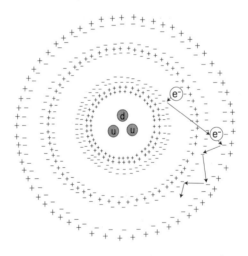

〔그림 16-7〕 원자 안에서의 전자 이동과 에너지 밀도체 장벽

과학자들에 따르면 수소원자가 내는 빛의 스펙트럼을 분석한 결과, 수소원자에 속박된 전자는 연속적인 에너지를 가지고 있지 못하다고 한다.

이는 에너지 밀도체 모델에서 볼 때, 수소원자 내부에 불연속적인 에너지 밀도체 장벽이 존재하고 전자는 그 장벽 안에 갇힌 상태로 있다는 것을 의미한다. 또한, 전자가 에너지를 잃느냐 얻느냐에 따라 파동함수의 궤도를 바꾼다는 것은, 각 에너지 밀도체 장벽의 밀도가 변하고 있다는 것을 의미한다.

파동함수라는 것은 전자가 발견될 확률을 수학적으로 표현한 것으로써, 마치 우리가 지구 상의 특정 위치를 표시할 때 위도 몇 도, 경도 몇 도라고 하면 위치를 표시할 수 있는 것처럼, 전자가 발견될 자리(state)를 확률적으로 나타낸 것이다.

즉, 전자가 원자핵 주위를 움직이는 것은 지구가 태양 주위를 도는 것과는 근본적으로 다르다. 다시 말해 [그림 16-7]에서 어떤 원인으로 2차 에너지 밀도체 장벽의 밀도가 감소하면, 전자는 다시 원래의 위치로 되돌아 올 수 있다는 것이다.

이처럼 2차 에너지 밀도체 장벽의 밀도가 감소했다는 것은, 과학자들의 표현을 빌리면 전자의 위치에너지가 감소했다는 것을 의미한다.

또한, [그림 16-6]에서 1차 에너지 밀도체 장벽의 밀도가 증가하여, 전자가 2차 에너지 밀도체 장벽을 뚫고 완전히 원자핵으로부터 벗어나 자유전자가 되면, 이 원자핵은 2개의 에너지 밀도체 장벽을 가지고 있었음을 알 수 있다. 전자가 최외곽 에너지 밀도체 장벽을 벗어나는 것을 과학자들은 전자의 파동함수 값이 0이 된 상태라고 말한다.

에너지 밀도체 관점에서 볼 때, 원자 안의 전자를 움직이게 하는 힘은, 에너지 밀도체 장벽과 전자와의 반발력, 원자핵과 전자와의 인력, 원자핵에서 방출되는 것으로 추측되는 +에너지체가 우세하게 분포하는 에너지 밀도체(이것은 마치 자기장 안에서 움직이는 입자가 일정한 방향으로 힘을 받는 것처럼, 원자 범위의 공간에서 일종의 자기장을 형성하는 역할을 하고 있는 것으로 추측된다) 등 복합적인 요인에 따른 것으로 추정하고 있다.

에너지 밀도체 장벽과 전자의 반발력은, 전자가 최초에 어느 방향에서 어느 정도의 속도(힘)로 진입했는지가 가장 중요한 변수가 될 것이다. 이것은 전자가 에너지 밀도체 장벽과 어떤 각도로 얼마나 세게 부딪히는가를 결정한다.

원자핵에서 방출될 것으로 추측되는 +에너지 밀도체란, 이미 앞에서 설명한 것처럼 원자핵이 +전하되어 있으므로 원자핵을 구성하는 에너지 밀도체에는 +에너지체가 더 많음을 의미한다.

즉, 원자핵의 양성자와 중성자를 구성하는 쿼크들을 연결하고 있는, 활성에너지 밀도체(글루온)에 있던 +에너지체들 중의 일부는 밀도가 낮은 외곽으로 이동할 확률이 높다.(앞서 이야기한 쿼크가 글루온을 방출한다는 과학자들의 발견을 상기하기 바람). 이들은 원자핵 주변에 형성된 에너지 밀도체 장벽의 빈틈을 뚫고 원자핵 외곽으로 +에너지 밀도체선을 형성한다. 그리고 이 선은 일종의 자기력선과 같은 역할을 하게 된다. 에너지 밀도체 장벽에 갇혀 움직이는 전자는 이 +에너지 밀도체선에 의해 형성된 자기장 안에서 힘을 받게 될 것이다. 이 힘은 전자가 원자핵 주위를 운동하는 데 어떤 영향을 미칠 것으로 추측된다.

에너지 밀도체 모델에서도 원자 안에서 움직이는 전자의 행동양상을 더 이상 추론할 수는 없을 것 같다. 그러나 원자 내부에 에너지 밀도체 장벽이 형성되어 있을 가능성은 매우 높다고 본다.

이제 우리들의 상상의 범위를 더욱 넓혀보자. 위에서 이야기한 내용들은, 분포하고 있을 거대한 에너지 밀도체 장벽을 우리들이 상상할 수 있도록 해준다.

우주공간에 존재하는 수많은 별들이 나름대로의 위치를 유지하면서 운동하고 있다는 것은, 우주공간에 거대하고 강력한 에너지 밀도체 장벽이 어떤 일정한 배치구조를 가지면서 분포하고 있음을 암시해 준다.

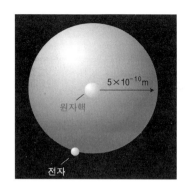

〔그림 16-8〕

위 그림에서 원자핵과 전자 사이의 무한한 공간에 과연 아무것도 없을까? 지금까지 우리는 너무나도 당연히 아무것도 존재하지 않으리라고 생각해 왔다.

그러나, 에너지 밀도체 모델은 이 물음에 하나의 가능성을 제시하고 있다. 과학자들은 이미 전자의 궤도를 나타내는 값 n, 즉 기본양자수(principal quantum number)를 다루고 있다. 이미 과학자들이 에너지 밀도체 장벽을 다루고 있는 것이다.

아래 [그림 16-9]는 이 공간에서 벌어지는 역동적인 사물의 모습을 보여주고 있다.

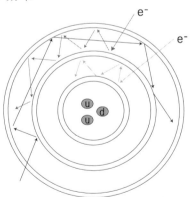

〔그림 16-9〕 에너지 밀도체 장벽의 반발력만 고려했을 경우
원자내 전자의 운동궤적

17 전자기력

전류가 흐르는 도선 주위에 자기장이 형성되는 것을 에너지 밀도체 관점에서 간단히 설명하면 다음과 같다.

도선에 전류가 흐른다는 것은, 전압에 따라 도선 내부로 −에너지 밀도체(전자)가 대량 유입되었다는 뜻이다. 전류가 흐르기 전 도선의 상태는 도선을 구성하는 원자의 +에너지 밀도체와 −에너지 밀도체, 그리고 도선 내부와 외부의 공간에 존재하는 자유에너지 밀도체가 서로 균형을 유지하고 있는 상태였다.

이러한 균형상태에서 도선 내부로 대량의 −에너지체들이 유입되면 균형이 깨진다. 즉, 도선 내부에 −에너지체 수가 증가하므로, 도선 밖에 분포하는 자유에너지 밀도체의 +에너지체들이 도선 쪽으로 끌려간다.

이렇게 도선에 전류가 흐르게 되면, 도선 바깥 공간에 분포하던 자유에너지 밀도체 가운데서 +에너지체들이 도선 쪽으로 끌려가게 되는데, 이 현상을 과학자들은 자기력이라고 말하고 있다.

이 힘(자기력)은 전류가 도선에 더 많이 흐를수록 커질 것이다. 왜냐하면 유입되는 −에너지 밀도체가 증가하기 때문이다. 그리고 도선에서 거리가 멀어질수록 이 힘은 감소하게 된다. 전자기력을 전달하는 광자의 자유에너지 밀도체의 밀도가 낮아지기 때문이다. 이것은 광자가 파동의 형태로 이동하기 때문에 나타나는 현상이다.

결국 전류가 흐르는 도선 주위에는 불연속적인 +에너지 밀도체 장벽이 형성된다. 이렇게 형성되는 일종의 +에너지 밀도체 장벽을 바로 자기력선이라고 하는 것이다. 그리고 이러한 장벽이 형성된 공간을 자기장이라고 한다.

지금까지 에너지 밀도체 관점에서의 자기력, 자기장, 자기력선 등을 매우 간략히 이야기하였다. 사실 더 깊이 설명해야 하지만 필자가 가지고 있는 지적 수준의 한계 때문에, 더 이상은 전자기를 에너지 밀도체적 모델로 재해석할 수 없다.

그러나 위에서 이야기한 내용은 매우 간략하지만 기본적인 개념은 확실하게 설명하였다. 핵심은, 도선 주위에서 형성되는 자기력선은 불연속적인 선형의 +에너지 밀도체라는 것이다.

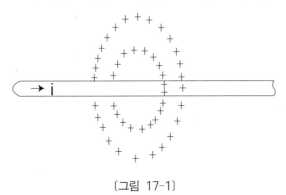

〔그림 17-1〕

그런데 위의 그림에서 보듯이, 일정한 방향으로 전류가 흐르는 도선 주위에 형성되는 자기력은, 특정한 방향으로 그 힘을 작용한다. 만약 이것이 사실이라면 에너지 밀도체 관점에서는, 도선 안을 통과하는 전자가 직선으로 움직인다고 볼 수 없다. 다시 말해 자유전자는 도선 안에서 일정한 방향으로 원과 같은 궤적을 그리면서 이동한다고 보아야 한다. 그래야만 위의 그림과 같은 자기력선 모양에 방향성이 생길 수 있다.

방향성이 있다는 것은 다시 말해, 전자기력선을 형성하는 에너지 밀도체의 에너지체들이 일정한 방향으로 끊임없이 이동하고 있다는 것을 의미한다. 그리고, 그 이동은 도선 안에서 이동하고 있는 에너지 밀도체(자유전자)의 이동에 종속(synchro)되어 있다는 것이다.

도대체 무엇이 도선 안을 통과하는 자유전자로 하여금 원의 궤적을 그리도록 하는 것일까? 아마도 도선을 형성하는 원자의 배열상태에 그 비밀이 있지 않을까 생각된다. 더 엄밀히 말하면, 도선 안에 형성되어 있는 에너지 밀도체 장벽의 배열상태가 도선을 통과하는 전자의 이동궤적에 영향을 미치는 것으로 생각된다.

원자 범위 안에 형성되어 있는 에너지 밀도체 장벽의 비밀을 규명한다면 지금의 전자기술 수준에서 한 단계 뛰어넘는 기술적 진보를 이룰 수 있을 것으로 예상한다. 이는 광자가 지금의 전자의 역할을 하게 될지도 모른다는 것이다. 그러면 인간의 문명은 빛의 문명이 될 것이다. 인간이 광자를 지배하는 시대가 오면 현실세계는 마법처럼 변할 것이다.

18 중 력

중력에 대한 에너지 밀도체적 견해도 비교적 간략하게 설명할 수밖에 없다. 중력전달입자에 대한 정보가 아직 과학자들에게 상세히 알려져 있지 않은 상태이기 때문이다.

에너지 밀도체 관점에서는 중력을, 공간에 분포하는 자유에너지 밀도체의 분포상태에서 형성되는, 일종의 에너지 밀도체력선에 전달되는 힘으로 보고 있다. 그리고 이때의 에너지 밀도체력선을 특별히 중력선이라고 부른다.

지구와 같은 거대 질량체에 인접한 공간에는 밀도가 높은 자유에너지 밀도체가 형성되고, 거리가 멀어질수록 그 밀도는 낮아지는 것으로 본다. 이는 에너지 밀도체의 기본성질 가운데 하나인 중력작용에 따라 나타나는 현상이다.

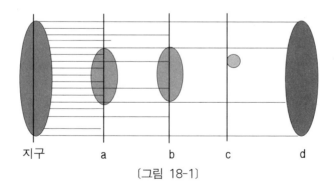

〔그림 18-1〕

위 그림은 거대 질량체에서 멀어질수록 감소하는 중력선 밀도를 나타내고 있다.

지구와 같은 거대 질량체로부터 멀어지면 무중력이 되는 것은, 그 물체에 작용하는 에너지 밀도체력선(중력선)의 밀도가 낮아져 전달되는 힘이 약해지기 때문이다.

그림에서 보면 비록 크기가 같지만 지구중심에서 거리 a 떨어져 있는 물체는 지구와 9개의 에너지 밀도체력선(중력선)이 작용하고 있는 반면, 거리 b 떨어져 있는 물체는 5개의 에너지 밀도체력선 (중력선)이 작용하고 있다. 따라서 거리 a 떨어져 있는 물체가 받는 중력이 훨씬 큰 것이다.

지구에서 거리 c 떨어져 있는 물체(C)와 거리 d 떨어져 있는 물체(D)를 비교해 보자. 물체 C는 비록 지구에서 더 가까이 존재하지만, 그 크기가 작아 중력선의 영향을 받지 않고 있다. 즉 지구의 중력이 작용하지 않는 상태에 있다. 그러나 물체 D는 지구에서 더 멀리 떨어져 있지만, 그 크기가 크기 때문에 지구와 중력선으로 연결되어 있다. 따라서 물체 D에는 지구의 중력이 작용하게 된다.

즉, 별들 사이에 작용하는 만유인력은, 비록 거리가 서로 멀리 떨어져 있지만 이들 별의 크기(질량)가 커서 중력선으로 연결되어 있기 때문에 나타나는 현상이다. 달이 지구의 바닷물에 영향을 미쳐 발생하는 만조와 간조현상은 바로 이렇게 달과 지구 사이에 미약하나마 중력선이 연결되어 있기 때문에 발생하는 현상이다.

과학자들이 앞으로 발견할 것이라고 예상하고 있는 중력전달입자는 바로 이와 같이 공간에 분포하는 선형의 자유에너지 밀도체로 형성된 중력선인 것으로 생각한다.

기를 수련하는 사람들 가운데 달의 기운을 받아들인다거나 혹은 다른 별의 기운을 받아들인다는 사람들이 있다. 이들이 거짓말을 하는 것이 아니라면, 이들은 아마 달 또는 별에서 출발한 자유에너지 밀도체력선(중력선) 가운데 일부가 자신의 몸에 닿고 있음을 느낄 수 있기 때문에, 그런 말을 하는 것이라고 볼 수 있다.

여기서 한 가지 더 생각해 볼 것은, 어떤 원인으로 이러한 중력선이 휘어져 한 점으로 집중된다면 어떤 현상이 발생할 것인가이다.

중력선이 굽어진다는 것은 공간에 분포하는 선형의 자유에너지 밀도체력선이 휘어진다는 것을 의미한다. 우리는 앞에서 빛을 전달하는 광자 또한 파동처럼 에너지 밀도체 공간을 통해 이동하는 것임을 알았다. 따라서 중력선이 휘어져 있는 에너지 밀도체 공간에서, 광자의 형태로 이동하는 입자의 궤적 역시 휠 수 있음을 추측할 수 있다. 이는 빛이 중력선을 따라 이동할 때 그 중력선이 휘어져 있으면 빛 또한 휘게 된다는 것을 의미한다.

이런 논리를 좀더 확장해서 생각해 보면, 우주공간에 존재하는 블랙홀 쪽으로 빛이 휜다는 이론은 매우 타당하다는 것을 알 수 있다.

에너지 밀도체 모델에서 말하는 중력선은 사실 그 실재함을 증명하는 것이 매우 어렵다. 다만 에너지 밀도체 모델의 기본적인 성질을 이용하여 그 존재방식을 위와 같이 추측해 보는 것뿐이다.

19 물질대사를 통한 기의 변화

이제 생명체에서 일어나는 물질대사 과정을 통해 자유에너지 밀도체(기)가 구체적으로 어떤 과정을 거쳐서 생성, 소멸되는지 알아보자.

여기서 '기'는 생명체 안에 존재하는 자유에너지 밀도체를 의미한다.

생명체 안에서 일어나는 물질대사는 최소한 원자 범위 이상에서 일어나는 화학반응이다. 그러므로 여기에서는 앞에서 이야기한 에너지 밀도체 장벽이 중요한 역할을 하게 된다. 특히 원자를 구성하는 최외곽에 분포하는 에너지 밀도체 장벽이 물질대사라는 화학반응에 결정적인 역할을 하는 것으로 본다.

즉, 원자와 원자, 원자와 분자 또는 분자와 분자 사이의 결합, 해체의 화학반응으로 최외곽 에너지 밀도체 장벽에 다음과 같은 사건이 발생한다.

1. 새로운 최외곽 에너지 밀도체 장벽 형성
2. 기존의 최외곽 에너지 밀도체 장벽 해체
3. 기존의 최외곽 에너지 밀도체 장벽의 밀도 증가
4. 기존의 최외곽 에너지 밀도체 장벽의 밀도 감소

위의 네 가지 형태의 에너지 밀도체 장벽의 변화로, 다음과 같은 두 가지 현상이 발생한다.

1. 반응계 안에 분포하던 자유에너지 밀도체를 구성하는 에너지체들 가운데 일부는 에너지 밀도체 장벽을 구성하는 에너지체로 이동한다.

2. 반응물질의 에너지 밀도체 장벽을 구성하던 에너지체들 가운데 일부는 자유에너지 밀도체로 전환된다.

다음 [그림 19-1]은 이러한 에너지 밀도체 장벽의 변화를 나타내주는 하나의 예다.

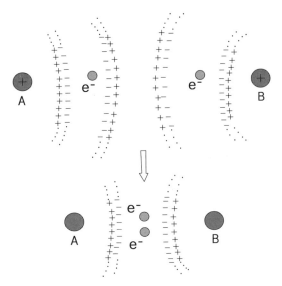

〔그림 19-1〕 에너지 밀도체 장벽의 변화

어떤 원인으로 원자 A와 원자 B의 충돌이 일어났다고 하자. 이 충돌로, 원자 A와 원자 B는 각각 상대편 원자의 가전자를 공유하게 된다고 하자. 이럴 경우, 이들 원자를 구성하던 2차 에너지 밀도체 장벽에는 위에서 말한 것과 같은 다양한 변화가 발생한다.

어떤 경우이든지 간에 2차 에너지 밀도체 장벽을 구성하던 에너지체의 이동은 일어난다. 그리고 이 에너지체의 이동은 집단적으로 발생하므로 에너지 밀도체의 이동현상으로 나타나게 된다.

생명체 내부에서 발생하는 이러한 에너지 밀도체의 이동은, 생명체의 세포 안에서 나타나는 물질입자(정)의 운동성의 근원적인 원동력이다.

그러나 이들 이동하는 에너지 밀도체의 밀도는 물질입자 수준의 밀도(종속에너지 밀도체의 밀도)에는 미치지 못하므로 우리의 눈으로는 관찰할 수 없다.

[그림 19-1]은 A, B원자의 결합으로, 이들 원자의 최외곽에 형성되어 있던 에너지 밀도체 장벽이 결합 부위에서 해체된 경우이다. 그 결과 원자핵에 종속되어 있던 일종의 활성에너지 밀도체(에너지 밀도체 장벽)에서 이탈된 에너지 밀도체는 자유에너지 밀도체 상태가 된다.

이러한 화학반응이 생명체 내부에서 발생한다면 위의 과정에서 생성된 자유에너지 밀도체는 3차 생기가 되며 생명체 안에서 절대적인 역할을 수행한다.

실험실의 유리관 안에서도 얼마든지 자유에너지 밀도체는 탄생한다. 물을 전기분해하면 한쪽 유리관으로는 산소가 나오고, 다른 쪽 유리관으로는 수소가 나온다. 에너지 밀도체 관점에서는 이러한 화학반응에 에너지 밀도체의 출입이 첨가된다고 본다

왜냐하면, H_2O의 에너지 밀도체 장벽과 H_2와 O_2의 에너지 밀도체 장벽이 같을 수 없다고 보기 때문이다.

$$2H_2O \longrightarrow 2H_2 + O_2$$

자유에너지 밀도체

구체적으로 어떻게 다른지를 검증하는 자료는 필자로서도 제시할 수 없다. 어떤 이는 구체적인 증거를 제시하지 못하면서 어떻게 자유에너지 밀도체의 출입이 있는 것으로 단정할 수 있는가 하

고 의문을 제기할지도 모른다.

그러나 지금 필자는 아무도 가보지 않은 미지의 섬에 첫 발을 내딛는 중이다. 이 섬에 사람이 살고 있는지 아닌지는 필자도 아직 확인할 길이 없다. 그렇지만 소립자 세계에서 성립하는 에너지 밀도체에 대한 확신이 있기에 이렇게 추측할 수 있다.

만약 필자가 더 많은 화학 지식을 가지고 있었다면 좀더 구체적으로 이 문제를 다루었을 것이다. 구체적인 화학반응의 에너지 밀도체적 해석은 필자의 능력 밖의 문제이다. 대다수의 독자들도 전문적인 화학 지식은 많지 않을 것이다.

그러므로 이제부터는 우리 모두가 일반적으로 이해하고 있는 물의 상태변화를 예로 들어 에너지 밀도체의 전출입(轉出入)을 이야기하기로 한다.

고체인 얼음이 액체인 물이 되고, 이것이 다시 기체인 수증기로 변하는 현상은 이들 각각의 분자 결합상태에 어떤 중대한 변화가 일어났음을 의미한다.

얼음에 열을 가하면 녹아서 물이 된다. 그런데 열이란 무엇인가? 열이란 에너지 밀도체의 이동에 따라 나타나는 하나의 현상이라고 정의하였다. 따라서 얼음에 열이 가해졌다는 것은, 얼음에 자유에너지 밀도체가 투입되었다는 것을 의미한다. 반면에 액체상태의 물이 얼음으로 상태변화를 일으킨다는 것은 액체상태의 물을 구성하던 에너지 밀도체의 일부가 외부로 빠져나갔다는 것을 의미한다. 이들 두 가지 양상은 모두 자유에너지 밀도체의 이동을 전제로 하는 것이다.

과학자들에 따르면 얼음이 녹아 물이 되는 것은, 물 분자 사이의 결합선이 일부 끊어지는 것을 의미한다. 이것은 물 분자 사이의 수소결합이 끊어진다는 뜻이다. 물 분자의 수소결합이란 하나의 물 분자를 구성하는 수소와 다른 물 분자를 구성하는 산소 사이에 결합력이 생기는 것을 의미한다. 다음 그림은 이러한 물 분자의 수소결합을 보여주고 있다.

하나의 산소원자는 자신이 구성하는 물 분자의 수소원자와 전자를 공유함과 동시에, 다른 물 분자를 구성하는 수소원자의 전자에도 인력을 미친다는 것이다. 즉, 물 분자들이 수소결합으로 완벽하게 연결되어 있으면 고체상태인 얼음이 되고, 수소 결합이 완전히 끊어지면 기체상태가 되고, 일부는 연결되고 일부는 끊어진 상태가 액체상태라는 것이다.

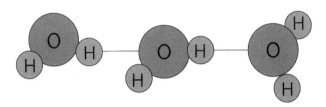

〔그림 19-2〕 물 분자의 수소결합

이제 에너지 밀도체 관점에서 물의 상태변화를 좀더 구체적으로 알아보자.

그 전에 먼저 한 가지 정의해야 할 개념이 있다.

지금 여기에 A, B 두 개의 에너지 밀도체가 있다고 하자.

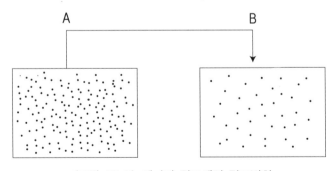

〔그림 19-3〕 에너지 밀도체의 밀도변화

A는 에너지 밀도체의 밀도가 높은 상태이고, B는 밀도가 낮은 상태이다. 그런데 어떤 원인으로 고밀도의 A의 에너지체들이 B로

이동한다. A는 에너지체들이 빠져나간 것이 되고, B는 에너지체들이 유입되었다고 볼 수 있다. 에너지 밀도체 모델에서는 이 경우 A의 온도는 내려가고, B의 온도는 올라가는 것으로 본다.

A의 온도가 내려간다는 것을 좀더 설명해 보자. 고밀도 상태일 때는 그 속에서 이동하는 에너지체 수가 많기 때문에 상대적으로 열이 많이 발생하고 있었으므로 고온의 상태였다. 그러다가 에너지체들이 상당수 빠져나가 저밀도 상태가 되면 그 속에서 이동하는 에너지체 수가 적어지기 때문에 그전보다는 열이 적게 발생한다. 따라서 저온이 되는 것이다.

저밀도 상태로 존재하던 B는 A로부터 에너지 밀도체를 흡수하여 고밀도 상태가 된다. 그리고 이러한 밀도변화로 B의 내부온도는 올라간다.

B의 영역을 단전이라고 생각해 보자. 단전호흡을 통해 단전 B에 자유에너지 밀도체가 축적되면, 당연히 온도가 올라가게 되어 수련자는 단전 부위가 뜨거워지는 것을 느끼게 된다. 기를 수련하는 사람들의 몸에서 일어나는 여러 가지 현상들은 결코 신비로운 것이 아니라, 자연의 당연한 결과일 뿐이다.

에너지 밀도체 관점에서 고체상태의 얼음, 액체상태의 물, 기체상태의 수증기 등의 물 분자 사이의 결합 모형은 대략 [그림 19-4], [그림 19-5], [그림 19-6]과 같이 그려볼 수 있다.

다음 그림들의 최외곽 실선은 물 분자의 최외곽 에너지 밀도체 장벽을 의미한다. 얼음과 같은 고체상태를 이루고 있는 물 분자들은, 그들의 최외곽 에너지 밀도체 장벽 중에서 수소원자와 산소원자의 인력이 작용하는 부분은 서로 공유하고 있는 상태이다.

액체상태에서는 3개의 물 분자 가운데서 2개는 수소결합을 유지하고 있고, 나머지 한 분자는 수소결합이 끊어진 상태이다. 다시 말해 에너지 밀도체 장벽을, 일부는 공유하고 일부는 공유하지 않는 경우 액체상태가 된다는 것이다.

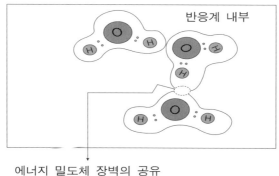

〔그림 19-4〕 고체상태의 물 분자

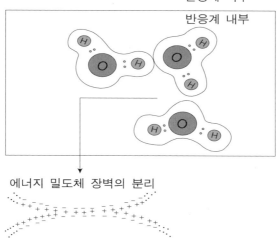

〔그림 19-5〕 액체상태의 물 분자

물론 반응계 안의 모든 물 분자가 에너지 밀도체 장벽을 완전히 공유하지 않게 되면, 이들 물 분자는 다음 그림처럼 기체상태가 될 것이다.

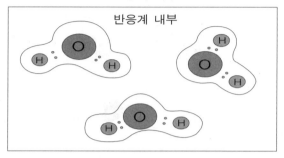

반응계 외부

반응계 내부

〔그림 19-6〕 기체상태의 물 분자

물 분자의 상태변화가 일어날 때 열의 출입이 일어나는 것으로 보아, 물 분자의 최외곽 에너지 밀도체 장벽의 밀도는, 다른 물 분자와 에너지 밀도체 장벽을 공유하기 전이나 공유한 후나 같은 상태를 유지하려는 성질이 있음을 유추할 수 있다.

이제 기체상태의 물 분자가 액체상태로 전환되는 경우를 생각해 보자. 먼저 위 그림에서 반응계 외부에 존재하고 있을 것으로 추정되는 자유에너지 밀도체의 밀도가 감소하는 사건이 발생한다. 그 결과 반응계 외부와 반응계 내부의 밀도 균형이 깨진다. 즉, 반응계 내부가 고밀도 상태가 되고, 반응계 외부가 저밀도 상태가 된다.

이렇게 되면 반응계 내부의 고밀도 상태의 에너지체들 가운데 일부는 반응계 외부로 이동하게 된다. 즉, 수증기상태의 물 분자를 구성하던 최외곽 에너지 밀도체 장벽의 에너지체들 가운데 일부가 반응계 외부로 이동한다는 것이다.

물 분자의 에너지 밀도체 장벽 ──→ 반응계 내부 ──→ 반응계 외부

이렇게 에너지체 일부가 반응계 밖으로 빠져나가면 이들 각 물 분자들은, 기존에 자신이 유지하던 에너지 밀도체 장벽의 밀도를 회복하기 위해 서로 에너지 밀도체 장벽을 공유하게 된다. 그 결

과 이들 물 분자는 결합되어 액체상태로 바뀌는 것이다.

[그림 19-7]은 수증기상태의 물 분자가 액체상태로 전환되는 과정을 에너지 밀도체 장벽의 변화로 설명하고 있다.

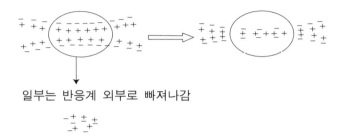

일부는 반응계 외부로 빠져나감

〔그림 19-7〕 기체상태에서 액체상태로 전환시 에너지체 이탈

위의 경우와 반대로 액체상태에서 기체상태로 또는 고체상태에서 액체상태로 전환되는 경우에는, 반응계 내부로 에너지체들이 유입된다.

반응계 외부의 자유에너지 밀도체의 밀도가 증가하는 사건이 일어나면, 그동안 반응계 내부와 외부 사이에 유지되던 에너지 밀도체 균형이 깨진다.

즉, 반응계 외부가 상대적으로 고밀도 상태가 되므로, 반응계 외부에 존재하던 에너지체들의 일부가 반응계 내부로 유입된다. 따라서 반응계 내부에 존재하는 에너지 밀도체 장벽들 가운데서 공유되던 부분이 해체되어, 이들 새로 유입된 에너지체를 수용하는 변화가 일어난다.

반응계 외부 ──→ 반응계 내부 ──→ 물 분자의 에너지 밀도체 장벽

그 결과 물 분자의 상태변화가 발생하는 것이다.

다음 [그림 19-8]은 이러한 과정을 에너지 밀도체 장벽의 변화로써 보여주고 있다.

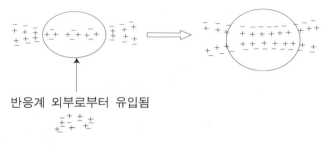

반응계 외부로부터 유입됨

〔그림 19-8〕

지금까지는 물 분자라는 무생명체의 상태변화를 통해서 에너지 밀도체의 전출입 원리를 알아보았다. 그러나 우리 논의의 궁극의 목적은 생명체에서 작용하는 기에 있으므로, 지금부터는 이러한 무생명체에서 적용되는 원리들이 어떻게 생명체에도 적용되는지를 알아보자.

기본적으로 생명체 역시 무생명체에서 출발한 것이기 때문에, 무생명인 물질계에서 적용되는 원리는 그대로 생명체에서도 적용된다고 본다. 즉, 생명체는 생명체로서의 특이한 현상인 신의 속성에 지배받기 이전에, 무생명체에게 적용되는 물질적 속성에 먼저 지배받고 있다는 것이다.

생명체의 일원인 우리들 인간을 둘러싸고 있는 물질계를 가만히 살펴보면, 그 속에 존재하는 모든 것들은 끊임없이 순환을 거듭하고 있다는 것을 알 수 있다. 바위가 부서져 모래가 되고, 그 모래는 퇴적되어 다시 바위가 되며, 봄이 가면 여름이 오고, 여름이 가면 가을이, 가을이 가면 겨울이, 그리고 다시 봄이 찾아온다. 물 또한 끊임없이 고체·액체·기체상태를 반복한다. 별들도 태어났다 죽고, 또다시 탄생한다. 생명체들 역시 태어남과 죽음을 반복함으로써 물질계의 순환성을 그대로 따르고 있다.

그러나 언제까지 이런 식으로 논의를 진행할 수는 없다. 앞에서 설명한 물의 상태변화에 따른 반응계 안팎의 에너지 밀도체의 밀도변화를 그림으로 그려봄으로써 해결의 실마리를 풀어나가 보자.

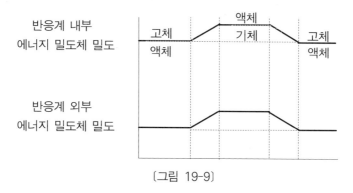

〔그림 19-9〕

일정한 반응계 안에 존재하는 무생명체인 물 분자가 보여주는, 위의 그림과 같은 반응계 안팎의 에너지 밀도체의 밀도변화는, 생명체의 정과 기의 상관관계를 유추할 수 있는 단서를 제공해 준다.

물 분자 그 자체(반응계 내부)는 생명체의 정에 해당한다. 반응계 외부에 존재하는 자유에너지 밀도체는 생명체의 3차 생기에 해당한다.

위 그림에서 물 분자가 액체상태에서 고체상태 또는 기체상태에서 액체상태로 전환되는 것은 반응계 외부로 에너지 밀도체가 빠져나가는 경우이다. 생명체의 경우로 비유하면 1차 생기가 3차 생기로 전환되는 과정에 해당한다. 생명체의 1차 생기에 밀도변화가 일어났다는 것은 곧 생명체의 정에 변화가 일어났다는 의미이다. 반응계 안의 물 분자의 상태변화는, 반응계 외부의 에너지 밀도체의 밀도변화의 결과로써 일어나는 것임을 잊어서는 안 된다.

이는 진기를 수련하는 사람들에게나 해당되는 현상이라고 할 수 있다. 즉, 단전이라는 반응계 외부의 공간에 자유에너지 밀도체가 유입됨으로써 반응계 내부(정)에 변화를 일으키는 경우라 하겠다. 대부분의 일반인들은 이와는 반대로, 반응계 안의 에너지 밀도체의 밀도변화에 따라 반응계 외부의 에너지 밀도체의 밀도가 변하는 과정을 겪고 있다. 다시 말해, 반응계 내부의 물질대사 과정에 따라 반응계 외부의 3차 생기가 생성되기도 하고 소비되기도 한다는 것이다.

1차 생기가 3차 생기로 전환된 것은 생명체의 세포 내부에서 생산적 물질대사 과정이 일어났다는 것이다. 생산적 물질대사란, 생명체의 세포 안에서 화학반응이 일어날 때 그 화학반응에 참여한 물질입자(원자, 분자, 이온 등)들의 최외곽 에너지 밀도체 장벽을 이루던 에너지체들 가운데서 일부가 자유에너지 밀도체(3차 생기)로 전환되는 것을 의미한다

반면에 소비적 물질대사란, 세포 안에서 화학반응이 일어날 때 이 화학반응에 참여한 물질입자들의 최외곽 에너지 밀도체 장벽의 밀도가 증가하든가 또는 새로운 물질입자의 탄생으로, 반응계 외부에 존재하던 자유에너지 밀도체의 일부가 이들 에너지 밀도체 장벽을 구성하는 에너지 밀도체(1차 생기, 활성에너지 밀도체)로 전환되는 것을 의미한다.

결국 생명체의 세포 안에서 생산적 물질대사가 발생하면 그 세포 내부에서는 자유에너지 밀도체(3차 생기)가 증가하고, 소비적 물질대사가 발생하면 자유에너지 밀도체(3차 생기)가 감소하는 것을 알 수 있다.

생산적 물질대사 : 1차 생기 ―――――→3차 생기
소비적 물질대사 : 3차 생기 ―――――→1차 생기

생명체가 삶을 영위한다는 것은 이와 같은 생산적 물질대사와 소비적 물질대사 과정을 끊임없이 반복하는 과정이라고 말할 수 있다. 예를 들어 낮 동안에 열심히 일하고 활동하는 것은 소비적 물질대사 과정이고, 밤에 편안한 휴식(수면)을 취함으로써 세포들은 생산적 물질대사 과정을 수행하여, 다음날 소비적 물질대사 과정에 충당할 자유에너지 밀도체를 만들어놓는 것이다.

물론 존재하는 모든 종류의 생명체들의 물질대사 과정을 이와 같이 분석한다는 것은 불가능할 것이다. 그러나 모든 생명체는 이

러한 대원칙 아래 살아가고 있다.

생명체 안에서 시간의 경과와 더불어 변하는, 반응계 내부의 에
너지 밀도체 장벽(1차 생기)의 밀도와, 반응계 외부의 자유에너지
밀도체(3차 생기)의 밀도의 변화과정을 그림으로 나타내면 아래와
같다.

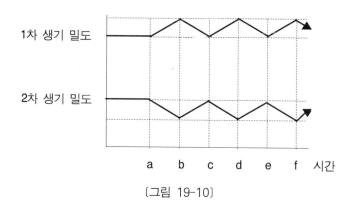

〔그림 19-10〕

위 그림에서 ab, cd, ef구간은 소비적 물질대사 구간에 해당한
다. 이 구간에서는 주로 다음과 같은 양상의 물질대사가 발생한다.

자유에너지 밀도체(3차 생기)

예를 들어 어떤 사람이 달리기를 하고 있다고 하자. 그러면 이
사람은 더욱더 많은 산소와 이산화탄소의 교환이 필요할 것이다.
또 이 사람의 체내에 있는 포도당은 급격히 젖산으로 전환되는 물
질대사를 일으킬 것이다.

이 과정에서 물질입자 D의 에너지 밀도체 장벽을 구성하던 에
너지체 수보다, 생성물인 E+F한 에너지 밀도체 장벽의 에너지체
수가 더 많아진다. 그 차이는 이 사람이 기존에 보유하고 있던 자

유에너지 밀도체(3차 생기)로 보충된다. 이것은 곧 이 사람의 힘이 점점 소진되어 간다는 것을 의미한다.

그리고 또 한 가지 생각해야 할 것은 산소와 이산화탄소의 교환, 포도당의 젖산으로의 전환 등과 같은 물질대사는 이 사람의 정에 변화를 일으킨다는 것이다. 달리기를 격렬하게 하면 땀이 나고 근육은 피로해진다. 이처럼 생명체 내부에서 일어나는 물질대사에 의한 정과 기의 관계는, 동전의 앞면과 뒷면의 관계처럼 불가분의 관련성을 가지고 있다.

만약 위의 반응에서 자유에너지 밀도체(3차 생기)가 투입되지 않는다면 위와 같은 물대사 과정은 계속해서 진행될 수 없다. 이것은 매우 중요한 의미를 가지고 있다.

생명체에서 물질대사에 관여하는 자유에너지 밀도체(3차 생기)를 조종하는 것은 바로 신이다. 이는 뒤에서 설명할 것이다.

앞의 그림에서 bc, de구간은 생산적 물질대사에 해당한다. 이 구간에서는 주로 다음과 같은 양상의 물질대사가 일어난다.

$$A + B \longrightarrow C$$

자유에너지 밀도체(3차 생기)

생산적 물질대사에 참여한 물질입자 A, B를 구성하는 최외곽 에너지 밀도체 장벽의, 에너지체 수는 생성물인 C입자의 그것보다 많다. 따라서 C의 에너지 밀도체 장벽을 구성하지 못한 A, B로부터 이탈한 에너지체들은 자유에너지 밀도체(3차 생기)로 전환되어 세포 내부에 축적된다.

이 축적된 자유에너지 밀도체들은 생명체의 소비적 물질대사 과정에 참여하게 되는 것이다. 이러한 관계를 에너지 밀도체 모델을 이용하여 그려보면 다음과 같다.

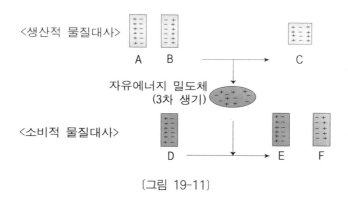

〔그림 19-11〕

　생명체에서 일어나는 이러한 소비적 물질대사와 생산적 물질대사는 반복적이며 교차적으로 발생한다. 만약 생명체가 특정의 물질대사 한 가지만 지속적으로 일으킨다면, 그 생명체는 자유에너지 밀도체의 생성과 소비에서 불균형상태에 빠지게 된다.

　물질계에 속한 생명체가 물질계의 일반원리인 반복 및 순환의 원리에서 벗어나면, 생명체를 구성하는 물질체계(정)가 파괴될 수밖에 없고 회복되지 않는다. 즉, 죽는다는 말이다.

　물질대사 가운데서 일반적으로 알려진 것을 예로 들면 광합성 작용을 들 수 있다. 광합성 작용이란 식물이 이산화탄소와 물 그리고 빛을 이용해서, 포도당과 물 그리고 산소를 만들어내는 물질대사 과정이다. 이를 분자식으로 표시하면 다음과 같다.

$$6CO_2 + 12H_2O + 빛 \longrightarrow C_6H_{12}O_6 + 6H_2O + 6O_2$$

　이것을 에너지 밀도체 관점에서 보면 생명체의 소비적 물질대사 과정에 해당한다. 구체적으로 분자들이 어떻게 결합되고 있는지 자세히는 알지 못하지만, 반응식의 좌변에 빛을 필요로 한다는 것은 에너지 밀도체 관점에서 보면 자유에너지 밀도체가 투입되고 있다는 의미이다.

자유에너지 밀도체가 투입된다는 것은 이산화탄소 분자 6개와 물 분자 12개의 최외곽 에너지 밀도체 장벽을 구성하는 에너지체 수보다, 생성물인 포도당 분자 1개, 물 분자 6개 그리고 산소 분자 6개의 최외곽 에너지 밀도체 장벽을 구성하는 에너지체 수가 더 많다는 것을 의미한다.

따라서 이 모자라는 에너지체 수는 빛(자유에너지 밀도체, 광자)으로부터 충당되고 있다.

위의 반응식을 에너지 밀도체 개념으로 다시 표시하면 다음과 같다.

$$6CO_2 + 12H_2O \longrightarrow C_6H_{12}O_6 + 6H_2O + 6O_2$$

자유에너지 밀도체

식물은 여기에 투입되는 자유에너지 밀도체를 개체 외부(태양)로부터 공급받고 있다. 이것은 사람에 비유하면 전기를 공급받는 것으로 비유할 수 있다.

자신의 세포 내부에 축적되어 있는 자유에너지 밀도체(3차 생기)를 사용하지 않고 물질대사를 수행하는 경우이다. 이와 같이 식물이 광합성을 할 때 자신의 세포 내부에 축적되어 있는 3차 생기를 사용하지 않는다는 것은, 식물이 다른 물질대사 과정에서 3차 생기를 사용하고 있다는 의미이다.

자신의 일상적인 활동(광합성 작용)에 자신의 3차 생기를 사용하지 않고 축적하고 있다는 것은, 그 만큼 외부의 부정적 자극에 대항하여 견딜 능력이 많다는 것과 왕성한 생식능력이 있을 가능성이 많다는 것을 의미한다.

식물들에게서 매우 특이한 물질이 종종 추출된다. 이것은 식물이 매우 특이한 화학반응을 일으키기에 충분한 자유에너지 밀도체를, 위와 같은 이유로 자신의 세포 내에 많이 축적할 수 있기 때문인 것으로 추측한다. 식물들이 보여주는 끈질긴 생명력도 바로 이런 이유 때문이라는 것을 추론할 수 있다.

지금까지 우리 주변에서 쉽게 접할 수 있는 물의 상태변화에 대한 에너지 밀도체의 견해를 기초로 하여, 생명체 내부에서 일어나는 물질대사가 어떤 식으로 3차 생기를 생산하고 소비하는지를 알아보았다.

물질대사란 생명체가 수행하는 모든 종류의 화학반응을 의미한다. 이 화학반응 과정에서 자유에너지 밀도체가 생성되기도 하고 소비되기도 한다. 여기서 자유에너지 밀도체가 생산된다는 것은, 화학반응(물질대사)을 통해 각 원자나 분자의 에너지 밀도체 장벽(활성에너지 밀도체)이 자유에너지 밀도체(3차 생기)로 전환된다는 의미이다.

즉, 물질대사에 참여하는 어떤 분자의 에너지 밀도체 장벽이 다른 어떤 분자의 에너지 밀도체 장벽과 결합하게 될 때, 이 결합에 참여하지 못하고 이탈하는 에너지 밀도체가 발생한다. 이것을 자유에너지 밀도체라 하고, 3차 생기가 체내에서 생성되었다고 말한다. 그리고, 이러한 물질대사를 생산적 물질대사라고 한다.

우리가 음식을 먹고 활동하는 데 필요한 힘(에너지)을 확보한다는 것은, 음식물의 소화과정(물질대사 과정)을 통해 체내에서 생성된 자유에너지 밀도체(3차 생기)를 보유한다는 의미이다.

반면에 자유에너지 밀도체가 소비된다는 말은, 체내에서 일어나는 화학반응(물질대사)으로, 체내에 존재하던 자유에너지 밀도체가 어떤 특정 물질분자의 에너지 밀도체 장벽을 구성하는 에너지체로 전환된다는 의미이다. 이것을 소비적 물질대사라고 한다. 소비적 물질대사가 우리 체내에서 지속적으로 발생한다면, 곧 기력이 쇠해 죽게 될 것이다.

이제 앞으로 탐구해 보아야 할 것은, 생명체 안에서 교차적으로 일어나는 이러한 생산적 물질대사와 소비적 물질대사가 어떤 기본원리에 따라 진행되는가 하는 것이다. 자연계에서 일어나는 모든 현상은 반드시 그러한 현상을 일으키도록 하는 근본원리에 따라서 나타난다.

무생물계에서는 +에너지체와 −에너지체 사이의 인력과 척력, 그리고 에너지 밀도체의 밀도 차이 등에 따라 복잡하고 불규칙적으로 보이는 모든 현상들이 일어난다고 앞에서 결론을 내렸다.

이제 생명계에서 일어나고 있는 모든 현상을 지배하는 근본원리가 무엇인지 생각해 보자. 이것은 곧 생명체의 가장 신비로운 속성, 신의 원리를 이해하자는 것이다.

20 신의 존재에 대한 인식

　오늘 아침 당신은 집에서 회사로 출근하기 위해 당신의 자동차를 운전해 왔을 것이다. 당신이 집에서 일찍 출발하였다면 당신은 서두르지 않고 천천히 운전해 왔을 것이다. 그러나 만약 집에서 늦게 출발하였다면 출근시간에 맞추기 위해 속도를 내어 운전했을 것이다.

　이때 제3자가 당신의 자동차 바퀴에 어떤 장치를 해놓고 그 움직임을 관측하고 있다고 가정하자. 만약 그가 당신이 회사의 출근시간에 맞추어 도착해야 한다는 사실을 알지 못한다면, 당신이 왜 어떤 때는 속도를 내어 운전을 하고 또 어떤 때는 느리게 운전하는지를 이해하지 못할 것이다. 당신의 자동차는, 당신과 당신이 다니는 회사의 출근시간의 관계에 따라 속도를 내기도 하고 속도를 줄이기도 한다. 다시 말해, 당신의 자동차는 엔진 회전속도가 어떤 때는 빨랐다가 어떤 때는 느렸다가 한다.

　엔진의 회전속도는 기름의 투입량과 비례한다는 사실을 비롯해서, 그 밖의 다른 자동차의 공학적 메커니즘을 그가 모두 이해했다고 하자. 그렇다고 해서 그가 당신의 차의 움직임을 전부 이해했다고 말할 수는 없다.

　당신이 회사에 몇 시까지 도착해야 된다는 것을 알아야만, 오늘 아침 당신 자동차의 움직임을 완전히 이해했다고 할 수 있는 것이다. 당신이 지켜야 할 출근시간과 자동차의 엔진 회전속도가 기술적으로 무슨 관계가 있는가? 그럼에도 실질적으로 당신 자동차의 엔진 회전속도를 변화시키는 것은 출근시간이다.

아무리 엔진을 들여다본들 출근시간 때문에 엔진 회전속도가 빨라졌다는 사실을 발견하지는 못한다. 이것이 물질을 다루는 과학의 한계이다. 과학은 기름의 투입량이 많아져서 엔진 회전속도가 빨라졌다는 사실 이상의 어떤 다른 사실도 우리에게 말해주지 않는다. 다시 말해, 과학은 운전자가 타지 않은 상태의 자동차만을 분석할 수 있고, 운전자가 탄 경우엔 자동차의 움직임을 관찰할 수 있을 뿐 그 움직임을 일으키는 궁극적 원인은 알아낼 수 없다.

우리는 이 사실을 인정해야만 한다. 물질을 지배하는 자연법칙 이외의 어떤 다른 것이 자연법칙과 더불어 물질을 지배하고 있다는 사실을 인정해야 한다는 것이다. 생명체 또한 물질로 구성되어 있으므로 자연법칙의 지배를 받는 존재이다. 그러면서 이 보이지 않는 어떤 것의 지배를 동시에 받고 있다.

이 보이지 않는 어떤 것이 특별히 생명체를 지배할 때, 이를 신이라고 부르는 것이다. 이것은 인간뿐만 아니라 지구 상에 존재하는 모든 생명체에게 공통적으로 작용하고 있다.

기=정×신^{2}이라고 표현한 개념은 바로 이러한 생명체에와 신의 관계를 나타내기 위해서, 물질계를 설명하는 수학적 표현을 빌어 생명계를 직관적으로 표현한 것이다. 생명체를 이루는 정이라는 물질에 신이 어떤 영향을 끼치면, 그에 따라 생명체가 가지는 에너지(기)가 변할 수 있다는 것을 나타내는 표현이다. 이제 이 수학적 표현에 들어가 있는 신이라는 것을 더욱 구체적으로 살펴보고, 이 수학적 표현 속에 어떤 의미들이 들어 있는지 알아보자.

위에서 이야기한 운전자의 출근시간과 자동차 움직임의 관계를 알아보자는 것이다. 그러면 우리는 자동차의 엔진 회전속도에 변화를 일으키는 근복적인 원인을 알 수 있을 것이다.

부산항을 출항하여 캐나다의 밴쿠버로 가는 상선 그로발호프호의 항로와, 인천항을 출항하여 로스앤젤레스로 항해하는 상선 오토밴허호의 항로와, 포항을 출항하여 샌프란시스코로 가는 상선 팬크리스탈호의 항로는 해도 상에서 각기 다르게 설정된다.

그렇지만 그들 항로에는 공통적인 하나의 원리가 있다. 그 원리란, 이들 각기 다른 항로는, 부산~밴쿠버, 인천~로스앤젤레스, 포항~샌프란시스코라는 지구 상의 두 지점을 해상으로 연결하는 가장 짧은 거리상에 그어진다는 것이다. 항해사들은 이 원리에 따른 항로선택을 대권항법이라 부른다.

따라서 부산항을 출항하여 밴쿠버로 가는 거의 모든 상선들은 그로발호프호가 선택한 항로와 거의 같은 항로를 따라 항해한다. 이것은 가장 경제적인 항로를 선택할 수밖에 없는 상선의 특성으로, 당연히 취해야만 하는 원리이기 때문이다.

마찬가지로 지구 상에 존재하는 수많은 생명체들은 각기 고유한 방식으로 생존을 영위해 가지만, 지구 상에서 살아가야 한다는 공통적 조건에 직면해 있기 때문에, 모두에게 적용되는 공통의 법칙을 따를 수밖에 없는 것이다.

마치 기름을 가장 적게 사용하고 목적지에 도착해야 하는 즉, 경비를 최소화해야 하는 상선 고유의 조건에 따라 대권항로를 선택할 수밖에 없는 것처럼, 생명체들 또한 지구라는 동일한 환경에서 존재해야 한다는 조건 때문에 신이라 불리는 공통의 속성을 지닐 수밖에 없는 것이다.

21 신의 원리

생명체에 작용하는 신의 원리를 논의하기에 앞서 몇 가지 관련 용어를 정의해야 한다.

· 한계생존의지 : 생명체가 특정 자극 1단위를 극복하기 위해
　　　　　　　소비하는 자유에너지 밀도체(3차 생기)의 양

· 총절대생존의지 : 특정 시점의 생명체가 생산적 물질대사 과
　　　　　　　정을 통해 보유할 수 있는 자유에너지 밀도
　　　　　　　체의 총량

· 자극 I에 대한 민감도(%) : $\dfrac{\text{자극 I에 대한 한계생존의지}}{\text{총절대생존의지}}$

· K $= \dfrac{\text{모든 자극에 대한 한계생존의지}}{\text{총절대생존의지}}$

위의 정의에서 보다시피 신을 설명하는 도구는, 지금까지 그 존재 가능성에 대해서 여러 실증적 증거를 제시해 왔던 에너지 밀도체이다. 이것은 생명체에 작용하는 신을 정과 기로 연결시키기 위함이다. 정·기와 관련되지 않는 신의 개념은 우리에게 실체적으로 인식되지 않는다.

철학과 종교의 최대 약점이 바로 이런 연결을 가지고 있지 못하

다는 것이다. 그래서 사람들에게 믿음을 강요하고 학문적 권위를 내세우는 것이다. 이것은 진정한 앎이 아니다.

여기 나무 한 그루가 있다. 이 나무는 온도, 수분, 일조량이라는 3개의 자극에만 노출되어 있는 것으로 가정한다.

특정 시점에 이 나무의 총절대생존의지는 100이라고 하자. 이것은 특정 시점에 이 나무가 생산적 물질대사 과정을 통하여 보유할 수 있는 에너지 밀도체의 총량이 100이라는 의미이다. 즉, 이 나무가 뿌리로 양분을 흡수하여 물질대사를 거치는 동안에 발생하여 자신의 세포 내부에 축적하는 생기의 양이 100이라는 뜻이다.

이 나무의 외부 자극과 한계생존의지와의 관계가 다음과 같다고 하자.

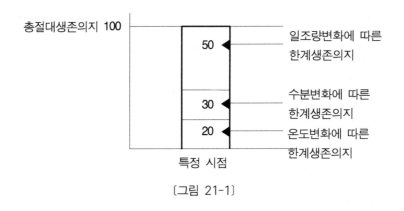

〔그림 21-1〕

이 나무의 각 자극에 대한 민감도를 알아보면,

일조량변화에 대한 민감도 : 50/100 = 50%
수분변화에 대한 민감도   : 30/100 = 30%
온도변화에 대한 민감도   : 20/100 = 20%

따라서 이 나무는 온도변화에 대한 민감도가 가장 적다. 이 나무는 온도변화에 매우 잘 적응하며 심한 온도차이에도 충분히 적응하여 살아남을 가능성이 크다는 것이다. 즉, 다른 자극에 비해 온도변화를 극복하기 위해 이 나무가 소비하는 자유에너지 밀도체의 양은 상대적으로 적다는 의미이다.

반면에 이 나무는 일조량변화에 대한 민감도는 매우 크다. 이 나무는 일조량변화에는 적응을 잘 하지 못하는 경향이 있다는 것이다. 따라서 이 생명체에게 가장 위협적인 자극은 일조량이다. 즉, 다른 자극에 비해서 일조량변화를 극복하기 위해서 이 나무가 소비하는 자유에너지 밀도체의 양은 상대적으로 더 많다는 의미이다.

그러나 자연계에 존재하는 모든 나무들이 다 이러한 민감도를 보이는 것은 아니다. 같은 나무라 하더라도 품종에 따라 얼마든지 다른 경향의 민감도를 보일 수 있다. 예를 들어, 아래 그림과 같은 민감도를 보이는 나무도 얼마든지 있을 수 있다.

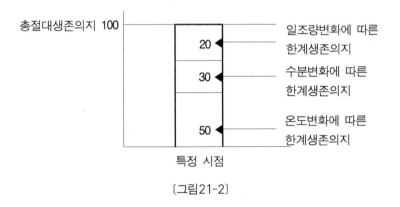

〔그림21-2〕

[그림 21-2]와 같은 민감도 패턴을 보이는 경우, 각 자극에 대한 민감도 값은 다음과 같다.

일조량변화에 대한 민감도 : 20/100 = 20%
수분변화에 대한 민감도　　 : 30/100 = 30%
온도변화에 대한 민감도　　 : 50/100 = 50%

따라서 [그림 21-2]와 같은 민감도 패턴을 보이는 나무는 온도 변화가 적은 지역에서 널리 분포하고 있을 것이다.

우리 주변에서 우리와 함께 생존해 있는 많은 생명체들이 다양한 지역과 다양한 기후에 널리 분포하면서 나름대로의 독특한 생존방식으로 살아가는 것은 이들의 각 자극에 대한 민감도 패턴이 다양하기 때문이다.

[그림 21-1]과 [그림 21-2]의 민감도 패턴을 가지고 있는 나무의 K값은 얼마인지 알아보자.

$$K값은, \quad \frac{생명체에게\ 가해지는\ 모든\ 자극에\ 대한\ 한계생존의지}{총절대생존의지}$$

따라서 [그림 21-1]의 민감도 패턴을 보이는 나무의 K값은 (50 +30+20)/100=1이 된다.

마찬가지로 [그림 21-2]의 민감도 패턴을 보이는 나무의 K값도 (20+30+50)/100=1이 된다.

결국 이들은 서로 다른 민감도 패턴을 가지고 있음에도 같은 K값을 가지고 있다. 특정 시점에서 생명체 각 개체의 K값을 특별히 신의 상수라고 부른다. 이러한 신의 상수 K가 생명계에서 가지는 의미는 매우 크며, 앞으로의 논의는 주로 여기에 집중될 것이다.

위의 두 경우처럼 생명체의 K값이 1이라는 것은 무엇을 의미하는지 생각해 보자. 이는 어떤 생명체가 특정 시점에 자신에게 가해지는 자극을 극복하기 위하여 자신이 보유하는 전체 생기를 남김없이 소모한다는 의미이다. 다시 말해, 생명체는 신의 상수 K값 1을 기준으로 삶과 죽음이 결정된다는 것이다.

K값이 1보다 크면 생명체에게는 어떤 일이 일어나는지 알아보자. K값이 1보다 크다는 것은, 생명체가 자신에게 가해지는 자극을 극복하기 위해 소모해야 하는 자유에너지 밀도체의 양이 자신

이 보유하는 자유에너지 밀도체의 양을 초과하는 상태를 의미한다. 이럴 경우, 생명체는 자신에게 가해지는 자극을 극복할 수 없다. 따라서 생명체는 죽게 되는 것이다.

아래 그림은 K > 1인 경우를 나타내고 있다

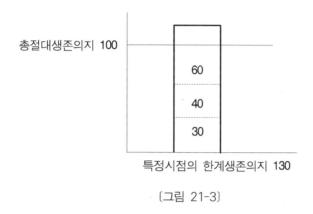

〔그림 21-3〕

[그림 21-3]의 경우, K = (60 + 40 + 30)/100 = 1.3

즉, 생명체에 가해지는 자극에 대항하는 한계생존의지의 합(130)이, 이 생명체가 보유하는 총절대생존의지(100)를 초과하게 되어 이 생명체는 죽게 된다. 따라서 생명체가 생존을 유지하기 위해서는 반드시 자신의 신의 상수 K를 1보다 작은 상태로 유지해야 한다. 살아 있는 모든 생명체들은 자신의 K값을 1보다 작게 하기 위해 최선을 다하고 있으며, 그것이 곧 삶(생존)에 대한 의지(신)로 나타난다.

지금까지 이야기한 기초개념을 가지고 좀더 논의를 진행하기로 하자. 일반적으로 한계생존의지는 단기간에 체증적으로 증가하고, 장기간에 체감적으로 증가하는 양상을 보인다.

어떤 생명체가 특정 자극(생명체의 3차 생기를 소모시키는 자극)을 받으면, 단기간으로 볼 때 생명체는 자신에게 가해지는 자극에 효과적으로 대처하지 못하고, 자극을 극복하기 위해서 많은 양의 3차 생기를 소비하는 것이 일반적이다.

　그러나 이러한 상태가 지속되면 이 생명체의 K값은 지속적으로 증가하여 1을 초과하게 될 것이다. 따라서 생명체는 자신의 K값을 낮추기 위한 활동을 시작한다. 이 활동이 바로 생명체의 고유한 특성인 신의 작용에서 비롯된다는 것이다. 이러한 K값을 낮추기 위한 생명체의 신(생존의지)의 작용에 따라, 점차적으로 그 자극을 극복하는 데 필요한 3차 생기의 양을 줄여나가게 된다.

　이러한 관계를 그림으로 나타내면 다음과 같다.

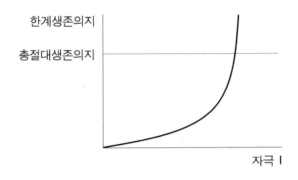

〔그림 21-4〕 자극 I에 대한 생명체의 단기간 한계생존의지의 변화

　앞의 [그림 21-4]처럼 특정 자극 I에 의해 단기간에 증가한 한계생존의지가, 그 생명체의 총절대생존의지를 초과하면 이 생명체는 더 이상 생존을 유지할 수 없다. 즉, 이 생명체는 특정 자극 I에 효과적으로 적응하지 못했다는 것을 의미한다. 예를 들면, 온도에 대한 민감도가 큰 식물이 급격한 온도변화로 하룻밤 만에 얼어죽는 것을 들 수 있다.

　반면에 [그림 21-5]처럼 비록 특정 자극 I에 의해 단기간에 한계생존의지가 체증하더라도, 생명체에 신의 원리가 효과적으로 작동하여, 자극을 극복할 수 있도록 그 생명체의 정에 변형을 불러일으키면, 이 생명체의 한계생존의지는 총절대생존의지를 초과하지 않는다.

이것은 현존하는 생명체들이 꾸준히 변화하는 환경에 적응하면서 진화해 올 수 있었던 원동력이 신의 작용이었음을 보여준다.

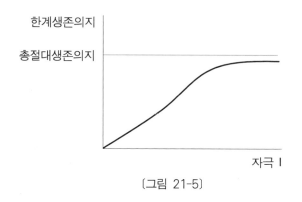

〔그림 21-5〕

위에서 이야기한 장기와 단기의 기간 문제는 크게 두 가지 측면을 고려해야 한다.

하나는, 생명체에 가해지는 특정 자극이 얼마나 빠르게 생명체에게 압박을 가하는가의 문제이다. 온도의 변화가 어떤 생명체가 감당할 수 없을 정도로 급격히 진행되는지, 아니면 그 생명체가 적응할 수 있도록 충분한 시간에 걸쳐서 천천히 진행되는지의 문제이다. 생명체가 이러한 온도변화에 적응하기 위해 필요한 자유에너지 밀도체(3차 생기)를 만들지 못한 상황에서 너무 빠른 온도변화가 진행되면, 이 생명체는 단기간에 한계생존의지가 총절대생존의지를 초과하게 된다. 즉, 죽는다는 말이다. 그러나 온도변화가 장기간에 걸쳐 서서히 진행되면 이 생명체는 일반적으로 신의 원리가 작동되어 한계생존의지가 자신의 총절대생존의지를 초과하지 않는다.

다른 하나는, 생명체 자신에 관한 것이다. 즉, 어떤 생명체가 특정 자극을 받는 경우 그 생명체가 얼마나 빠르게 그 자극에 적응하는가에 따라 단기인가 장기인가가 정해진다. 물론 단기간에 자신의 정에 변화를 주어 새로운 자극을 극복하는 생명체가 생존 가능성이 더 많을 것이다.

그러나 현재 지구에 생존하는 생명체들 가운데 단기간에 자신의 정을 진화시킬 수 있는 생명체는 그리 많지 않다. 즉 대부분의 생명체는 급격한 속도의 자극을 받으면 대부분 죽는다. 따라서 생명체에 작용하는 신의 일반원리는 주로 그 생명체에게 가해지는 자극이 장기적인 경우에 성립하는 것이라고 볼 수 있다.

이 예로, 아무리 튼튼하고 건강한 사람이라 하더라도 그의 심장에 한 발의 총알이 박히는 자극을 받으면 그는 이 자극을 극복할 수 없다. 반면에 그의 심장에 총알이 몇 십년에 걸쳐 서서히 박힌다면, 아마 그의 심장은 충분히 변형을 일으켜 그 사람으로 하여금 심장에 총알을 품은 상태로 생명을 유지하도록 할지도 모른다.

왜냐하면 이것이 생명체의 생존의지인 신의 일반원리이기 때문이다. 결론을 이야기하자면 특정 자극 I에 대한 한계생존의지가 장기에 걸쳐 체감적으로 증가한다는 것은, 그 생명체가 그 자극 I에 서서히 적응해 간다는 뜻이다.

몇 만년 전의 생명체가 거의 진화를 겪지 않고 현재까지 생존해오는 것이 있다. 이 생명체는 크게 두 가지 이유 때문에, 진화하지 않고서도 지금껏 생존해 올 수 있었다.

첫째, 이 생명체는 자신에게 가해지는 자극에 대한 민감도가 매우 낮다. 이 말은 결국 이 생명체의 총절대생존의지가 자극에 대한 한계생존의지보다 월등히 큰 상태를 유지하고 있다는 뜻이다. 이를 그림으로 나타내보면 다음과 같다.

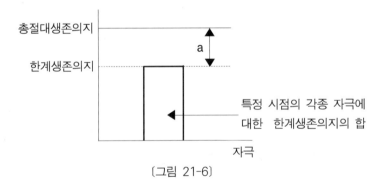

〔그림 21-6〕

즉, 이 생명체는 다른 생명체들보다 [그림 21-6]에 표시한 a의 간격이 월등히 크다는 것이다. 자극에 대한 민감도가 낮다는 것은, 이 생명체에게 가해지는 자극들을 극복하기 위해서 이 생명체가 소비해야 하는 자유에너지 밀도체(3차 생기)의 양이 자신이 보유한 총절대생존의지에 비해 미미한 수준이라는 것이다.

둘째, 이 생명체에게는 지난 몇 만년 동안 새로운 자극이 가해지지 않았다고 볼 수 있다.그랬다면 이 생명체는 매우 운이 좋다. 만약 이러한 이유로 이 생명체가 계속해서 생존을 유지했다면 이들은 매우 한정된 장소에만 서식할 확률이 높다.

우리는 여기에서 매우 중요한 단서를 발견할 수 있다. 즉, 아무리 [그림 21-6]과 같은 상태가 오래 지속된다 하더라도 생명체는 결코 자신의 총절대생존의지를 줄이는 방향으로는 진화하지 않는다는 것이다.

아래 [그림 21-7]에서 [그림 21-8]과 같은 패턴으로는 바뀌지 않는다는 말이다.

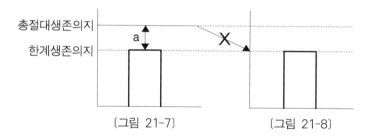

〔그림 21-7〕   〔그림 21-8〕

위 그림은 생명체는 결코 K값을 증가시키는 방향으로는 진화하지 않는다는 것을 보여준다. 이것은 생명체의 신의 속성을 나타내는 중요한 단서이다.

즉, 생명체는 분모인 총절대생존의지를 증가시키려는 속성을 가지고 있다.

또한, 생명체는 분자인 자극에 대한 한계생존의지를 감소시키려는 속성을 가지고 있다.

생명체의 이 두 가지 근본적인 속성은 신의 기본적 속성인 생존의지를 반영하는 것이다. 생명체의 이러한 속성 때문에 현재 지구에 살아 있는 모든 생명체의 K값은 1보다 작은 상태에 있다. 생명체의 생존의지란 바로 이 K값을 낮추고자 하는 모든 생명체의 공통적인 속성을 표현하는 말이다. 생명체의 가장 근원적인 의지는 바로 이 K값을 낮추고자 하는 것이다.

이것은 생명체가 '스스로 목적을 가지고 움직이게' 하는 원동력이다. 즉, 생명체 내부에 존재하는 자유에너지 밀도체를 스스로의 목적에 맞게 움직이게 하는 근원적인 힘이라고 말할 수 있다.

높은 곳에서 낮은 곳으로 흐르는 물을 잘 보아라. 물 자체에 발이 있는가? 물 자체가 무슨 동력을 가지고 있는가? 그럼에도 물은 움직인다. 그것도 아무렇게나 움직이는 것이 아니라 항상 더 낮은 쪽으로 움직인다.

물의 흐름의 원동력이라 할 수 있는 중력에 의한 위치에너지에 해당하는 것이 바로 생명체에게 있어서는 생존의지이며, 중력이 모든 사물에 동일하게 미치듯이 이 생존의지 또한 차별 없이 모든 생명체에게 적용된다. 또한 그 적용되는 방식은, K값을 낮추려는 방향으로 생명체 안의 자유에너지 밀도체(3차 생기)를 생산, 소비, 이동시킨다는 것이다.

이것은 생명체가 '스스로 의지를 가진 물질 덩어리', '스스로 목적에 맞게 움직이는 물질 덩어리', '스스로 의식을 가진 물질 덩어리'가 되는 것을 가능케 하는 실질적인 원리이다.

생명체에게 적용되는 이 원리가 신이다. 신은 생명체에게 적용되는 가장 근원적인 원리이며, 그 내용은 K값을 낮추는 것이다.

22 생명체 균형식

　현실적으로 특정 시점에 지구에 존재하는 온갖 종류의 생명체들은 개체마다 자신만의 고유한 총절대생존의지를 가지고 있다. 사람, 동물, 식물, 미생물 등 살아 있는 온갖 종류의 생명체들이 행하는 물질대사는 저마다 다 다르므로, 이들이 보유하는 자유에너지 밀도체(생기)량도 서로 다를 수밖에 없다.

　또한 이들에게 가해지는 자극의 종류와 강도도 전부 다르다. 바다의 물고기들은 물, 수압 등의 자극에, 식물들은 일반적으로 온도, 햇빛 등의 자극에, 사람들은 부와 명예에 대한 자극에 민감하다. 이처럼 모든 생명체마다 특정한 자극에, 특정한 민감도를 가지고 있으므로 이들 각자의 한계생존의지도 모두 다르다.

　그럼에도 지구라는 동일한 지역 안에서 공존하고 있다. 이들에게 무슨 공통점이 있길래 수많은 종류의 생명체의 공존이 가능할까? 이 의문에 대한 대답은 다음의 생명체 균형식으로 설명하고자 한다.

$$\frac{\text{생명체 A에게 가해지는 모든 자극에 대한 한계생존의지의 합}}{\text{생명체 A의 총절대생존의지}}$$

$$= \frac{\text{생명체 B에게 가해지는 모든 자극에 대한 한계생존의지의합}}{\text{생명체 B의 총절대생존의지}}$$

$$= \text{생명체 C의 경우} = \cdots\cdots = K$$

지구에는 수많은 종류의 생명체들이 살고 있다. 이들이 특정 시점을 기준으로 했을 때 그 시점에 살아 있다면, 이들 생명체에게는 위의 생명체 균형식이 성립한다.

아프리카 초원에 살고 있는 사자와 사람을 비교하여 위의 식이 의미하는 바를 알아보자. 사자의 총절대생존의지와 사람의 총절대생존의지는 같을 수 없다. 사자의 물질대사 과정과 사람의 물질대사 과정이 서로 다르기 때문이다. 예를 들어 사자는 육식만 하는데 사람은 야채도 먹는다. 사자의 몸무게와 사람의 몸무게도 다르다. 이처럼 많은 이유 때문에 사자와 사람의 물질대사는 서로 다르다. 따라서 특정 시점에 이들이 가지는 총절대생존의지는 같을 수 없다. 사자가 받는 자극과 사람이 받는 자극도 같을 수 없다. 따라서 자극을 극복하기 위해 소비하는 자유에너지 밀도체(3차 생기)의 양인 한계생존의지도 같을 수 없다.

그럼에도, 사자가 자신의 힘과 기술로 얼룩말 한 마리를 잡기 위해 소비하는 한계생존의지와, 사람이 자신의 힘과 기술로 일을 함으로써 소비하는 한계생존의지의 총절대생존의지에 대한 비율값은 서로 같다.

물론 생명체 안에 존재하는 자유에너지 밀도체의 양을 측정하는 방법이 개발되어 있지 않은 지금 상황에서는 실질적으로 이 두 개체의 K값을 계산한다는 것은 불가능하다. 그러나 생명계에서 볼 수 있는 현상들을 종합해 볼 때, 이러한 생명체 균형식의 관계가 있어야만 생명계를 유지하고 있는 질서를 설명할 수 있다.

생명체 종류	K값
A	0.8
B	0.7
C	0.7
D	1.5
E	0.2

〈표 22-1〉

K값과 관련하여 서로 다른 종류의 생명체들 사이의 관계를 좀 더 논의해 보자. 만약 어떤 특정 장소에 존재하는 몇몇 종류의 생명체들의 K값이 〈표 22-1〉과 같다면, 이들 생명체 가운데서 D는 곧 죽을 것이다. 그리고 생명체 E는 그 밖의 다른 모든 생명체들보다 우월한 존재이다. 가능한 모든 상황에서 오랫동안 생존할 확률이 가장 큰 것이 생명체 E이다.

이 표의 생명체들 가운데 D와 E의 K값은 생명체 균형식의 값 K(0.7~0.8)와는 상당한 차이가 있다. 따라서 이들 생명체의 존재는 나머지 모든 생명체의 공존을 방해하는 요인으로 작용하고 있다고 본다. 그러므로 생명체 균형식의 성립을 위해서는 생명체 E의 K값을 0.7 또는 0.8이 되도록 해야 한다.

그러나 생명체는 항상 자신의 K값을 낮추려는 쪽으로만 진화하므로 생명체 E 스스로는 절대로 0.7 또는 0.8의 K값으로 회귀할 수 없다. 이것은 하느님이 할 일이라고 생각한다. 하느님은 대개 생명체 E에게 민감도가 높은 자극을 가함으로써 E의 K값을 다른 생명체 A, B, C들의 값과 비슷하게 맞추고 있다.

생명체 E는 바로 인간을 두고 하는 말이다. 지금 인간의 K값은 위 표에서 말한다면 0.7정도로 회귀되어 있는 상황이다. 인간의 K값이 다른 생명체보다 월등히 낮았던 적이 있었던가? 역사적 기록으로는 없다. 인간의 역사는 곧 전쟁과 탐욕이 지배한 역사이기 때문이다. 그러나 성서의 표현을 빌리면 에덴동산에서 선악과를 따먹기 전까지가, 인간의 K값이 다른 생명체들보다 월등히 낮았을 때라고 볼 수 있을 것이다.

오늘날 인간의 K값은 저 아프리카 초원의 한 마리 사자의 K값과 같고, 냉장고 밑에 살고 있는 한 마리 바퀴벌레의 K값과 같고, 들에 핀 이름없는 잡초의 K값과 같다. 모든 면에서 우월해 보이는 인간이 어떻게 다른 시시해 보이는 생명체들과 같은 K값을 가지는가?

인간은 추운 지방에서 더운 지방에 이르기까지 지구 상의 전지

역에 퍼져 생존할 수 있다. 북극곰은 아프리카에서 살 수 없고 아프리카의 하마는 북극에서 살지 못한다. 이들은 온도 자극에 대한 민감도 값이 인간보다 훨씬 크기 때문이다. 그러나 이들이 만약 원래의 자기 서식지에 그대로 서식한다면 이들의 온도에 대한 민감도는 인간보다 훨씬 작은 값을 가지게 된다. 현명하게도 하마는 더운 지방에서만 서식하고 북극곰은 추운 지방에서만 서식한다. 하마는 결코 북극에 가고 싶어하지 않으며 북극곰도 결코 적도의 야자수를 보려고 하지 않는다. 그들은 그들의 조상들이 살아온 서식지에 만족함으로써 자신의 K값을 낮추고 우리와 똑같은 하나의 지구 가족으로 살아간다.

만약 지구에 급격한 기상이변이 단기간에 일어나 북극 지방의 기온이 올라가고 적도 지방의 기온이 내려간다면, 하마와 북극곰은 변화된 기온에 적응하기 위해 소비해야 하는 자유에너지 밀도체의 양이 자신의 총절대생존의지를 초과하여 죽게 될 것이다.

그러나 사람들은 냉난방 시설을 이용해 얼마든지 더 오래 생존할 수 있다. 이렇게 볼 때 확실히 사람이 하마나 북극곰보다는 우월한 존재이다. 그러나 이것은 지구에 기상이변이 일어난다는 가정 아래에서 그렇다는 말이다. 진리는 언제나 현재 이 순간에 합당한 것이어야 한다. 그래서 예수는 "내일 걱정을 오늘 하지 말라"고 했다.

현재 이 순간에 하마는 적도에서, 북극곰은 북극에서 자신의 영역을 확보하며 엄연히 생존해 있다. 따라서 현재 이 순간 이들의 K값이 사람의 K값보다 높다고 말할 수는 없다.

사람들이 자신의 K값을 왜 하마나 북극곰의 K값보다 더 낮추지 못하는지도 다음의 예로 설명할 수 있다.

북극에 살고 있는 북극곰과, 북극에 살고 있는 사람을 비교해 보자.

북극곰은 추위에 견딜 수 있는 신체조건을 태어나면서부터 가지고 있다. 따라서 북극곰이 북극에 그대로 서식하는 한, 추위라는 자극은 그에게 민감도가 높은 자극이 아니다. 즉, 추위를 극복하기 위해서 소비해야 하는 자유에너지 밀도체(3차 생기)의 양은 자신의 총절대생존의지에 비해 미미한 양이라는 것이다. 이것은 추위라는 자극 하나만 고려해 볼 때, 북극곰의 K값이 사람의 그것보다 오히려 작을 수 있다는 것을 암시한다.

반면에 사람은 추위라는 자극을 극복하기 위해서 계속 자신의 에너지를 소비해야 한다. 예를 들어, 난방을 유지하기 위해 기름을 구해야 되고 털옷도 구해야 된다. 북극곰은 사람에 비하면 추위를 극복하기 위해 아무 노력도 하지 않지만, 사람은 엄청난 노력을 해야한다. 즉, 추위에 대한 한계생존의지를 증가시켜야만 한다는 것이다. 이것은 사람의 K값을 증가시킨다.

결국 추위라는 자극 한 가지만을 고려했을 때는 사람보다 북극곰이 더 우월한 생명체이다. 따라서 사람을 비롯하여 지구에 생존해 있는 각각의 생명체들에게 가해지는 모든 자극을 고려해 보면, K값은 거의 동일한 하나의 값에 수렴되는 것이다.

물론 이 값이 정확히 얼마인지는 알 수 없지만 0보다는 크고 1보다는 작으며, 대체로 1에 가까운 값일 것이라고 추측된다. 왜냐하면, 모든 생명체들은 제각기 치명적인 약점을 가지고 있기 때문에 자신이 생산한 총절대생존의지의 거의 대부분을 한계생존의지로 소비해야만 근근히 생존을 유지할 수 있기 때문이다.

동물이나 식물이나 사람이나 자신의 생존을 유지하기 위하여 하루하루 최선을 다할 것을 자연은 요구하고 있다. 우리는 야생의 동물들이 먹이를 구하기 위하여 얼마나 분투하는지를, 그리고 식물이 생존을 위하여 영양분을 찾아 뿌리로 땅을 뚫고, 빛을 찾아 가지를 악착같이 뻗어나가는 삶의 처절함을 알고 있다.

생명체들에게 생존에 대한 여유란 있을 수 없다. 다시 말해 다음 그림과 같은 상태에 있는 생명체는 있을 수 없다는 것이다. 인간 역시 예외는 아니다.

그래서 석가는 삶은 고통의 바다라 했던가?

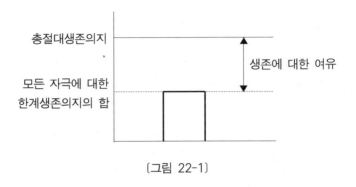

〔그림 22-1〕

그렇다면 무엇이 우리에게 생존의 여유를 가져다줄 것인가?

23 인간의 신

이제 모든 생명체에게 동일하게 적용되는 신의 원리를 인간에게만 국한해서 생각해 보자. 인간을 지배하고 있는 신이란, K값을 낮추려는 쪽으로 인간의 3차 생기가 생산되고 소비되며 이동하는 것을 말한다.

분모값인 총절대생존의지는, 특정 시점에서 인간이 물질대사를 통해 생산해서 보유하고 있는 자유에너지 밀도체의 총량을 의미한다. 분자값인 자극에 대한 한계생존의지의 합계는, 특정 시점에 자신에게 주어지는 모든 종류의 자극을 극복하기 위해 소비해야 하는 자유에너지 밀도체(3차 생기)의 총량을 의미한다.

신이란 결국 기가 생산되고 소비되며 흐르는 원리를 가리키는 말이다.

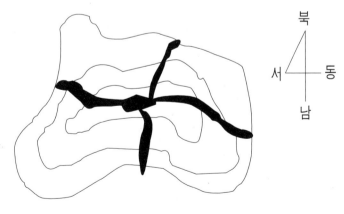

〔그림 23-1〕

산의 정상에 호수가 있다. 산은 정이요, 물은 기이며, 이 낮은 곳으로 흐르는 성질은 신이다.

물이 흐르는 방향은 의식이요, 길(계곡)은 대뇌이다.

위의 비유는 정, 기, 신, 의식, 대뇌로 구성되는 인간의 핵심체계 간의 상관관계를 보여주고 있다. 인간이라는 생명체를 좀더 세밀하게 분석하기 위하여 정에서 대뇌를 따로 떼내었고 신에서 의식을 따로 떼낸 것뿐이지, 대뇌와 의식이 정·신과 별개로 존재한다는 의미는 아니다.

산으로 표현된 인간의 정이란 한마디로 인간의 육체를 의미한다. 인간의 육체는 피와 살과 뼈로 구성되어 있다. 특히 인간의 대뇌는 육체의 일부이기는 하나 다른 생명체와는 달리 이것을 육체에서 따로 분리하였다. 인간의 의식작용이 이 대뇌에서 이루어지기 때문이다.

산이란 기본적인 형태 속에 계곡이 형성되고, 물은 오직 계곡을 따라 흐른다. 그런데 이 계곡은 동서남북 어떤 방향으로도 형성될 수 있고, 이 방향에 따라 물의 흐름이 결정된다. 사람마다 서로 다른 의식구조를 가지고 있는 것은 마치 계곡(대뇌)의 형성구조에 따라 물의 흐르는 방향이 달라지는 것과 같다.

산에 비가 내리면 빗방울이 산의 어느 부분에 떨어지든지 간에 빗물은 낮은 곳으로 흐른다. 계곡을 따라 흐르는 물도 기본적으로 낮은 곳으로 흐른다는 원리를 벗어나지 못한다. 이것은 대뇌구조에 의해 형성된 인간의 의식은 기본적으로 신의 속성을 벗어나지 못한다는 뜻이다.

이는 마치 사람들마다 서로 다른 가치관으로 자신의 행동을 결정하고 있으나, 생존하려는 기본적인 목적은 모두 동일한 것과 같다.

산(정)과 계곡(대뇌)과 물(기)은 실체가 있는 것인 반면, 물이 낮은 곳으로 흐른다는 성질(신)과 계곡이 형성된 방향(의식)은 실체가 없다. 기를 실체가 있다고 하는 이유는 이것이 자유에너지 밀도체이기 때문이다. 비록 보이지는 않지만 분명히 물리적인 실체를 가지고 있는 것임을 우리는 앞에서 살펴보았다.

인간과 다른 동식물의 근본적인 차이는 다음과 같다.

인간을 제외한 다른 동식물들은 기본적인 정·기·신 구조로만 이루어져 있는 데 반해, 인간은 정으로부터 대뇌가 파생되었고 그 결과 생명체가 가지고 있는 기본적인 신의 속성에 증폭된 의식(사고, 생각, 마음)이 첨가된 구조를 가지고 있다.

	동식물	인간
실체 있음	정 기	정(+대뇌) 기
실체 없음	신	신

〈표 23-1〉

정과 기가 실체가 있다는 것은 결국 이들의 본질이 에너지 밀도체라는 것을 의미한다.

정은 인간의 몸을 구성하는 각 원소들의 종속에너지 밀도체와 활성에너지 밀도체(1차 생기)를 의미한다.

기는 이러한 인간의 정을 구성하는 종속에너지 밀도체와 활성에너지 밀도체에서 생산되는 자유에너지 밀도체, 또는 인간의 소비적 물질대사 과정을 통해 활성에너지 밀도체로 전환되는 에너지 밀도체를 의미한다. 그리고 몸 안에서 기가 흐른다는 것은 인간의 몸 안에 존재하는 자유에너지 밀도체가 이동하는 것을 의미한다.

정과 기에 반해서 신은, 실체가 없는 하나의 성질, 속성, 원리 등을 나타내는 형이상학적인 용어이다. 구체적으로 이야기하면 인간의 몸속에서 생산, 소비, 이동, 전환되는 에너지 밀도체들에게 변화를 일으키는 근원적인 원동력이다.

위치에너지가 물을 낮은 곳으로 흐르게 하는 원동력인 것과 마찬가지로, 신은 인간의 몸속에 존재하는 에너지 밀도체 특히, 자유에너지 밀도체를 움직이는 원동력이라는 것이다. 그것도 아무렇게나 원칙 없이 무질서하게 움직이는 것이 아니라 항상 K값을 낮추려는 쪽으로 자유에너지 밀도체를 움직인다.

모든 생명체는 왜 K값을 낮추려는 쪽으로만 3차 생기를 운용하는가라고 누군가 묻는다면 그에 대한 대답은 할 수가 없다. 다만 현재 생존하는 생명체들이 그러하기 때문이다라는 말로만 답할 수 있을 뿐이다. 이것은 에너지 밀도체 모델에서 +에너지체와 − 에너지체는 서로 끌어당기는 성질이 있다라고 정의한 것과 같은 논리다. 왜 +에너지체와 −에너지체 상호간에는 인력이 작용하는가라고 묻는다면 이에 대한 답변은 할 수 없는 그런 기본적인 성질이다.

다시 말해, 신의 속성이 생명체의 K값을 낮추려고 하는 것에는 이유가 없다. 유한한 지구에 존재하는 생명체는 원래 그런 것이기 때문이다. K값을 낮춘다는 것은 결국 분모값인 총절대생존의지를 증가시키거나, 분자값인 자극에 대한 한계생존의지를 감소시키는 것을 의미한다.

총절대생존의지가 증가한다는 것은, 생명체의 물질대사 과정에서 활성에너지 밀도체가 자유에너지 밀도체로 전환되는 반응이 우세하게 나타난다는 뜻이다. 화학적으로 이야기하면 체내에서의 물질대사가 발열반응으로 일어난다는 것이다.

과학자들에 따르면 발열반응이란 다음과 같은 반응을 의미한다.

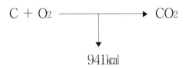

$$C + O_2 \longrightarrow CO_2$$

941kcal

예를 들어, 탄소와 산소가 결합하여 이산화탄소가 생성될 때 941kcal의 열량이 방출된다. 이것은 반응물의 잠재에너지가 생성물의 잠재에너지보다 높기 때문에 나타나는 현상이다. 즉, 다음 그림과 같은 상태에 있다는 것이다.

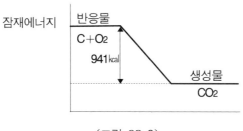

〔그림 23-2〕

　이러한 반응이 지속적으로 일어난다면 반응계 내부에는 계속적으로 방출되는 열량에 따라 엔트로피(entropy)가 증가할 것이다. (여기서 반응계 내부란, 앞에서 물 분자의 수소결합과 관련하여 설명했던 에너지 밀도체 모델의 관점에서의 반응계 외부에 해당한다).

　엔트로피가 증가한다는 것은 반응계 내에 무질서가 증가한다는 뜻이다. 무질서의 증가는 곧 이 반응계의 불안정성을 의미하므로 이 반응계가 계속 존재하기 위해서는 무질서를 감소시키는 다른 사건이 존재해야 함을 암시하고 있다. 생명체라는 반응계는 이 두 가지의 상반된 시스템을 교대로 반복함으로써 자신을 유지시키고 있다.

　화학적 발열반응에 해당하는 에너지 밀도체 반응이 다음 그림과 같이 우리 몸 안에서 일어난다.

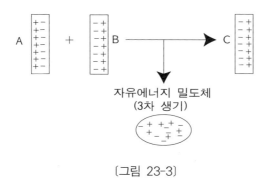

〔그림 23-3〕

A, B는 체내에서 일어나는 물질대사에 참여하는 반응물이다. A와 B가 반응하여 C라는 새로운 물질분자를 만들어내는 과정에서, 물질분자 A, B의 최외곽 에너지 밀도체 장벽(활성에너지 밀도체)을 구성하던 에너지 밀도체 가운데, 일부는 자유에너지 밀도체(3차 생기)로 전환되어 세포 내에 축적된다.

생명체의 이러한 물질대사 시스템이 그 생명체의 총절대생존의지를 증가시키는 것이다. 이것은 생명체 균형식에서 분모값을 증가시켜 K값을 감소시키는 시스템이다. 따라서 생명체는 가능한 한 위와 같은 물질대사 과정을 수행하려는 경향을 나타내게 된다. 즉, 모든 생명체는 자신에게 알맞은 영양물을 섭취하여 세포 내부에 충분한 자유에너지 밀도체(3차 생기)를 축적하려는 본성에 따라 행동하게 된다.

식물의 뿌리가 땅속 영양분을 빨아들이는 것, 얼룩말이 초원에서 풀을 뜯어먹는 것, 사자가 얼룩말을 잡아먹는 것, 당신이 잠을 자고 밥을 먹는 것, 이 모든 행위는 총절대생존의지를 증가시킴으로써 K값을 낮추려는 생명체의 고유한 신의 특성 때문에 행하는 활동이다.

또 한 가지 K값을 낮추는 시스템은 생명체에 가해지는 자극에 대한 한계생존의지를 감소시키는 것이다. 한계생존의지를 감소시킨다는 것은, 생명체의 물질대사 과정에서 세포 내부에 축적되어 있던 자유에너지 밀도체(3차 생기)가 활성에너지 밀도체로 전환되는 것을 최소화한다는 의미이다. 화학적으로 이야기하면 생명체의 체내에서 일어나는 물질대사가 흡열반응 형식으로 일어나는 것을 최소화한다는 뜻이다.

과학자들에 따르면 흡열반응이란 다음과 같은 반응을 의미한다.

$$H_2O + C \longrightarrow H_2 + CO$$

$$31.4kcal$$

예를 들어, 물과 탄소가 반응하여 수소와 일산화탄소가 생성될 때, 반응계 내로부터 31.4kcal의 열량을 흡수한다. 이것은 반응물의 잠재에너지가 생성물의 잠재에너지보다 낮기 때문에 나타나는 현상이다. 즉, 다음 그림과 같은 상태에 있다는 것이다.

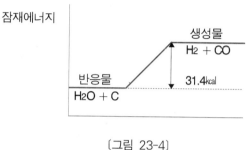

〔그림 23-4〕

이러한 반응이 계속 일어난다면 반응계 내에는 지속적으로 흡수되는 열량 때문에 엔트로피가 감소하게 된다. 엔트로피가 감소한다는 것은 반응계 내의 무질서가 감소한다는 뜻이다. 이러한 과정은 에너지 밀도체 관점에서 보면, 생명체의 체내에서 다음과 같은 물질대사 반응이 일어난다는 것을 의미한다.

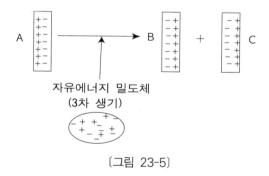

〔그림 23-5〕

A는 체내에서 일어나는 물질대사에 참여하는 반응물이다. 이 A라는 물질분자는 처음부터 생명체의 정을 구성하던 물질이거나, 생명체 내부로 새로 유입된 물질이다. 그런데 이 A라는 물질분자

가 B와 C라는 생성물로 전환되는 물질대사가 생명체 내부에서 일어났다고 하자. 이것은 생명체에게 하나의 자극이 가해졌다는 것을 의미한다. 이때 생명체 내부에 존재하던 자유에너지 밀도체(3차 생기)는, 생성물 B와 C분자의 최외곽 에너지 밀도체 장벽을 구성하는 활성에너지 밀도체(1차 생기)로 전환된다.

이는 생명체의 세포 내부에 축적되어 있던 자유에너지 밀도체(3차 생기)의 감소를 의미한다. 이러한 물질대사 과정이 지속된다는 것은, 생명체의 한계생존의지가 증가한다는 것을 뜻한다. 생명체의 한계생존의지가 증가하면 그 생명체의 신의 상수 K값 역시 증가한다. K값이 증가한다는 것은 이 반응이 지속적으로 일어날 경우 K값이 1을 초과하게 된다는 것을 의미한다. 그런데 생명체에게 K값이 1을 넘어선다는 것은 곧 죽음을 뜻한다.

죽음을 추구하는 생명체는 없다. 따라서 모든 생명체는 이러한 반응을 최소화하려는 것이다. 즉, K값을 낮추기 위해서, 세포 내에 존재하는 자유에너지 밀도체(3차 생기)가 활성에너지 밀도체로 전환되는 물질대사를 최소화한다는 것이다.

일정한 급여가 정해져 있는 조건이라면 노동자가 가능한 한 자신의 노동량을 줄이려고 하는 것, 식물이 척박한 토양보다는 비옥한 토양이 있는 쪽으로 뿌리를 뻗으려는 것. 사자가 얼룩말을 잡을 때 가능한 한 적은 힘을 소모하려는 것. 이처럼 모든 생명체는 자신이 소비해야 할 한계생존의지를 최소화해서 자신의 K값을 낮추려는 것이다.

사람은 자극에 대한 한계생존의지를 감소시키기 위해 구체적으로 어떤 행동을 하고 있는지 알아보자. 이는 일상적인 행위의 근거가 바로 K값을 낮추려는 생명체의 고유한 신의 특성에 있음을 이해하는 데 도움을 줄 것이다.

사람이 노동을 한다는 것은 그것이 정신노동이든 육체노동이든 자신의 열량(3차 생기)을 소모하는 행위이다. 열량을 소모한다는 것은, 체내에서 일어나는 물질대사가 화학적으로 흡열반응이라는 것이다. 즉 자신의 세포 내에 존재하는 자유에너지 밀도체(3차 생기)를 활성에너지 밀도체로 전환시키는 물질대사가 우세하게 일어난다는 것이다.

육체노동인 경우, 근육세포 내에서 일어나는 화학반응으로 근육세포 내의 자유에너지 밀도체가 활성에너지 밀도체로 전환되어, 자유에너지 밀도체가 계속해서 감소하게 된다. 이것은 그 사람의 한계생존의지를 증가시키는 요인으로 작용하여 K값을 증가시킨다. 따라서 K값을 감소시키려는 생명체의 신의 속성에 따라, 이 사람은 자신의 근육세포 내에서 진행되는 이러한 흡열반응적 화학반응을 중단 혹은 감소시키고자 하게 된다. 그 결과 휴식을 원하게 되고 노동을 줄이려고 하게 되는 것이다.

그런데 만약 이 사람이 자신의 K값을 낮추기 위해 노동을 줄인다고 가정해 보자. 그러면 이 사람을 고용하고 있는 사장은 이 사람의 급여를 삭감할 것이다. 그런데 이 사람은 오로지 자신의 노동을 통해 받는 급여로 생계비를 충당하고 있다면, 급여의 삭감은 곧 자신의 식비의 삭감으로 직결된다. 식비가 줄어든 이 사람은 영양가 있는 음식을 먹지 못하게 될 것이다. 이것은 곧 이 사람의 총절대생존의지를 감소시킨다.

생명체 균형식의 분모값인 총절대생존의지의 감소는 K값의 증가를 의미한다. K값의 증가는 그 값을 낮추려는 생명체의 신의 원리에 위배된다. 따라서 이 사람은 증가한 K값을 다시 낮추기 위해 또다시 노동량을 늘릴 수밖에 없다. 그런데 노동량을 늘리면 한계생존의지가 증가하여, 또다시 K값은 증가한다. 이처럼 K값은 증가와 감소를 반복하게 된다. 결국 이 사람은 어느 일정한 수준에서 자신의 K값을 유지하게 된다.

위의 예는 노동과 휴식이라는 서로 상반된 환경이 한 노동자의 K값에 어떤 식으로 영향을 미치는지를 보여준다. 그러나 사람을 둘러싸고 있는 환경은 실로 다양하다. 자연환경에서부터 사회적 환경에 이르기까지 관련성이 있는 것도 무관한 것도 있다. 이러한

모든 환경에서 가해지는 여러 종류의 자극들이 복합적으로 작용
하여 그 사람의 K값에 영향을 미치고 있다.

생명체 자신은 K값을 낮추고자 하나, 외부에서 주어지는 자극
은 생명체의 K값을 증가시키는 것이 대부분이다. 이것은 제약된
환경에서 생존해야만 하는 생명체의 타고난 숙명이다.

위에서 예를 든 노동과 휴식의 관계를 그림으로 나타내면 다음
과 같다.

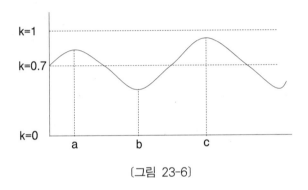

〔그림 23-6〕

위 그림은 노동과 휴식에 대해서, 생명체의 신이 노동자의 K값
에 작용하는 패턴을 보여주고 있다.

ab구간은 노동자가 노동량을 줄여 휴식을 취하는 구간이다. 즉
노동행위에 대한 자신의 한계생존의지를 최소화하는 구간이다. 생
명체 균형식의 분자값을 감소시켜 K값을 낮추고 있는 구간이다.

bc구간은 ab구간의 행위로 급여의 삭감이라는 자극이 발생한
다. 이는 식비의 삭감으로 이어져 노동자가 영양을 섭취하지 못하
므로 총절대생존의지는 감소한다. 따라서 bc구간에서는 생명체 균
형식의 분모값의 감소로 K값이 증가한다.

결국 생명체 균형식의 일반원리는 다음과 같다.

"분모값인 총절대생존의지의 증가는 분자값인 한계생존의지의
증가를 유발하고, 한계생존의지의 증가는 총절대생존의지의 증가
를 유발한다. 따라서 일정한 K값을 유지하게 된다."

그런데 K값이 0과 1 사이의 특정 값을 일정하게 유지한다는 것은, 생명체의 K값이 영원히 1을 초과하지 않는다는 결론에 이르게 된다. 이 말은 생명체가 영원히 생존할 수 있다는 의미가 된다. 그러나 현실적으로 영원히 살 수 있는 생명체는 존재하지 않는다.

그렇다면 생명체의 일생 전체로 보았을 때 K값은 점진적으로 증가하고 있다고 볼 수밖에 없다. 단기적으로 K값은 0과 1 사이에서 일정한 값을 유지하지만, 생명체의 일생으로 보았을 때 K값은 꾸준히 증가한다. 그러다가 마침내 1을 초과하는 순간 죽게 된다.

이러한 현상이 발생하는 원인은 생명체의 세포분열에 의해 세포 내에 존재하는 2차 생기 때문이다. 지금까지 모든 생명체의 K값이 일정하게 유지된다고 했을 때는 3차 생기만 고려했을 경우이다.

앞서 생명체의 2차 생기의 양은 생명체의 세포분열 횟수에 달려 있다고 설명하였다. 생명체가 세포분열을 왕성하게 하고 있다면 생명체에 내재하는 2차 생기의 양은 증가한다. 반면 생명체의 세포분열 활동이 위축되면 2차 생기의 발생량도 감소한다. 이 말은 생명체가 점점 노화될수록 총절대생존의지가 감소하게 된다는 것을 의미한다. 총절대생존의지의 감소는 곧 K값의 증가를 의미한다. 즉, 생명체의 노화는 자신의 K값이 점점 올라가고 있다는 것을 의미한다.

2차 생기까지 고려할 경우 생명체 일생 동안 K값의 변화양상은 다음 그림과 같다.

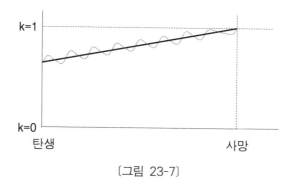

〔그림 23-7〕

결국 생명체에게 궁극적으로 죽음을 선사하는 것은 생명체의 정·기·신 가운데, 정의 원리이다.

신이 아무리 생명체의 K값을 낮추려 해도, 정 자체의 물질적 유한성 때문에 신의 생존의지가 작동할 기반이 없어진다는 것이다. 앞에서 예를 든 산정의 호수처럼 산 꼭대기의 물이 흐르기 위해서는 일단 산이 높이 솟아야 한다는 전제조건이 성립되어야 한다는 것이다.

에너지 밀도체 관점에서 이야기하면, 자유에너지 밀도체(2차 생기, 3차 생기)의 생성 근거가 되는 활성에너지 밀도체(1차 생기) 역시, 종속에너지 밀도체가 존재하여야만 그 존재가 가능하다는 것이다.

따라서 어떤 생명체의 육체(정)의 소멸은 그 생명체를 지배하던 신의 현상의 소멸을 의미한다. 하지만 물이 높은 곳에서 낮은 곳으로 흐르는 기본적인 속성은 중력이 작용하는 한 영원히 사라지지 않는 것처럼, 생명체의 K값을 낮추려는 신의 속성 역시 사라지는 것은 아니다.

생명체에게 나타나는 자기복제 현상이 바로 그 증거이다. 즉, 생명체 특유의 행동인 후손을 퍼트리는 것으로써, K값을 낮추려는 신의 특성을 발현하고 있는 것이다. 신은 생명체의 K값을 낮추어 생명체가 영원히 생존할 것을 희망하지만, 생명체의 또 다른 한 부분인 정은 신의 이러한 뜻을 수용하지 못하는 한계성을 가지고 있다. 그리하여 신은 현재의 정으로 하여금 새로운 정(후손)을 복제해 내도록 하여, 정을 교체해 가면서 생명현상이 영원히 계속되도록 한 것이다.

이는 신이 생명체의 정에 어떤 영향력을 행사했다는 것을 의미한다. 즉, 신은 생명체에 내재하는 자유에너지 밀도체를 종속에너지 밀도체로 전환시키는 과정(물질대사 과정)을 통해서 생명체의 자기복제를 실현하고 있다는 것이다.

이를 그림으로 나타내면 다음과 같다.

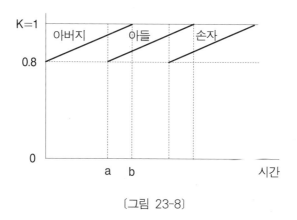

〔그림 23-8〕

아들의 육체는 아버지의 육체에서 파생한다. 이는 모세포에서
딸세포가 탄생되는 것과 마찬가지다. 시간이 지남에 따라 아버지
의 K값은 노화 때문에 점점 증가하여 마침내 b시점에서 사망하게
된다. 그러나 a시점에서 아버지의 정에서 새로운 정이 파생되어 b
시점에서 생존을 계속하고 있다.

이러한 생명체의 현상을 어떻게 이해해야 할 것인가?

분명한 것은 b시점에 존재하는 아들의 정은, 아버지의 정의 물
질대사를 통해 만들어진 아버지의 정자에서 기원했다는 것이다.
다시 말해 아버지의 정자가 곧 아들의 정이라는 것이다. 아버지의
몸에서 정자가 만들어지는 것은 아버지에게 적용되는 생명체의
신의 원리 때문이다.

신은, 아버지라는 생명체의 생명현상을 연장시키기 위해(K값을
낮추기 위해) 아버지의 K값을 a시점에서 일시에 0.8로 낮추었다고
볼 수 있다. 즉, 생명체에 작용하는 신은, 아버지의 정과 아들의 정
을 동일시하고 있다는 것이다.

문제의 핵심은 b시점에서 과연 아버지의 정이 소멸됨으로써 아
버지에게서 일어났던 생명현상이 완전히 종료되었는지, 아니면 아
들을 통해서 계속되고 있는지 하는 것이다. 이 문제는 생명현상을
보이고 있는 어떤 한 개체의 범위를 어디까지로 볼 것인가에 따라

그 대답이 달라질 것이다.

그러나 이에 앞서, 아버지라는 개체를 구성하던 종속에너지 밀도체의 일부가 아들을 구성하는 최초의 종속에너지 밀도체로 전환되었다는 것은 분명하다. 따라서 아들은 아버지가 전환된 존재인 것이다.

더 쉽게 이야기해서 내 아들은 곧 나 자신이며, 나의 부모는 곧 나 자신이라는 것이다. 즉, 자식과 부모는 근본적으로 일체라는 것이다. 자식과 부모 가운데서 어느 한쪽이 먼저 죽는 것은 일체의 한쪽 부분이 손상된다는 의미이지, 일체 전체가 파괴된 것은 아니라고 볼 수 있다. ab구간에서처럼 아버지와 아들이 공존하다가 아버지가 죽는다 해도, 신의 입장에서 보는 생명현상은 아들을 통해 계속 유지되고 있다는 뜻이다. 이것은 사람뿐만 아니라 다른 생명체 모두에게 적용된다.

이런 의미에서 볼 때, 자식이 부모에게 효도를 다하고 부모가 자식을 사랑으로 온 정성을 다해 키우는 것은, 자식과 부모의 관계가 근본적으로 하나의 정으로 연결된 일체이기 때문에 나타나는 현상이다.

예를 들어, 어느 해에 가뭄이 심해 흉년이 들어 부모와 자식 모두 굶주리고 있다고 하자. 이럴 때, 약간의 먹을 것이 생기면 대부분의 부모들은 자신은 굶어 죽을지언정 먹을 것을 자식에게 준다. 이러한 부모의 행위가 의미하는 것은 무엇이겠는가?

기본적으로 모든 생명체는 자신의 K값을 낮춤으로써 생명현상을 계속 유지하고자 한다. 이 경우 K값을 낮추는 것은 음식을 먹음으로써 자신의 총절대생존의지를 증가시키는 것이다. 그런데 부모가 음식물을 자신이 먹지 않고 자식에게 주는 것은 분명 자신의 K값을 낮추는 행위는 아니다. 그렇다면 이러한 부모의 행위는 생명체의 기본 속성을 위반하는 것이 아닐까?

물론 그렇다.

그러나 위에서 이야기했던 것과 같이 신의 입장에서 보았을 때는, 부모의 정과 자식의 정은 동일한 하나이므로 부모든 자식이든 둘 가운데 하나만 생존해도 정의 생존현상은 유지되는 것이다. 그렇다면 앞으로 더 오랫동안 생존할 가능성이 있는 자식의 정에서 생명현상을 유지하는 것이 더 타당하다. 따라서 이 경우에 생명체에게 작동하는 신의 원리는 부모가 아닌 자식에게 음식물을 주는 것이다.

우리는 부모의 이러한 행위를 모성본능이라 한다. 결국 모성본능 또한 신의 원리의 지배를 받는 것임을 알 수 있다. 다시 말해, 이러한 부모의 행위는 교육에 의해 획득된 숭고한 희생정신이 아니라, 생명체의 신의 속성에 따른 것일 뿐이다.

남자와 여자가 성적으로 서로 사랑하는 것 또한 생명체의 신의 원리에 지배를 받는 결과 나타나는 현상이다. 후손을 통해 자신의 생명현상을 유지하기 위해서는, 먼저 후손을 만드는 시스템이 작동되는 것은 지극히 당연하다.

그런데 여기에서 인간에게서만 보여지는 특이한 현상을 찾을 수 있다. 인간사회에는 종교에 귀의하여 철저히 금욕하는 사람들 또는 결혼했음에도 의도적으로 자식을 가지지 않는 사람들이 존재한다. 다른 생명체에게서는 찾아볼 수 없는 현상이다. 이들은 지금까지 설명했던 생명체의 신의 속성을 정면으로 위반하고 있다.

도대체 인간에게는 모든 생명체에게 공통한 정·기·신 이외에 또 무슨 속성이 있길래, 다른 생명체에게서는 찾아볼 수 없는 이런 현상이 발생하는 것일까?

그것은 인간이란 생명체가 부여받은 의식(사고, 생각, 마음) 때문이다. 의식은 인간에게만 있는 특성이므로 다른 생명체를 관찰하는 것도 소용없다. 관찰자인 인간이 자신의 의식으로 자기 자신의 의식을 관찰하는 것 자체가 모순일 수 있다. 그러나 의식은 인간의 정이 만들어낸 물질적 구조(대뇌 신경구조)에 신이 작용하여 발생하는 현상이므로 과학적인 방법 즉, 물질적 개념으로 규명할 수 있는 것으로 본다.

앞에서 산정의 호수에 비유한 인간의 정, 기, 신, 대뇌, 의식의 관계를 다시 한번 살펴보자. 산의 등고선 모양에 따라 즉, 계곡의 배치에 따라 산정에 있는 호수의 물은 각각 다른 방향으로 흘러가게 된다. 물이 아래로 흐르는 것은 중력에 의한 물의 위치에너지 때문이지만, 그 물이 동서남북으로 흐르는 것은 산의 계곡이 어떻게 배치되어 있는가에 따라 결정된다.

계곡을 따라 흐르는 물도 기본적으로 아래로 흐르고 있다. 이것은 물이 아래로 흐른다는 근본속성에서 벗어나지 않고 있음을 나타내는 것이다. 마찬가지로 인간의 대뇌에 의해 형성되는 의식 또한 기본적으로 생명체에 고유한 신의 속성에서 벗어나지는 못한다.

그러나 특별한 경우 펌프에 의해서 물이 위로 올라가는 경우가 있듯이, 인간의 의식 역시 신의 속성을 위반하는 경우가 있다. 위에서 이야기한 종교에 귀의한 독신자, 고의로 자식을 가지지 않는 부부와 같은 경우는 모두 인간의 의식이 신의 원리를 위반한 경우이다.

따라서 이런 상태의 인간은 고유한 의미의 생명체로 볼 수 없다. 문명의 발달에 따라 인간의 사회가 고도화할수록 이런 경향은 두드러져 가고 있다. 즉, 인간이라는 종족은 점점 고유한 의미의 생명체에서 벗어나고 있다는 것이다.

위의 산의 그림과 인간의 정, 기, 신, 의식, 대뇌의 관계를 정리하면 다음 표와 같다.

산	정	종속(활성)에너지 밀도체
물	기	자유에너지 밀도체
물이 아래로 흐르는 성질	신	K값을 낮추려는 방향으로 자유에너지 밀도체 생성, 이동, 소비
계곡을 따라 흐르는 물의 방향	의식	타생명체와는 다른 방법으로 K값을 낮추려는 성질이 나타날 수 있음
계곡	대뇌	종속(활성)에너지 밀도체

〈표 23-2〉

계곡이 어떻게 배치되어 있는가를 알면 어느 방향으로 물이 흘러갈지를 알 수 있는 것처럼, 인간의 대뇌를 분석해 보면 의식의 비밀을 풀 수 있을 것이다. 인간의 대뇌를 분석한다는 것은, 인간의 뇌세포 속에서 자유에너지 밀도체가 어떤 식으로 생산, 소비, 이동되고 있는가를 규명하는 것이다.

인간을 제외한 대부분의 생명체는 신과 의식의 구별이 없다. 신 그 자체를 의식으로 볼 수 있다. 산정에 있는 호수의 물이 아래로 흘러가는 길은 하나밖에 없는 것과 같다. 따라서 동서남북과 같은 방향이 의미가 없다. 인간을 제외한 대부분의 생명체들은 생존에의 본능 즉, 신의 원리에 전적으로 지배받으며 살아간다는 것이다.

반면에 인간은 정의 속성을 지닌 대뇌에서 형성되는 의식을 통해, 자신의 K값을 낮추는 데 다양한 방법을 사용할 수 있다. 이러한 방법들 가운데서 대부분은 신의 원리를 따르고 있지만, 일부는 신의 원리를 위반하는 것도 있다.

어쨌든 인간의 의식은, 수정된 이후부터 받아들인 모든 자극이 특정한 에너지 밀도체 배열구조로 정보화되어 대뇌의 특정 부위에 저장되어 있는 것으로 추측된다.

예를 들어, 만약 '아버지'라는 단어의 의미는 $+ + + - - -$, '어머니'라는 단어의 의미는 $- - - + + +$, 또 '결혼'이라는 단어의 의미는 $+ - + -$라는 에너지 밀도체 배열구조로 정보화되어 대뇌세포에 저장되어 있다면, 신의 작용에 따라 $+ + + - - - / - - - + + + / + - + -$의 에너지 밀도체들이 배열되면 "아버지 어머니 결혼"이라는 하나의 의식이 생성되는 것으로 추측된다.

이때 의식을 형성하는 에너지 밀도체는 자유에너지 밀도체인 것으로 본다. 그리고 대뇌는 이러한 자유에너지 밀도체의 특이한 배열이 이루어지는 매우 특이한 장소라는 것이다. 다른 생명체들의 대뇌에 비해 인간의 대뇌가, 이러한 의식을 형성하는 자유에너지 밀도체의 저장, 결합·분해 속도, 기능이 더 우수하기 때문에 문명을 이룩하게 된 것이다.

결국 인간이 만들어낼 수 있는 의식(사고의 내용)은, 자신이 보유하고 있는 신호화된 자유에너지 밀도체들의 조합 내에서 생성되는 것으로 본다. 따라서 자신이 어떤 종류의 정보를 많이 받아들여 대뇌에 저장하고 있는가에 따라, 그 사람의 사고의 주된 내용과 경향(성격)이 결정된다.

공산주의 사회에서 살아온 사람은 자신의 사고방식을 절대로 단시간 내에 자본주의 사회의 사고방식으로 바꿀 수 없다. 그들의 대뇌는 자본주의에서 사용하는 개념들을 전혀 저장하고 있지 않기 때문이다. 이것은 인간사회에서 관습과 교육이 얼마나 중요한 것인가를 암시하는 예다. 그리고 K값을 낮추려는 생명체의 신은 선천적인 것이나, 인간의 의식은 후천적인 것임을 의미한다.

우리는 때때로 불현듯 떠오르는 영감을 경험한다. 이것은 평상시에는 잘 조합되지 않던 자유에너지 밀도체 사이에 조합이 만들어져 형성되는 의식이다. 뇌호흡이나 깊은 명상 등은 모두 의식을 형성하는 자유에너지 밀도체의 저장과 조합을 빨리 되도록 하는 데 도움을 주는 방법들이라 볼 수 있다.

인간의 의식이 기본적으로 신의 지배를 받고 있다는 것은 무엇을 의미하는가?

생명체 모두에게 작용하는 신의 원리란 자신의 K값을 낮추려는 것이다. 자신의 K값을 낮추기 위해, 사자는 단단한 이빨과 근육과 발톱을, 독수리는 날개와 부리를, 물고기는 물 속에서 살 수 있는 호흡구조를 발달시킨 것과 같이, 인간도 자신의 K값을 낮추기 위해 대뇌를 발달시켰다.

인간의 사고능력은 사자의 힘, 독수리의 날개, 물고기의 아가미와 똑같은 가치를 지니고 있을 뿐, 결코 우월하다고 볼 수 없다. 왜냐하면 인간 역시 다른 생명체와 마찬가지로 0과 1 사이의 일정한 K값을 가지고 있기 때문이다. 이는 인간뿐만 아니라 다른 생명체도 이 지구 상에서 인간과 동등하게 함께 살아갈 충분한 가치와 권리가 있다는 것을 의미한다. 따라서 인간이 아니라는 이유만으로 일방적으로 다른 생명체를 죽이고 그들의 삶의 터전을 훼손하는 것은 분명 자연의 거대한 질서를 파괴하는 행위임이 분명하다.

K값을 낮추기 위해 인간이 선택한 대뇌의 발달은, 분명히 인간의 K값을 낮추는 데 공헌했지만, 한편으로는 자신의 K값을 올리는 원인이 되기도 하였다. 그래서 결국 상쇄되었다.

또한, 대뇌의 발달은 인간에게 지성이라는 긍정적인 속성을 선사했지만, 다른 한편으로는 욕심이라는 폐단을 안겨주었다.

예를 들어, 인간의 지성은 불의 이용법을 깨닫게 하여 겨울철 추위를 극복하는 데 필요한 한계생존의지를 감소시켜 줌으로써 K값을 낮추는데 공헌하였고, 농경법을 깨닫게 하여 식량을 쉽게 구함으로써 자신의 총절대생존의지를 효과적으로 증가시켜 K값을 낮추는 데 공헌하였다.

그러나, 언제부터인가 인간은 생존에 필요한 것 이상의 물질을 소유하게 되었다. 대뇌의 발달로 기억을 통한 예측능력을 가지게 됨으로써, 지금 필요하지 않지만 미래에 자신의 K값을 낮추는 데 필요할 것으로 예상되는 것을, 지금 소유하고자 하는 욕심이라는 또 다른 속성도 지니게 되고 말았다. 이는 인간에게만 아니라 생명계 전체에게 불행한 사건이 되었다.

인간의 욕심이 어떤 과정을 거쳐서 K값을 높이는지 설명해야 할 것이다. 욕심이란 자신의 K값을 낮추기 위해, 현재 가지고 있지 않은 것을 현재 또는 미래 어느 시점에 소유하고자 하는 바람이다. 따라서 사람들은 이 욕망을 채우기 위해 자신의 힘을 소비해야 한다. 즉 자신의 한계생존의지를 증가시켜야 한다는 것이다.

이는 당연히 자신의 K값을 증가시킨다. 그러므로 비록 욕심을 채워 자신의 K값을 낮춘다 하더라도, 이미 욕심을 충족시키는 과정에서 자신의 K값을 증가시켜 버렸기 때문에, 결국 자신의 K값은 욕심을 채우기 전이나 욕심을 채우고 난 후나 변화가 없다.

그저 가만히 앉아 아무런 노력도 하지 않는다면 욕심은 절대로 채워지지 않는다. 그리고 소유한 것을 지키는 데도 엄청난 한계생존의지를 소비해야 한다. 욕심을 충족시킨다는 것은, 어차피 내려와야 할 산을 올라가는 것과 같다.

일반적으로, 욕심이 많은 사람을 나쁜 사람이라고 한다. 그러나 우리들 가운데 욕심이 없는 사람이 누가 있는가?

욕심의 근원이 무엇이든가? 욕심은 사람이 자신의 K값을 낮추려는 데서 시작된다. 즉, 신의 원리에 따른 것이기 때문에 욕심을 가지는 것은 생명체로서 지극히 당연한 것이며, 욕심이 전혀 없는 사람이 오히려 생명체의 당연한 섭리를 어기고 있는 사람이다. 때문에 이 세상에 욕심이 없는 사람은 존재하지 않는다. 욕심이 없다는 사람은 이미 사람으로 볼 수 없는 존재이다.

욕심이 인간의 의식에서 출발한 것이라면, 욕심의 대상이 물질적인 것이든 명예와 같은 비물질적인 것이든 상관이 없다. 명예욕은 좋고 물욕은 나쁘다고 말하는 것은 잘못된 것이다. 자신의 명예를 위해 자신을 침략하지도 않은 수많은 다른 사람들을 죽게 만들었던 영웅들이 과연 훌륭한 위인이라고 칭송받을 자격이 있는가? 몰래 다른 사람의 것을 빼앗아, 공식적으로 다른 사람을 도와주는 위선자가 과연 상을 받을 자격이 있는가?

자신의 생존을 위해서 다른 생명체를 죽일 수는 있어도, 명예를 위해서 다른 생명체를 죽여선 안 된다. 그러한 행위는 생명계 전체를 유지시키고 있는 거대한 질서를 파괴하는 행위이기 때문이다. 오직 인간만이 그러한 행위를 한다. 그것은 인간만이 의식이라는 신의 증폭된 속성을 가지고 있기 때문이다.

결국 인간이 K값을 낮추기 위해 욕심을 충족시키는 행위를 할 때, 그 행위 때문에 자신은 물론이고 다른 인간과 다른 생명체의 K값을 올리게 된다면, 인간의 이러한 행위는 생명계를 유지시키는 거대한 질서를 파괴하는 것이 된다.

앞에서 생명계를 유지시키는 생명체 균형식이 모든 생명체가 동일한 K값을 만족시키는 상태에서 유지되는 것이라고 하였다. 그런데 인간의 어떤 행위가 자신의 K값은 낮추고, 다른 생명체의 K값을 올리는 것으로 작용한다면 이것은 생명체 균형식의 성립을 깨뜨리는 것이다. 따라서 자연은 이러한 인간의 행위를 용납하지 않는다. 무리하게 자신의 욕심을 채우는 인간들이 궁극에 가서는 파멸을 맞이하는 것을 우리는 자주 보게 된다. 이것은 자연의 당연한 섭리이다.

그렇다고 해서 사람들에게 '욕심을 버리시오'라고 말하는 것 또한 소용없는 일이다. 인간인 이상 욕심을 버리는 것은 불가능하다. 다만 자신의 욕심이 다른 사람, 다른 생명체에게 어떤 영향을 끼치게 될지를 먼저 고려해야 한다는 것이다.

이러한 관점에서, 예수가 '네 이웃을 네 몸처럼 사랑하라'고 한 말은 진실로 생명계의 질서를 유지시키는 데 가장 합당한 말이라고 할 수 있다. 그것은 다른 사람, 다른 생명체의 K값을 낮추는 일이 결국 자신의 K값을 낮추는 일이라는 것을 의미한다.

인간은 의식을 가진 존재이므로 인간사회를 자연질서에 합당하게 맞추기 위해서는 교육이 반드시 필요하다. 그 교육의 내용은 인류의 위대한 스승들의 가르침 속에 이미 들어 있고, 자연에 존재하는 다른 생명체들의 생존방식을 통해 배울 수도 있다.

그러나 불행히도 오늘의 현실은, 물질적 부의 추구를 궁극의 목표로 하는 자본주의 경제논리가 모든 의식을 지배하고 있다. 인간이 오직 자신의 K값만을 낮추는 것을 목표로 하고 있다는 것이다. 이러한 자본주의 논리는 생명계의 균형을 깨뜨릴 위험이 지극히 높은 논리이다. 모든 개인과 기업은 자신의 이익만을 추구하므로,

이들 각자의 목적이 충돌할 경우 필요 이상의 경쟁과 자원이 소모된다. 이것은 인간의 한계생존의지를 증가시키는 요인이 된다.

즉, 자본주의 논리는 생명체 균형식에서 오로지 분모값만을 증가시켜 인간의 K값을 낮추려는 데 더 비중을 두고 있다. 그러나, 이러한 자본주의 논리의 필연적인 결과로 인간의 한계생존의지 역시 증가하고 있으므로, 아무리 자본주의 경제가 발달한다 하더라도 궁극적으로 인간은 과거보다 더 낮은 K값을 보유할 수는 없다. 이러한 자본주의 논리의 피해자는 인간의 총절대생존의지를 증가시키는 데 그 재료로 사용되는 다른 생명체들이다.

지금까지 총절대생존의지를 구성하는 것은 2차 생기와 3차 생기인 것으로 보고 논의를 진행해 왔다. 그러나 이들 생기는 모두 물질대사를 통해서 생성되는 것이므로 경쟁과 자원의 소모를 동반할 수밖에 없다.

무리한 경쟁과 자원의 소모 없이도 총절대생존의지를 증가시키는 또 다른 방법을 찾아야만 한다. 그래야 다른 생명체들만 못살게 만들고 있는 자본주의 논리에서 벗어나 모든 생명체와 더불어 살 수 있는 새로운 가치관을 정립할 수 있을 것이다.

그것은 다름아닌 우주공간에 충만한 자유에너지 밀도체(기)의 존재를 인식하고, 이를 자신의 총절대생존의지로 받아들이는 방법밖에 없다. 이것은 다른 생명체의 희생을 요구하지 않는다. 이제 인류는 자신과 타생명체의 K값을 함께 낮추기 위해, 총절대생존의지의 구성요소로서의 '진기'를 인식할 시점에 와 있다.

24 신과 의식 또는 사고작용의 경계

인간의 문제에 국한시켜 신과 의식에 대해서 좀더 구체적으로 알아보자. 다시 말해, 인간에게만 발생하는 여러 현상들과 신과 의식이 어떻게 연관되어 있는지 각각의 경우를 들어 알아보자는 것이다

예를 들어 설명하면 "자 지금부터 공부를 하자"라고 마음먹는 것은 신의 작용이다. 즉 K값을 낮추려는 신의 속성이 의식을 통해 드러나서 스스로가 인식하게 된 것이다. 그렇다고 해서 이렇게 마음먹은 것 자체가 의식 또는 사고작용은 아니다. 의식 또는 사고작용은 대뇌의 기능으로 실지로 문제를 풀이하는 과정을 의미한다.

문제를 풀자고 마음먹은 것을, 당신의 의식이 그렇게 하라고 명령한 것으로 오해해서는 안 된다. 당신의 의식은 어떤 명령도 내릴 능력이 없다. 일반적으로 의식(대뇌의 사고작용)은 신이 시키는 대로 움직일 따름이다.

그렇다면 수학문제를 푸는 것이 어떻게 K값을 낮추는 것인지를 알아보자.

수학문제를 풀지 못한다면 당신은 대학입시에 합격할 수 없다. 그것은 당신이 앞으로 좋은 음식과 집을 가질 확률이 적어진다는 것을 의미하고, 이는 당신의 생존에 불리한 조건으로 당신을 압박하게 될 것을, 당신이 알고 있다는 것을 의미한다. 수학문제를 푸는 것과 당신의 생존이 연관되어 있다는 것을 알기 때문에, 신(생존의지)의 원리가 적용되는 것이다.

신이 당신의 의식에 내리는 명령의 거의 대부분은 당신의 생존과 관계된 것들이다. 다만 당신의 의식은 이런 명령들이 어떻게 생존과 직접적으로 연관되는지를 깊이 생각하지 않고 있을 뿐이다. 조금만 생각해 본다면 당신의 의식은, 신이 내린 명령이 당신의 생존에 필요한 것임을 알게 된다. 그것이 아무리 사소해 보일지라도 당신의 생존과 관련되어 있음을 알게 되면 당신은 어떤 일도 건성으로 하지는 않을 것이다.

당신이 만약 재산을 많이 물려받아서 좋은 대학에 들어가지 않아도 충분히 잘 먹고 잘 살 수 있다면, 당신은 아마 수학문제를 생존을 위해서 풀려고 하지는 않을 것이다. 수학문제를 푸는 것은 상당히 많은 자유에너지 밀도체를 소모하는 일이기 때문이다.

수학문제를 풀이하는 행위가 분모를 증가시키기보다 분자를 더 크게 증가시키기 때문에, 결국 당신의 K값을 증가시키는 결과를 초래한다. 그렇기 때문에 물려받은 재산이 많은 당신은 생존을 위해서 수학문제를 힘들여 풀 필요가 없다. 오히려 그것은 당신의 생존에 나쁘게 작용한다. 이처럼 같은 자극이라 하더라도 개체의 상태에 따라서 상반되게 작용하기도 한다.

이는 마치 나뭇가지가 남쪽으로 뻗어 나가려는 것과 같다. 가지가 북쪽으로 뻗으면 그만큼 햇빛을 흡수할 확률이 줄어들고, 그 결과 자신의 생존에 바람직하지 않다는 것을, 나무가 아는 것과 같다. 여기서 안다는 것은 의식 또는 사고작용을 통해서 안다는 것이 아니라, 자극에 대해서 K값을 낮추려는 신의 속성에 지배당하고 있다는 것을 의미한다.

만약 가지가 북쪽으로 뻗어 있다면, 충분한 광합성 작용을 못하게 되어 필요한 영양분을 제대로 공급받지 못한다. 이것은 총절대생존의지로서 자유에너지 밀도체의 양이 적어진다는 것을 의미하며, 생명체 균형식에서 분모값을 작게 만들어 전체적으로 K값을 크게 만드는 바람직하지 않은 결과를 초래한다.

따라서 가지를 북쪽으로 뻗는 것은, K값을 작게 만들려는 생명체의 기본속성을 위반하는 행위이므로, 나뭇가지를 될 수 있는 한 남쪽으로 뻗는 것이다.

물론 햇빛을 받는 양이 남쪽이나 북쪽이나 같을 경우에는 이러한 일이 발생하지 않는다. 이 자극에 대해서는 K값을 더 줄일 유인이 존재하지 않기 때문이다. 가지가 북쪽으로 뻗든 남쪽으로 뻗는 K값은 변하지 않기 때문이다.

나무가 사고작용을 통해서 가지를 남쪽으로 뻗어가는 것이 아닌 것처럼, 수학문제를 풀기로 결심하는 것은 우리의 의식이 명령한 것은 아니다. 다만 우리의 의식이 그 명령을 인식하고 있는 것뿐이다.

그러나 하나에 하나를 더하면 둘이 된다는 것을 인식하는 것은, 대뇌의 사고작용의 결과이다. 이것은 K값을 낮추기 위한 생명체의 구체적인 행위이며, 신의 명령에 대한 정의 반응인 것이다. 이러한 기능을 수행하는 기관이 바로 대뇌이다. 결코 대뇌에서 생존의지(신)가 만들어지는 것이 아니다. 대뇌는 인간이라는 생명체가 특별히 그 기능을 고도화시킨 하나의 물질적 기관(정)일 뿐이다.

의식은 대뇌에서 나온다.
그러나, 신은 대뇌 속에 있지 않다.
신은 모든 생명체에게 똑같이 작용하는 공통의 원리이다.

만유인력은 사과 속에 존재하지 않는다.
그러나, 만유인력은 사과를 지배하여 땅으로 떨어지게 만든다.
마찬가지로 신은 대뇌 속에 존재하지 않는다.
그러나 대뇌(의식)를 지배하고 있다.

눈이 보는 역할을 하듯이 대뇌는 사고작용이라는 특이한 역할을 하고 있는 것뿐이다. 그 결과 의식이라는 현상이 인간에게 나타나는 것이다.

"나는 저 사람이 좋다. 저 사람은 싫다"라고 판단하는 것은 신의 작용인가, 사고작용인가를 생각해 보자. 싫다, 좋다라고 판단하는 자체는 이미 의식한다는 것이다. 그리고 의식이 이렇게 판단하게 된 원인은 신이다. 먼저 생각해 보아야 할 사항은, 당신이 판단하는 그 사람이 당신에게 어떤 자극원인가 하는 것이다. 만약 그 사람이 당신에게 음성적 자극(생명체의 K값을 높이는 자극)을 끼친다면 그 사람은 당신의 K값을 올리는 역할을 한다. 그러면 당신은 K값을 낮추기 위한 반응을 하게 된다. 따라서 당신은 그 사람을 피하든지 그 사람을 싫어하게 된다. 이때 그 사람을 피한다든가 싫어하는 구체적 행동이나 생각들이 의식으로 나타나게 된다.

이때 K값을 낮추려는 것은 당신의 의식 또는 사고작용의 결과가 아니다. 이것은 사고작용 이전에 행해지는 모든 생명체에 고유한 속성인 신의 과정이다. 생존의지(신)는 의식 이전에 작동되는 인간존재의 원리인 것이다.

이를 깨닫는다면, '나는 누구인가'라는 문제를 생각할 때, 우리는 더 이상 혼란스럽지 않을 것이다. 생각 이전에 존재하는 원리에 의해, 생각의 실체로 존재하는 것이 나인 것이다.

지금 내 앞을 기어가는 저 한 마리 개미와 나는 본질적으로 같은 원리에 지배당하는 존재이다. 나의 생각과 개미의 생각, 나의 몸과 개미의 몸은 수면 위에 일어났다 퍼져 사라지는 물결처럼 잠시 존재했다 사라지는 하나의 현상일 뿐이다.

신은
오늘은 또 어느 누구를 태어나게 하고
어느 누구를 잠들게 하나……

25 기수련 원리

제절 생기

    지금까지 이야기한 내용들을 바탕으로 여기서는 기를 수련한다는 것이 어떤 의미를 지니는지 살펴보자. 사람들이 기를 수련할 때, 그저 막연한 믿음으로 수련행위를 하고 있는 것이 현실이다. 자신의 몸속에 진기를 축적한다는 것이 어떤 의미가 있는지 정확히 인식하고 있는 사람들은 많지 않다. 이제부터 기를 수련한다는 것의 진정한 의미를 알아보자.

    앞에서 한계생존의지와 총절대생존의지를 다음과 같이 정의하였다.

    한계생존의지 : 특정의 음성적 자극(i) 1단위를 극복하기 위해 사용되는 자유에너지 밀도체를 한계생존의지라 정의한다. 여기서 음성적 자극이란 소비적 물질대사 과정을 유발하는 자극을 의미한다.

    총절대생존의지 : 생명체 내부에 존재하는 자유에너지 밀도체의 총량.

    앞에서는 주로 모든 생명체들에게서 이것들이 지니는 기본적인 의의를 논의하였지만, 여기서는 기를 수련하는 데 어떤 의미를 지니고 있는지 알아보자.

총절대생존의지는, 특정의 생명체가 세포분열 과정에서 모세포로부터 물려받은 자유에너지 밀도체(2차 생기)와, 각종의 물질대사 과정에서 일어나는 생체 화학반응 결과 발생한 자유에너지 밀도체(3차 생기)와, 호흡수련을 통해 물질대사 과정을 거치지 않고 직접적으로 체내에 흡수한 자유에너지 밀도체(진기)를 모두 합한 것을 의미한다.

<총절대생존의지>
세포분열에 의해 모세포로부터 받은 자유에너지 밀도체(2차 생기)
＋물질대사에 의한 자유에너지 밀도체(3차 생기)
＋물질대사에 의한 자유에너지 밀도체(3차 생기)와 대체된
　자유에너지 밀도체(진기)

이를 함수 형식으로 표현하면 다음과 같다.
총절대생존의지 ＝ f(세포분열 횟수) ＋ f(물질대사량) ＋ f(3차 생기, 진기)

즉, 생명체의 총절대생존의지를 구성하는 2차 생기, 3차 생기, 진기량을 결정하는 변수들은 각각 세포분열 횟수, 물질대사량, 그리고 3차 생기가 진기로 대체되는 정도가 얼마냐 하는 것이다.

진기를 수련하는 사람을 제외한 대부분의 사람과 다른 생명체들은 진기가 없기 때문에, 이들의 총절대생존의지는 세포분열 횟수와 물질대사량만으로 결정된다.

총절대생존의지는 생명체를 구성하는 물질원자의 활성에너지 밀도체는 고려하지 않는 개념이다. 이는 생명체의 정·기·신 가운데서 기의 개념에 더욱 충실하고자 한 것이다. 정의 속성을 가지고 있는 활성에너지 밀도체를 고려하면, 기의 일반원리를 이해하는 데 복잡한 요소로 작용할 수 있기 때문이다. 비록 활성에너지 밀도체를 총절대생존의지에 포함시키지 않더라도, 이것은 3차 생

기에 충분히 반영되고 있어서 포함시키지 않은 것이다.

주의할 사항은 생명체의 크기가 크다고 해서, 총절대생존의지가 반드시 더 많지는 않다는 점이다. 위의 수식에서 1차 생기를 총절대생존의지에 포함시키지 않는 것이 이러한 사실을 말해준다.

예를 들면, 코끼리가 사자보다 몸집이 크다는 이유만으로 코끼리가 총절대생존의지를 더 많이 가지고 있다고 말할 수는 없다는 것이다.

댐에 물이 아무리 많이 저수되어 있다 하더라도, 그것이 댐 아래로 떨어지지 않는다면 절대로 전기에너지를 만들어내지 못한다. 댐에 물이 많다는 것만으로는 발전량을 추측할 수 없다는 것이다.

다시 말해, 비록 저수량은 적어도 더 높은 낙차의 물을 떨어지게 할 수 있는 댐 구조가 더 많은 발전능력을 보유하고 있다는 것이다.

그러나 일반적으로 저수량이 많은 댐이 더 많은 전기에너지를 만들어내는 것처럼, 생명체의 무게가 무거운 것일수록 더 많은 자유에너지 밀도체를 생성시키는 데 유리하다고 할 수는 있다. 특히 같은 종류의 생명체들 가운데서 무게가 무거운 개체일수록, 총절대생존의지가 더 많다라고 말하는 것은 절대적인 진리는 아니지만 일반적으로는 옳다.

다음 [그림 25-1]은 이러한 관계를 보여준다.

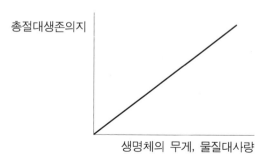

[그림 25-1] 동일 종류 생명체의 무게와 총절대생존의지의 관계

비옥한 토양에서 자라는 식물들이 척박한 땅에서 자라는 식물들보다 더 많은 총절대생존의지를 가지고 있다. 이것은 양질의 토양에서 자라는 식물이 생존에 필요한 물질들을 더 많이 흡수하여 생산적 물질대사를 더욱 활발히 함으로써, 많은 자유에너지 밀도체를 체내에 보유할 수 있기 때문이다.

사람을 예로 든다면, 전부 다 그런 것은 아니지만 부자들이 가난한 사람들보다는 더 많은 총절대생존의지를 가지고 있다고 말할 수 있다. 돈이 많은 사람들은 자신이 원하기만 한다면 얼마든지 영양가가 풍부한 음식물을 섭취할 수 있기 때문이다.

그들이 섭취한 영양분들은 그들의 몸속에 들어가 생산적 물질대사 과정을 거치면서 충분한 자유에너지 밀도체를 만들어낸다. 그러나 가난한 사람들은 영양가가 풍부한 음식물을 마음껏 섭취하지 못한다. 가난한 것도 서러운데 총절대생존의지조차도 부자들보다 적은 것이다.

그렇지만 가난뱅이나 부자나 평균수명은 비슷하다. 이것은 생명체의 수명은, 총절대생존의지의 양이 많고 적음에 달려 있지 않다는 것을 의미한다. 가난한 사람들에게는 반가운 일이다. 그러나, 가난한 사람보다는 부자가 총절대생존의지의 측면에서 유리한 입장에 있는 것은 부정할 수 없다. 그래서 사람들은 누구나 부자가 되길 원하며 이러한 소망은 너무나 당연하고 지극히 정상적인 것이다.

사람들에게 "가난하게 살아라"라고 말하는 것은 "좀더 빨리 죽을 수 있는 처지가 되라"라고 말하는 것과 같다. 사람의 몸이 정(물질)으로 이루어진 이상 가난은 슬픈 것이다. 여기서 가난이라 함은 생존에 필요한 음식물을 구하는 데 즉, 생산적 물질대사 과정을 수행하는 데 어려움을 겪어야 하는 처지를 의미한다.

다음 그림은 재산(부)과 총절대생존의지와의 관계가 체감적으로 증가하다가, 어느 시점부터는 더 이상 증가하지 않음을 보여준다. 이것은 어느 수준의 부에 도달하면, 부 그 자체는 그 사람의

314

총절대생존의지를 더 크게 하지는 못한다는 것을 의미한다. 즉, 총절대생존의지의 측면에서 본다면 사람에게 무한정의 부는 불필요하다 것을 시사해 주고 있다.

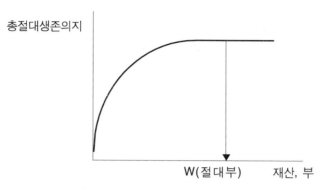

〔그림 25-2〕 부와 총절대생존의지의 관계

이는 가난한 사람들에게도 이 세상은 희망을 가지고 살아갈 만한 곳이라는 것을 의미한다. 생존과 부는 결코 지속적인 비례관계를 유지하지 못한다. 그러므로 당신이 W수준의 부만 획득할 수 있다면, 그 다음부터는 당신의 생존에 부는 더 이상 아무런 영향도 끼치지 않음을 깨달아, 지나친 부의 획득에 헛된 노력을 하지 않기 바란다.

비유적으로 설명하면, 일정량의 물 속에 녹는 설탕의 양은 무한하지 않다는 것이다. 용기 속에 들어있는 물 100리터에 최대로 녹을 수 있는 설탕의 양이 10그램이라면, 10그램을 넘는 양을 투입하여도 그 이상은 녹지않고 용기 바닥에 침전물로 가라앉을 뿐이다. 즉, 어떤 용액의 포화점을 초과하는 용질의 양은 낭비일 뿐이다.

마찬가지로 생명체를 구성하는 정의 생산적 물질대사 메커니즘은 일정량으로 정해져 있다. 당신이 만약 하루에 12개의 계란을 먹는다 하더라도, 당신의 몸은 12개의 계란이 가지고 있는 모든 영양소를 섭취할 수 없다는 것이다.

이런 단순한 사실은 지구에 존재하는 모든 생명체들의 공존이 가능하도록 해주는 기본원리로 작용하고 있다.

그림에서 보면, 총절대생존의지가 더 이상 증가하지 않는 W수준의 부가 바로 지구에서 함께 살아가고 있는 모든 사람들이 동시에 누려야 할 최소한의 부의 수준인 것이다. 이 W수준의 부를 절대부라고 한다. 이것은 현실적으로 최저생계비보다 높은 수준이다. 다시 말해, 음식값에 부담을 느끼지 않고 각자의 영양상태를 극대화할 수 있는 식생활을 가능케 해주는 부의 수준을 의미한다.

지금까지는 주로 물질대사를 통해서 공급되는 자유에너지 밀도체인, 3차 생기가 총절대생존의지에서 어떤 영향을 끼치는지를 논의하였다.

이제 세포분열 시에 모세포로부터 공급되는 자유에너지 밀도체인, 2차 생기가 생명체의 총절대생존의지에 어떤 영향을 끼치는지를 한번 생각해 보자.

이것은 엄밀히 말하면 물질대사를 통해 공급받는 3차 생기의 양에 좌우된다. 세포분열에 필요한 에너지를 물질대사를 통해서 공급받기 때문이다. 그리고 2차 생기는 세포분열에 의한 부가물이기 때문에, 생명체의 세포분열 횟수가 많으면 많을수록 2차 생기는 많이 발생되고, 총절대생존의지는 증가하게 된다.

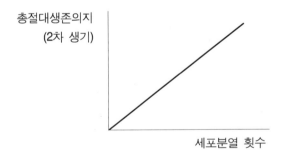

〔그림 25-3〕 세포분열 횟수와 총절대생존의지의 관계

앞의 그림의 식은, 2차 생기량 = f(세포분열 횟수)

인간을 예로 들어 이러한 관계가 가지고 있는 의미를 생각해 보자. 사람은 태어난 후 청소년기까지는 지속적인 성장을 거듭한다. 그러다가 20대 중후반을 정점으로 하여 서서히 늙어간다. 성장한다는 것은 다시 말해, 세포분열이 활발하게 일어나고 있는 상태를 의미한다.

따라서 늙은 사람들보다는 성장기에 있는 젊은 사람들이 더 많은 2차 생기를 지니고 있다. 그래서 젊은이들은 늙은이들보다 더 힘있고 생기에 가득차 있다.

사실 늙은이나 젊은이나 섭취하는 음식의 종류와 양은 크게 차이가 없다. 즉, 물질대사를 통해서 생성하는 3차 생기의 양은 비슷하다.

그럼에도 젊은이들이 늙은이들보다 힘이 더 센 것은, 그들이 더 많은 세포분열을 함으로써 2차 생기를 더 많이 생성하고 있기 때문이다.

위에서 이야기한 사항들을 정리해 보면 대체로 다음과 같은 결론을 얻을 수 있다.

1차 생기의 양은 생명체의 질량(무게)에 비례한다.
2차 생기의 양은 생명체의 세포분열 횟수에 비례한다.
3차 생기의 양은 생명체의 물질대사량에 비례한다.

또한, 물질대사량과 세포분열 횟수와 생명체의 질량 및 무게는 대체로 비례하는 관계를 가지면서 각각 연관을 맺고 있다.

물질대사량이 많으면 세포분열 횟수가 많아지고, 세포분열 횟수가 많으면 몸집도 거대해지기 마련이다. 좋은 음식을 많이 먹는 어린이가 키도 크고 몸무게도 많이 나가게 된다는 것이다.

이러한 관계는 사람에게만 해당되는 것이 아니고 지구에 존재하는 모든 생명체에게 공통적으로 해당된다.

제2절 진기

진기는 지금까지 이야기했던 2차 생기나 3차 생기와는 근본적으로 다른 시스템으로 인간의 정 속에 내재한다. 특히 이것은 인간의 대뇌기능의 산물인 의식이 호흡(공간의 자유에너지 밀도체가 폐 또는 피부를 통해 유입되는 과정을 의미함)에 작용해야만 획득되는 것이다.

따라서 특별히 의식적인 노력을 하지 않으면 결코 경험할 수 없는 것이다. 그리고 이 노력은 일반인들이 수행하기에는 현실적으로 벅찬 수준이다. 따라서 지금부터 이야기하는 것은 진기를 경험하고 있는 몇몇 특수한 경우의 사람들에게나 적용되는 이야기이다. 그렇지만 여기서 이야기하는 이유는 일반인들도 진기가 정 속에 내재하게 되면 어떤 변화가 일어나는지를 알아야만 하기 때문이다. 그리고 누구나 진기를 자신의 세포 속에 가지고 싶어하는 욕망을 지니고 있기 때문에 이를 언급할 필요성은 충분히 있다고 생각한다. 자신이 현실적으로 경험할 수 없다는 이유만으로 진리를 외면할 수는 없지 않은가?

지구에는 많은 다양한 생명체들이 살고 있다. 이 수많은 생명체들 가운데서 진기를 보유할 능력을 가지고 있는 생명체는 오로지 인간뿐이다. 인간만의 고도로 발달한 대뇌구조가 사고작용(의식)이라는 특이한 현상을 일으키기 때문이다.

의식은 어떤 특정한 상태에서는 그 기능이 상상할 수 없을 정도로 예민한 수준에 도달하게 된다. 마치 성능이 우수한 전류계가 미세한 전류를 감지할 수 있는 것처럼, 인간의 의식도 특정 상태에 이르면 우주공간에 존재하는 자유에너지 밀도체를 감지할 수 있게 된다. 이렇게 의식이 자유에너지 밀도체를 감지할 수 있는 상태를 일컬어 선각자들은 무념무상의 상태 또는 절대고요의 상태에 있다고 말했다. 맞는 말이다.

누구든지 의식을 무념무상의 경지 또는 절대고요의 경지에 머무르게 한다면, 그 사람은 호흡을 통해 몸속으로 들어온 것과 몸 밖 광대한 우주공간에 지천으로 널려있는 자유에너지 밀도체를 느낄 수 있다.

따라서 문제의 핵심은 어떻게 의식을 무념무상의 경지 또는 완전한 고요의 상태로 만들 수 있는가 하는 것이다. 이에 대해서는 참선, 명상, 요가, 단전호흡 등등의 방법들이 사람들에게 알려져 있다.

그러므로 여기서는 이러한 수단은 이야기하지 않겠다. 실천적 방법을 다룬 서적들은 지나칠 만큼 많이 나와 있으며, 수련단체들도 부지기수다. 누구든지 이런 곳에서 기초적인 방법을 배운 후 어디에서든 성심을 다해 수행한다면, 성과에 개인적 차이는 있겠지만 진기를 느끼게 되는 날이 있을 것이다. 욕심을 버리고 성심을 다해야 한다. 하지만 현대인에게 이것은 결코 쉬운 일이 아니어서, 진기의 존재를 경험하고 있는 사람들은 지극히 소수에 불과하다.

분자 범위의 물질입자들 사이의 화학반응(물질대사)의 결과로 생성된 것이 아니라, 처음부터 공간에 자유에너지 밀도체의 상태로 존재하던 에너지체들이 인간의 의식작용에 의해 세포 속으로 유입되면, 즉 인간의 정 속에 진기가 만들어지면 물질대사를 통해 생성되는 3차 생기와의 관계에서 특이한 현상이 일어난다.

[그림 25-2]를 3차 생기와 물질대사의 관계로 나타내어도 같은 모양이 된다.(3차 생기의 생성과 관련한 물질대사는 일반적으로 생산적 물질대사 과정을 의미한다).

[그림 25-4]는 생명체가 아무리 많은 물질대사를 수행하더라도, 생명체의 정(세포) 속에 존재할 수 있는 3차 생기의 양은 일정한 한계가 있다는 것을 보여준다.

왜 이러한 현상이 일어나는지 알아보자.

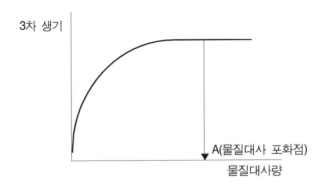

〔그림 25-4〕 3차 생기와 물질대사의 관계

위 그림의 식은, 3차 생기 = f(물질대사량)

모든 생명체는 물질대사를 통해 세포분열을 수행한다. 그리고 이때 필요한 에너지가 바로 3차 생기이다. 그런데 앞에서 이야기한 바와 같이 모세포는 일정한 생기가 축적되면 분열한다.

다시 말해, 세포분열을 하는 데 무한정의 생기가 필요한 것은 아니라는 것이다. 따라서 생명체 내부에서 물질대사 과정이 아무리 많이 일어나더라도, 3차 생기의 양은 일정한 수준을 유지하게 된다. 담을 수 있는 그릇(정)의 크기만큼만 3차 생기를 담을 수 있다는 의미이다. 즉, 생명체의 총절대생존의지는 일정한 한계수준 이상으로는 증가할 수 없다는 것을 의미한다. 이것은 생명체를 이루는 물질인 정이 일정한 질량으로 한정되어 있기 때문에 일어나는 현상이다.

[그림 25-4]에서 3차 생기가 더 이상 증가하지 않는 점 A를 생명체의 물질대사 포화점이라고 한다. 이 물질대사 포화점은 생명체의 성장정도에 따라서 그 값이 클 수도 있고 적을 수도 있다. 어린이나 노인은 이러한 물질대사 포화점이 낮은 수준일 것이고, 청장년은 수준을 유지할 것이다. 따라서 청장년의 총절대생존의지가

어린이나 노인의 총절대생존의지보다 큰 값을 가지게 된다. 이러한 관계를 그림으로 그려보면 다음과 같다.

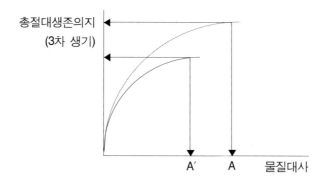

〔그림 25-5〕 물질대사 포화점 비교

위 그림에서 위의 선은 청장년에, 아래 선은 어린이나 노인에 해당한다. 물질대사 포화점 A, A′에서 총절대생존의지가 청장년이 더 많음을 보여준다.

그리고 또 하나 간과할 수 없는 사실은 세포분열이 일어난 후, 다음 세포분열이 일어날 때까지는 일정한 시간이 필요하다는 점이다. 이것은 물질대사를 통한 3차 생기의 생성과 축적에는 어느 정도의 시간이 걸린다는 것을 의미한다. 물질대사라는 것이 생명체 내부에서 일어나는 물질입자 사이의 화학반응이라고 보면, 반응하는 데 시간이 걸린다는 것이다. 즉, 우리가 먹은 음식을 소화하여 실질적인 에너지원으로 사용하는 데는 일정한 시간이 필요하다는 말이다.

인간의 정 속에 존재하는 3차 생기는 위에서 이야기한 것들과 같은 제약조건을 가지고 있다. 이러한 조건 속에 있는 3차 생기에, 인간의 의식이 작용하여 생성된 진기가 정 속에 유입 될 때, 이들 사이에 어떤 관계가 성립하는지 생각해 보자.

결론부터 말하자면, 물질입자와는 분리된 상태로 공간에 존재하던 자유에너지 밀도체가 정(세포) 속으로 유입되면, 이미 세포 속에 존재하던 물질대사를 통해 생성된 3차 생기와 대체되는 현상이 발생한다. 그 이유는, 3차 생기는 물질대사라는 과정을 거쳐야 생성되기 때문에 시간상으로 세포 속으로 흡수되는 시간이 진기보다 오래 걸리기 때문이다. 반면에 진기는 자유에너지 밀도체 그 자체로 물질대사 과정을 거치지 않고 그대로 세포 속으로 유입되므로, 정 속에서 에너지원으로 바뀌는 데 걸리는 시간이 짧다.

그러므로 3차 생기보다 진기가 먼저 세포 속으로 유입된다. 따라서 의식작용에 따른 진기가 세포 속에 먼저 유입되면, 그 유입된 진기의 양에 해당하는 만큼의 3차 생기는 필요치 않게 된다. 다시 말해, 3차 생기의 본질인 자유에너지 밀도체가 분포할 공간이 그만큼 줄어든다는 의미이다. 그 결과, 진기와 3차 생기의 대체의 관점에서만 보면, 생물체는 3차 생기를 생성하기 위한 물질대사를 더 이상 할 필요가 없다. 그러나 이 때문에 생명체의 물질대사가 감소하지는 않는다. 이유는 다음과 같다.

3차 생기가 세포 속에 축적된다는 것은, 그와 동시에 세포 내부에 생명체의 정을 구성할 물질이 형성되고 있음을 의미한다. 그러나 진기가 세포 내부에 축적될 때는, 이러한 정의 축적을 동반하지 않는다. 진기는 활성에너지 밀도체를 동반하지 않고 유입된 것이기 때문이다.

그런데, 생명체가 쟈신의 형체를 유지하고 있다는 것은, 곧 물질대사 과정을 중단하지 않고 있음을 의미한다. 형체를 이루는 것은 종속에너지 밀도체와 활성에너지 밀도체이며, 이들은 생명체의 물질대사를 통해서만 형성된다. 3차 생기는 이 과정에서 생성되고 있다.

그러므로 비록 진기가 3차 생기를 대체하더라도, 생명체는 필요 없게 된 3차 생기의 양에 해당하는 물질대사 과정을 멈추지는 않는다. 만약 생명체가 3차 생기가 진기로 대체된 만큼 물질대사 과정을 줄인다면, 이는 생명체는 정·기·신으로 구성된다는 기본법칙을 정면으로 위반하는 것이다.

따라서 비록 진기가 3차 생기를 대체하더라도 물질대사는 여전히 계속된다. 그리고 이 물질대사 과정은 물질대사 포화점을 초과하지 못한다. 이것이 의미하는 바는, 진기가 아무리 물질과는 상관없이 공간에 존재하였다 하더라도 생명체의 정 내부로 유입되는 경우에는, 물질대사 포화점에서 생성되는 총절대생존의지의 양을 초과하여 내재할 수 없다는 것이다.

이는 진기를 수련하는 사람들이 반드시 이해하고 있어야 할 내용이다. 대부분의 수련자들은 자신의 몸속에 우주 에너지(진기)를 무한히 축적할 수 있는 것으로 오해하고 있다. 진기라 하더라도 자신의 그릇(물질대사 포화점 수준)만큼만 담을 수 있음을 잊지 말아야 한다. 그러나, 자신의 그릇에 진기를 다 채우지 못하고 죽는 것이 일반적이다.

요약하면 기존의 세포에서, 정의 제약조건 범위 내에서 물질대사에 의해 만들어진 3차 생기가, 의식작용에 의해 유입된 진기로 대체된다는 것이다.

그렇다면 물질대사 과정에서 생성된 3차 생기(진기에 의해 대체된 양)는 어떻게 되는가? 이것은 생명체의 정 속에 내재하지 못하고, 날숨 또는 다른 형태(소비적 물질대사 과정)로 생명체의 조직 밖으로 배출되어 공간에 자유에너지 밀도체로 존재하게 된다. 그리고 이 자유에너지 밀도체가 인간의 의식작용에 의해서 다시 생명체의 정(세포) 속으로 유입되면, 이는 진기로 전환된다.

이처럼 진기와 생기의 차이는 그것의 생성과정에 물질대사가 관계하느냐, 아니면 인간의 의식작용이 관계하느냐의 차이뿐이며, 그 본질은 자유에너지 밀도체로 같다. 따라서 진기가 축적되기 전 2차 생기와 3차 생기만으로 이루어진 총절대생존의지의 양과, 진기가 3차 생기와 대체되어 축적된 후의 2차 생기와 3차 생기 그리고 진기로 이루어진 총절대생존의지의 양은 동일하다. 이렇게 추론하는 근거는, 생기든 진기든 그 본질을 자유에너지 밀도체로 보기 때문이다. 이는 물질계의 질량에너지 보존의 법칙과 흡사하다.

앞에서 이야기한 내용을 식으로 정리하면 다음과 같다.

진기 생성 전 총절대생존의지 = 진기 생성 후 총절대생존의지

위의 수식을 그림으로 나타내면 다음과 같다.

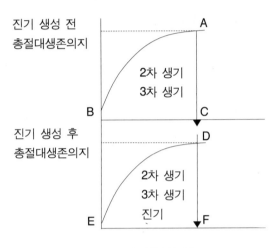

〔그림 25-6〕

그림 설명 : 상단의 2차 생기와 3차 생기로 구성된 총절대생존의지(원호 ABC의 면적)와 하단의 2차 생기, 3차 생기, 진기로 구성된 총절대생존의지(원호 DEF의 면적)의 양은 같다. 또한 C, F의 물질대사 포화점을 초과한 상태에서는 총절대생존의지는 더 이상 증가하지 않는다.

이제 진기가 세포 내부에 축적될 때 2차 생기에는 어떤 영향을 끼치게 되는지 알아보자. 먼저 원론적으로 접근해 보자. 알다시피 2차 생기는 세포분열과 동시에 모세포로부터 유입된 것이다. 따라서 진기가 세포 내부로 유입되기 이전부터 세포 내에 존재해 있는 상태이다. 따라서 세포 내부에 유입되는 시간이 0이다. 그런데 진기는 비록 3차 생기가 세포 내부로 유입되는 시간보다는 빠르지만, 이미 세포 내부에 태생적으로 존재하는 2차 생기보다는 유입

속도가 느리다. 따라서 생명체가 세포분열을 하는 한, 2차 생기는 진기의 영향을 받지않고 즉 진기와 대체되지 않고 정 속에 존재하게 된다.

또 다른 방법으로 생각해 보더라도 마찬가지 결론에 도달한다. 비록 진기가 3차 생기와 대체된다 하더라도 물질대사 과정은 변함없이 진행된다고 앞에서 설명했다. 따라서 생명체의 정을 구성하게 될 물질입자들은 계속해서 생명체 내부에 축적되고, 그 결과 세포분열 과정은 지속된다. 세포분열 과정이 지속되는 한, 진기의 생성과는 무관하게 2차 생기는 계속 생성된다.

그러나 진기에 대한 2차 생기와 3차 생기의 이와 같은 차이를 구분하는 것은 실질적으로 의미가 없다. 2차 생기는 엄밀히 이야기하면 3차 생기라고 볼 수 있기 때문이다.

즉 2차 생기 역시 활성에너지 밀도체가 자유에너지 밀도체로 전환된 것이라는 공통점을 가지고 있다는 것이다. 다만 생명체가 정을 유지해야 한다는 기본원리에 따라 2차 생기는 진기와 대체되지 않는다고 보는 것뿐이다.

제3절 총절대생존의지 등량곡선

진기가 3차 생기와 대체되는 과정을 좀더 구체적으로 살펴보자.

이것을 설명하기 위해서는 먼저 총절대생존의지 등량곡선 개념을 먼저 이해해야 한다.

다음 그림에 나타난 곡선이 총절대생존의지 등량곡선이다. 이 곡선 상의 모든 점에서는 생명체가 보유하는 총절대생존의지는 동일한 값을 가진다.총절대생존의지 등량곡선 상의 a, b, c점에서 각각의 총절대생존의지 값은 동일하다는 것이다.

갑이라는 사람이 a점에 존재한다면 이 사람은 100의 총절대생

존의지를 가지고 있는데, 그 구성비율이 진기가 20%, 생기가 80%
라는 것을 나타내 준다.

을이라는 사람이 b점에 존재한다면 이 사람도 100의 총절대생
존의지를 가지고 있으며, 그 구성비율은 진기가 60%, 생기가 40%
로 이루어져 있음을 의미한다.(위 그림의 좌표, 생기 및 진기의 값
은 a, b, c점이 정해진 후에 결정되는 값이다).

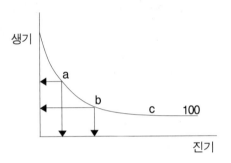

〔그림 25-7〕 총절대생존의지 등량곡선

100에 해당하는 총절대생존의지가 위의 그림처럼 그려졌다면
80과 120에 해당하는 총절대생존의지는 다음 그림처럼 그려진다.

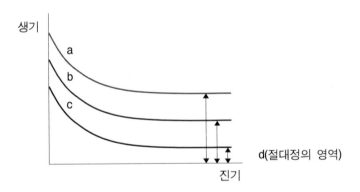

〔그림 25-8〕 총절대생존의지 크기에 따른 총절대생존의지 등량곡선

위 그림에서 b는 총절대생존의지가 100인 등량곡선을 나타내는

326

것이고, a는 120, c는 80의 양을 나타내는 등량곡선이다. 즉, 등량
곡선의 위치는, 총절대생존의지가 클수록 오른쪽 위로 위치하게
되며, 총절대생존의지가 작을수록 왼쪽 아래로 위치하게 된다.

그림에서 d구간으로 표시된 부분이 의미하는 것은 다음과 같다.

사람이 진기를 수련하여 자신의 생기를 무한정 진기로 대체하
고자 하더라도, 이 d구간만큼은 절대로 생기가 진기로 대체되지
않는다. 왜냐하면 사람은 기만으로는 존재할 수 없는 생명체이기
때문이다. 사람의 구성요건 가운데서 가장 중요한 정을 배제할 수
는 없기 때문이다. 이 d구간을 절대정의 영역이라고 한다.

지금 어떤 사람이 b의 총절대생존의지 등량곡선을 가지고 있다
고 하자. 이 사람이 자신의 물질대사 포화점을 증가시키면, 이 사
람의 총절대생존의지 등량곡선은 a의 위치로 옮겨진다. 반대로 이
사람의 물질대사 포화점이 감소하면, 이 사람의 총절대생존의지
등량곡선은 c의 위치로 이동한다.

여기서 다시 한번 물질대사 포화점과 총절대생존의지의 관계를
나타내는 그림을 그리면 다음과 같다.

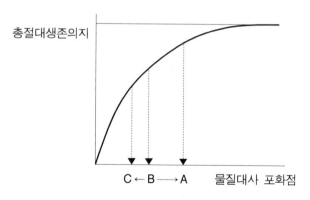

〔그림 25-9〕 물질대사 포화점과 등량곡선의 관계

[그림 25-8]에서 총절대생존의지가 b인 사람의 물질대사 포화
점은, [그림 25-9]에서 B에 해당한다.

이 사람의 물질대사 포화점이 A 또는 C의 수준으로 변하면, 그에 따라 [그림 25-8]에서와 같이 총절대생존의지 등량곡선의 위치가 이동한다는 것을 의미한다.

제4절 생기의 진기 한계대체율

이제 등량곡선이 왜 [그림 25-8]에서와 같이 원점을 향해 볼록한 곡선으로 그려지는지를 설명한다. 이것을 설명하기 위해서는 생기의 진기 한계대체율이라는 용어를 먼저 정의해야 한다.

생기의 진기 한계대체율 : 진기 한 단위를 증가시키기 위하여
감소시키는 생기의 양

위에서 정의한 내용은 다음과 같다.

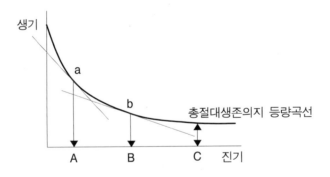

〔그림 25-10〕 생기의 진기 한계대체율

총절대생존의지 등량곡선은 다음과 같은 함수식으로 표현할 수 있다.

생기 = f(진기), 이 식을 진기로 미분하면,

생기 $= f^\wedge(진기)$

이 식의 진기 자리에 A값을 대입하여 나오는 값은, 총절대생존의지 등량곡선 상의 a점에서의 접선의 기울기 값이 된다. 마찬가지로 위 미분식의 진기 자리에 B값을 대입하여 나온 값은, 총절대생존의지 등량곡선 상의 b점에서의 접선의 기울기에 해당한다.

따라서 생기의 진기 한계대체율이란, 총절대생존의지 등량곡선 상의 임의의 한 점에서 그은 접선의 기울기를 의미한다. 이는 어떤 사람이 등량곡선 상의 a점에 있다고 가정했을 때, 이 사람이 진기 한 단위을 증가시키기 위하여 감소시키는 생기의 양의 값에 해당한다.

[그림 25-10]을 보면, 등량곡선 상의 a점에서의 기울기가 b점에서의 기울기 값보다 더 크기 때문에, a의 위치에 있는 사람은 b의 위치에 있는 사람보다 진기 한 단위를 생성시킬 때, 더 많은 생기를 감소시켜야 한다는 것을 알 수 있다. 따라서 생기의 진기 한계대체율의 값이 적은 사람이, 일반적으로 더 많은 진기를 보유하는 데 유리하다는 것을 알 수 있다. 즉, 진기 1단위를 생성시키는 데, 더 적은 생기를 감소 시키는 사람이 더 많은 진기를 보유할 수 있다는 뜻이다.

이 생기의 진기 한계대체율은 진기가 증가하면 점점 체감한다는 사실이, 총절대생존의지 등량곡선을 원점을 향해 볼록하게 만들고 있다. 즉, 총절대생존의지 등량곡선은 진기가 증가함에 따라 우하향하는, 원점을 향해 볼록한 곡선형태를 취하고 있다. 지금까지는 이것을 수식적 개념으로 설명하였다. 그렇다면 왜 이러한 현상이 일어나는지를 생각해 보자.

그 이유는 생명체가 가지고 있는 근본적인 속성 때문이다. 즉 모든 생명체는 정·기·신으로 구성되어 있으며, 이 가운데 어느 한 요소라도 결핍되면 생존을 유지할 수 없다는 기본적인 생명체의 제약조건 때문이다.

만약 진기의 증가 때문에 생기가 계속 감소하면, 이 생기를 생성시키는 원인인 생명체의 물질대사량 또한 지속적으로 감소하게 된다. 물질대사량의 감소는 생명체를 구성하는 근본요소인 정이 감소하는 것을 의미한다.

이러한 메커니즘은 생명체의 가장 근본요소인 정의 속성을 제거하는 것이다. 따라서 생명체를 구성하는 또 다른 요소인 신(생존의지)은 이러한 메커니즘을 중지시키려는 반응을 생명체 내부에서 일으킨다. 이것이 바로 생기를 대체한 진기가 증가할수록, 생기의 감소폭이 점차 줄어드는 원인이다.

따라서 모든 인간이 보유하고 있는 총절대생존의지 등량곡선의 곡률은 동일한 것으로 추정할 수 있다. 왜냐하면 모든 인간은 정·기·신의 원리에 동일한 조건으로 적용되고 있기 때문이다. 다시 말해, 모든 인간의 한계대체율이 체감하는 패턴은 동일하다는 것이다. 즉, [그림 25-8]의 총절대생존의지 등량곡선 a, b, c의 곡률은 모두 동일하다는 것이다.

[그림 25-10]에서 진기가 C의 수준까지 증가하면, 생기는 더 이상 감소하지 않는다. 그리고 이 점에서의 한계대체율 값은 0이 된다. 이론적으로는 이 C점을 넘으면, 생기는 감소하지 않더라도 진기를 계속 축적할 수는 있다. 그러나 이것은 육체를 가지고 있는 이상은 불가능한 일이다. 왜 그런지는 뒤에서 설명할 것이다.

이것은 진기를 수련하여 신선이 되고자 하는 사람들에게는 매우 절망적으로 들릴지 모르지만 그러나 사실로 받아들여야 한다. 이 사실을 받아들였기 때문에 석가나 예수는 깨달음을 얻은 후 다시 인간들이 사는 세상으로 돌아와 사람들과 함께 생활했고, 장자 같은 사람들은 보통 사람들처럼 삶을 살다갔다.

산 속에 틀어박혀 수련을 하다보면 신선의 경지에 이를 것이라고 생각한 사람 가운데서 신선이 된 사람은 아무도 없다. 이는 생기의 진기 한계대체율이 0인 상태까지는 생기를 진기로 대체할 수 없기 때문이다. 이것은 정·기·신으로 구성된 생명체의 한계이다.

우리는 인간이기 이전에 수많은 다른 생명체와 같은 하나의 생명체이다. 이 사실을 잊고 환상에 사로잡혀서는 안 된다. 환상은 사람들을 속일 수는 있어도, 절대로 현실로 실현되지는 않는다. 특히 이러한 기의 수련과 관련하여 사람들에게 불가능한 헛된 환상을 심어주어서는 안 된다.

생기의 진기 한계대체율이 0인 상태까지는 아니더라도, 사람들에게 진기 수련의 가치를 설명할 수 있어야 한다. 이러한 차원에서 요즘은, 기를 수련하면 스트레스를 해소할 수 있다거나 병의 증세를 호전시킬 수 있다라는 식으로 그 가치를 알리고 있다. 이 정도는 충분히 가능한 일이다.

생기의 진기 한계대체율이 체감한다는 것을 그림으로 나타내면 다음과 같다.

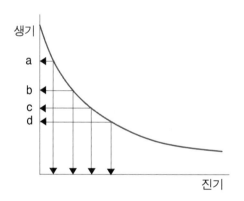

〔그림 25-11〕

가로축 진기의 동일한 증가에 대해서 세로축 생기의 감소량은 a〉b〉c〉d로 체감하고 있다. 이는 총절대생존의지 등량곡선이 원점을 향해 볼록한 형태를 가지고 있기 때문에 나타나는 결과이다. 이제 무슨 이유로, 인간은 생기의 진기 한계대체율이 0이 되는 극한의 순간까지는 생기를 진기로 대체하지 못하는지 알아보

자. 그러기 위해서는 또다시 몇 가지 용어를 정의해야 한다.

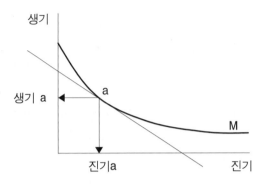

〔그림 25-12〕 a점에서 생기의 진기 한계대체율

어떤 사람의 총절대생존의지 값이 m일 때, 그 사람의 총절대생존의지 등량곡선이 [그림 25-12]와 같다고 하자. 그리고 현재 이 사람은 진기를 수련하는 사람이고, 생기 a 와 진기 a를 보유하고 있다. 따라서 이 사람은 현재 총절대생존의지 등량곡선(M) 상에서 a의 위치에 존재하고 있다. 그리고 이 사람의 a위치에서의 생기의 진기 한계대체율은, 총절대생존의지 등량곡선 M의 a점에서의 접선의 기울기로 나타나고 있다.

이러한 상황에 있을 때, 이 사람이 보유하고 있는 총절대생존의지 m을 생성시키는 물질대사량을 a점에서의 잠재 물질대사량이라고 하고, 이것은 다음의 두 가지 요소로 구성된다.

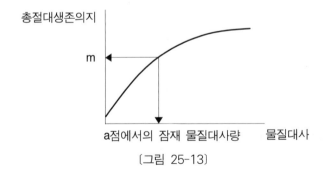

〔그림 25-13〕

첫째, 이 사람의 정 속에 축적되는 3차 생기를 생성시키는 물질대사량. 이것을 a점에서의 물질대사 포화량이라고 한다. 이것은 [그림 25-12]에서 세로축에 있는 생기 a를 생성시키는 물질대사량을 의미한다. 이 사람의 a점에서의 생기의 진기 한계대체율에 의해 진기로 대체되지 않고 남아 생명체의 정을 유지시키는 물질대사량이다.

둘째, 이 사람의 정 속에 축적되지 않고 진기와 대체되는, 3차 생기를 생성시키는 물질대사량. 이것을 a점에서의 초과 물질대사량이라고 한다. 이것은 [그림 25-12]에서 가로축에 있는 진기 a와 대체된 생기(정 속에 축적되지 않은 생기)를 생성시켰던 물질대사량을 의미한다.

따라서 다음과 같은 수식이 성립한다.

a점에서의 잠재 물질대사량 = a점에서의 물질대사 포화량
+ a점에서의 초과 물질대사량

이제 위의 물질대사량만으로 표현한 수식을, 어떻게 생기와 진기를 포함한 수식으로 달리 표현할 수 있는지를 알아보기 위해 아래 사항을 정의한다.

- 단위 생기 물질대사량(이하 P생) : 생기 한 단위를 생성시키는 물질대사량.
- 단위 진기 초과 물질대사량(이하 P진) : 진기 한 단위와 대체되는 생기량을 생성시키는 초과 물질대사량으로, a점에서의 생기의 진기 한계대체율 × P생에 해당하는 양이다.
- 진기 a : 총절대생존의지 등량곡선 M의 a점에 위치한 생명체가 보유하는 진기의 양.
- 생기 a : 총절대생존의지 등량곡선 M의 a점에 위치한 생명체가 보유하는 생기의 양.

위와 같이 정의를 하면 다음과 같은 수식을 전개할 수 있다.

a점에서의 잠재 물질대사량 = Q

= a점에서의 물질대사 포화량 + a점에서의 초과 물질대사량

= (P생× 생기 a) + (P진× 진기 a)

= (P생× 생기 a) + (a점에서의 한계대체율×P생× 진기 a)

위의 수식 중에서 Q = (P생× 생기 a) + (P진×진기 a)의 수식을 변형하여 다음과 같은 수식을 이끌어낸다.

Q − P진×진기 a = P생× 생기 a

그러므로, 생기 a = (Q/P생) − {(P진/P생)× 진기 a} ――― 식 1.

위의 식 1을 물질대사량 등량식이라고 한다. 이를 그림으로 표현하면 다음과 같다.

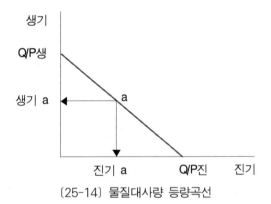

〔25-14〕 물질대사량 등량곡선

[그림 25-14]의 직선을 물질대사량 등량곡선이라 하며, 이 직선 상에 있는 모든 점은 Q라는 똑같은 잠재 물질대사량을 가진다. 그리고 이 직선 상에 존재하는 임의의 점 a에서는, Q라는 잠재 물질대사량으로 생기 a에 해당하는 양의 생기를 생성하고, 진기 a에

해당하는 양만큼의 진기를 생성하고 있다. 그리고 이 물질대사량 등량곡선의 기울기의 절대값은 식 1에 의해 P진/P생이다.

그런데 이 기울기 값은 사람마다 각자 다르다. 단위 진기 초과 물질대사량(P진)의 값이 사람마다 다르기 때문이다. 이것은 사람마다 자유에너지 밀도체를 감지할 수 있는 의식의 수준이 다르다는 데 그 원인이 있다.

어떤 사람의 잠재 물질대사량이 증가하면, 물질대사량 등량곡선은 아래 그림과 같이 오른쪽 위로 이동한다. 반대로 어떤 사람의 잠재 물질대사량이 감소하면 물질대사량 등량곡선은 왼쪽 밑으로 이동한다.

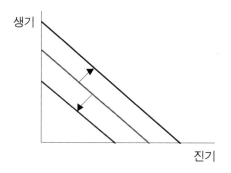

〔그림 25-15〕 물질대사량 등량곡선의 이동

위에서 말한 두 가지 사실 즉, 사람마다 잠재 물질대사량이 다르다는 것과 사람마다 물질대사량 등량곡선의 기울기(P진/P생)가 다르다는 사실에서, 진기를 수련하는 사람들의 성취 정도가 사람마다 차이가 날 수 있음을 유추해 볼 수 있다. 이는 한 사람의 스승 밑에서 같은 기간을 수행한 두 사람도 진기의 성취 정도가 다를 수 있음을 의미한다. 이는 수련자가 얼마나 빨리 그리고 완벽하게 공간에 존재하는 자유에너지 밀도체를 자신의 의식으로 감지할 수 있는가에 달려 있다.

결국 기수련 역시 인간의 다른 활동과 마찬가지로 타고난 조건,

그리고 자신의 정열(노력), 집중력 등에 따라 그 성취 정도가 달라질 수밖에 없다.

제5절 최적의 진기량 산출

잠재 물질대사량이 Q인 어떤 사람이 만약 진기를 수련한다면, 이 사람이 보유하는 가장 큰 총절대생존의지 수준에서 보유할 수 있는 생기와 진기의 양을 어떻게 알 수 있을까? 이제 그 원리를 알아보자?

이것을 알아보기 위해서는 총절대생존의지 등량곡선과 물질대사량 등량곡선을 결합한 그림을 분석해 보아야 한다.

[그림 25-12]과 [그림 25-14]를 결합한 그림을 그려보자.

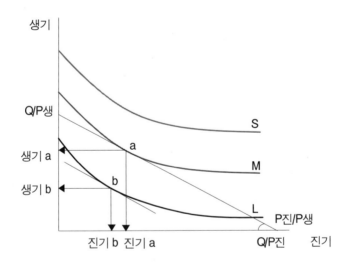

〔그림 25-16〕 최적의 진기 생성점 a

[그림 25-16]는 진기를 수련하는 어떤 사람의 잠재 물질대사량의 크기가 Q이고, 이때의 총절대생존의지의 크기는 m일 때, 이 수

런자가 보유할 수 있는 총절대생존의지 등량곡선의 위치가 각각 S, M, L인 경우를 보여주고 있다. 물론 이때 총절대생존의지의 크기는 S > M > L이다.

이 각각의 경우를 살펴보도록 하자.

먼저 S의 총절대생존의지 등량곡선은 이 수련자에게는 나타날 수 없다. 왜냐하면 그가 보유하고 있는 잠재 물질대사량의 크기를 나타내는 물질대사량 등량곡선의 밖에 S곡선이 위치하고 있기 때문이다. 이는 이 수련자의 물질대사량과 그 패턴(물질대사량 등량곡선의 기울기가 큰지, 작은지의 문제)으로는 S와 같은 크기의 총절대생존의지를 가진다는 것이 불가능하다는 것을 의미한다.

즉 S의 위치는, 이 수련자의 물질대사 포화점을 초과한 물질대사량에서나 가능한 총절대생존의지를 나타내는 것이다. 그런데 이미 알고 있다시피 사람은 절대로 자신의 물질대사 포화점을 초과하여 물질대사를 수행하지는 않는다. 그러므로 총절대생존의지 등량곡선 S위치는 사실상 이 수련자가 도달할 수 없는 수준이다.

이 수련자가 어린이였을 때 즉, 물질대사량이 적었을 때의 힘의 크기는 어른이 되었을 때의 그것보다는 작을 수밖에 없는 것과 같다. 단, 이 수련자의 물질대사량 등량곡선의 기울기는 어린이였을 때나 어른일 때나 동일하다는 조건에서 그러하다.

만약 [그림 25-16]에서 이 수련자의 물질대사량 등량곡선의 기울기가 더 가파르게 바뀐다면, 이 수련자는 잠재 물질대사량의 증가 없이도 S수준의 총절대생존의지를 보유할 수 있다. 그러나, 이 경우 이 수련자는 종전보다 훨씬 적은 양의 진기를 보유할 수밖에 없다. 왜냐하면 이렇게 될 경우 이 사람의 생기의 진기 한계대체율의 값이 증가하기 때문이다.

이는 진기 1단위를 생성하기 위하여 더 많은 생기를 소모한다는 의미이다. 이와 같은 사실에서 알 수 있는 것은, 어떤 사람의 총절대생존의지가 다른 사람이 보유하고 있는 총절대생존의지보다 크다는 사실만으로 그 사람이 보유하고 있는 진기의 양도 더 많다고 결론 지을 수는 없다는 것이다. 따라서 기를 수련하는 사람들 사이에서 총절대생존의지가 더 크다고 하여, 더 강하고 더 심오한 경지에 이르렀다고 단정할 수 없다.

예를 들어 여기 기를 수련하는 스승과 제자가 있다고 하자. 스승은 노쇠하여 젊은 제자보다 총절대생존의지량은 더 적을지도 모른다. 그러나 이것만으로 스승이 제자보다 약하다고 말할 수는 없다. 총절대생존의지의 크기와 진기의 양은 항상 비례관계에 있는 것은 아니기 때문이다. 따라서 노쇠한 스승이 훨씬 더 깊고 심오한 경지에 머물러 있을 수도 있는 것이다. 이것은 물론 늙은 스승의 생기의 진기 한계대체율 값이 젊은 제자보다 적기 때문이다.

아래 그림은 늙은 스승의 총절대생존의지가 더 적지만, 더 많은 진기량을 보유할 수 있음을 보여준다.

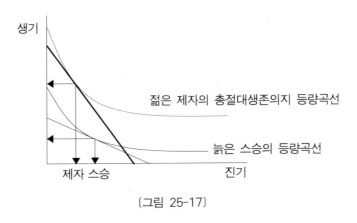

〔그림 25-17〕

[그림 25-16]의 b점과 L의 총절대생존의지 등량곡선이 의미하는 것은 다음과 같다.

이 위치에 있는 사람은, 자신의 물질대를 물질대사 포화점까지 할 수 없는 상태에 있는 사람이다. 가난하여 필요한 영양을 충분히 섭취하지 못하고 있거나, 열악한 환경에·처해져 영양공급을 제대로 받지 못 하거나, 또는 질병이 있어서 충분한 물질대사 과정을 수행하지 못하는 상태이다. 따라서 b점에서 이 수련자가 보유하고 있는 생기 b와 진기 b는, 자신이 보유할 수 있는 최대의 생기량과 진기량에 미치지 못하는 수준이다.

만약 이 사람이 정상적으로 물질대사 포화점까지 물질대사를 수행한다면, 이 사람의 총절대생존의지는 m이고 이때의 총절대생존의지 등량곡선의 위치는 M이다.

그렇다면 이 수련자는 생기 및 진기량을 생기 a와 진기 a의 수준까지 증가시킬 수 있는 여지가 있다고 말할 수 있다. 이러한 사실은, 특정한 생기의 진기 한계대체율 값과 물질대사량 등량곡선을 가지고 있는, 어떤 수련자가 더 많은 생기와 진기를 보유하기 위해서는, 일차적으로 자신의 잠재 물질대사량을 증가시켜야 한다는 것을 보여준다.

다시 말해 [그림 25-15]에서 설명한 것처럼 물질대사량 등량곡선을 오른쪽 위로 이동시켜야 한다는 것이다. 물론 이때 이동하는 거리는 물질대사 포화점까지이다. 이는 기를 수련하는 데 있어서도 먼저 건강하고 튼튼한 육체를 보유해야 함을 의미하는 것이다.

이 수련자가 자신의 물질대사 포화점까지 물질대사를 수행하고, 그때의 잠재 물질대사량 등량곡선이 [그림 25-16]의 Q와 같다면, 그가 보유할 수 있는 최대의 생기량과 진기량은, [그림 25-16]에서는 총절대생존의지 등량곡선과의 접점인 a점에서 결정되는 생기 a와 진기 a의 양으로 표시된다.

따라서 이 a점을 결정짓는 조건은 다음과 같다.

물질대사량 등량곡선의 기울기 = a점에서의 생기의 진기 한계대체율

이것은 a점에서의 총절대생존의지 등량곡선의 접선의 기울기는, P진/P생으로 표시되는 물질대사량 등량곡선의 기울기와 같다는 뜻이다. 다시 말해, 어떤 수련자가 Q라는 잠재 물질대사량을 지니고 있을 때, 이 사람이 생성할 수 있는 최대 총절대생존의지의 크기는 m이고, 이때 생성되는 최대의 진기량과 생기량은, 이 수련자가 보유하고 있는 물질대사량 등량곡선의 기울기와 생기의 진기 한계대체율이 같은 a점에서 결정되며, 각각 진기 a, 생기 a다.

이것은 자신에게 주어진 조건에서 도달할 수 있는 최대치의 진기량을 뜻한다. 기를 수련하는 모든 사람들은 반드시 이 관계를 먼저 이해해야 한다. 그렇지 않으면 헛된 노력과 망상 속에서 실망만을 느끼게 될 뿐이다.

지금까지 위에서 이끌어낸 결론들은 진기를 수련하는 사람들에게 다음과 같은 사항을 알려준다.

- 진기는 정이 허용하는 한도까지만 축적된다. 기(자유에너지 밀도체)가 비록 우주공간에 가득차 있다 하더라도, 진기는 각자가 가진 그릇의 크기(잠재 물질대사량)만큼만 받아들일 수 있다. 그리고 그릇의 크기는 한정되어 있다. 따라서 수련자가 아무리 노력한다 하더라도 정해진 한계를 벗어나지는 못한다. 따라서 그 어느 누구도 사람의 몸을 가지고 있는 한 신선의 경지에 오를 수는 없다.

- 수련자 각자가 보유할 수 있는 최대 진기량은 수련자가 가진 물질대사량 등량곡선의 크기와 기울기에 의해 결정된다. 즉, 물질대사량 등량곡선의 크기가 클수록(오른쪽 위에 위치할수록), 그리고 그 기울기가 작을수록 보유할 수 있는 진기의 양은 증가한다. 그러나 물질대사량 등량곡선의 크기는 물질대사 포화점까지만 클 수 있으며, 기울기는 절대정의 영역을 0으로 만들만큼 작아질 수는 없다.

- 물질대사량 등량곡선의 크기(오른쪽 위로의 이동 정도)를 크게 하기 위해서는 사회적 조건이 필수적이다. 이는 어느 정도

의 물질적 풍요함을 의미한다. 최소한의 의식주는 해결되야 함을 뜻한다. 반면에 물질대사량 등량곡선의 기울기의 크기는 사회적 조건과는 별개로 수련자의 수련 태도와 부모로부터 물려받은 타고난 소질에 따라 결정된다. 즉 자유에너지 밀도체를 감지하고자 하는 자신의 노력이 얼마나 강한가, 그리고 수련자의 의식이 얼마나 민감한가에 달려 있다.

● 물질대사량 등량곡선의 기울기 값을 작게 만들기 위한 기술적인 방법은, 진기를 생성하는 데 대체(소모)되는 생기의 양을 최소화하는 것이다. 즉, P진/P생의 값을 최소화시켜야 한다는 말이다. 이를 위해서는 분자 P진의 값을 최소화시켜야 한다.

P진이란 진기 1단위와 대체되는 생기의 양에 해당하는 물질대사량이라고 하였다. 따라서 이 물질대사량을 최소화해야 함을 의미한다. 즉, 진기를 생성하기 위해 소모되는 생기의 양을 최소화해야 한다는 말이며, 이를 위해서는 가장 안정된 몸의 자세와 가장 고요한 호흡상태를 유지해야 한다.

자세가 불안정하거나, 수련자의 몸에 힘이 들어가 있는 상태 또는, 호흡이 거친 상태에서는 그만큼 생기를 많이 소모하게 되며, 이는 대체될 진기의 양이 줄어든다는 것을 의미한다.(수련단체 등에서 수련생들에게 가르치는 여러 가지 수련법은 결국 물질대사량 등량곡선의 기울기 값을 작게 만드는 방법을 가르치고 있는 것이다). 호흡이 거칠다는 것은 아직 의식의 집중 또는 통일이 이루어지지 않은 상태에 있다는 것을 의미한다. 이러한 상태로는 생기는 진기로 대체되지 않고 스스로 소모되어 버린다. 따라서 결코 단전에 진기가 축적되지 않는 것이다.

현대를 살아가는 대부분의 사람들은 이와 같은 처지에 있다. 이러한 상황을 극복하는 것은, 수련의 기술적인 측면의 연구와 더불어 삶에 대한 근본적인 사고의 전환이 있어야만 가능하다. 다시 말해, 우주 속에 한시적으로 존재하고 있는 자신에 대한 철학적 성찰을 병행해야 진정한 진기를 맛볼 수 있다는 말이다. 죽음에 대한 공포와 온갖 종류의 욕심이 모두 허상이라는 것을 현실생활 속에서 깨닫고 직접 무욕의 도리를 실천할 때만이, 진정한 진기를 느끼게 되며 진실로 우주와 자신이 하나임을 알게 될 것이다. 이는 기를 수련하는 사람들이 반드시 명심해야 할 사항이다.(여기서 말하는 무욕의 도리란 생명체 균형식에서 분자인 한계생존의지를 줄임과 동시에 분모인 총절대생존의지를 줄이는 것을 말한다. 이것은 노자 사상의 무위의 도와 일맥상통한다고 볼 수 있다).

그리고 이것을 깨닫게 해주는 것이, 바로 살아 있는 모든 생명체에게 공통한 신에 대한 이해이다. 즉, 2차 생기와 3차 생기만 고려했을 경우에는, 인간의 어떤 노력에도 K값은 더 낮추어지지 않는다는 것을 깨달아야 한다.

어쩌면 기의 존재를 이해하고 기를 수련하는 것보다 마음에서부터 생명체에 작용하는 이러한 신의 원리(우리들의 삶을 지배하고 있는 대원리)를 먼저 깨닫는 것이 더 소중한 것일지도 모른다.

이해한 사람들에게 편안함이 있으라……

26 무념무상의 의미

    생명체의 신이 **생존의지** ──→**2차 사고** ──→**마음**으로 진행하는 것을 신의 순방향 진행이라 한다. 이것은 물이 높은 곳에서 낮은 곳으로 흐르는 것처럼 매우 자연스럽게 진행되는 것이다.

    그러나 그 반대로 **마음** ──→**2차 사고** ──→**생존의지**로의 역방향 진행과정을 실행하는 것은, 낮은 곳에 있는 물을 높은 곳으로 끌어올릴 때 펌프가 필요한 것처럼, 인간의 의식적인 노력이 필요하고 그 성취도 매우 어렵다.

    여기서 주의해야 할 것은 신의 역방향 진행은 2차 사고 ──→ 마음 ──→ 생존의지와 같은 순서로 진행될 수도 있다는 것이다. 왜냐하면 이미 신의 순방향 진행의 결과, 인간은 2차 사고와 마음이 공존하는 상태에 있기 때문이다.

    이러한 두 가지 양상의 신의 역방향 진행을 적나라하게 보여주는 이야기가 있다. 바로 신라의 두 고승의 일화다. 해골에 담긴 물을 마시고 그대로 신라에 남은 스님(원효)과, 처음 계획대로 당나라에 가서 열심히 불경을 공부한 스님(의상), 전자는 마음에서부터 신의 역방향 진행을 시도했고, 후자는 2차 사고에서부터 신의 역방향 진행을 시도한 예다.

    이렇듯 신의 역방향 진행에는 두 가지 양상이 있다는 것을 먼저 이해해야 한다. 여기서는 주로 2차 사고에서부터 시작하는 경우를 논의한다.

    신의 역방향 진행은 우리의 관심사인 진기를 만드는 데에도 필수적이다. 모든 고행자들과 수도승들의 도 닦음 역시 신의 역방향 진행을 이루기 위한 노력의 과정인 것이다.

그리고 이들과 달리 진기의 생성을 목표로 하지 않았던 사람들도 비록 자신이 의식하지는 못했지만, 신의 역방향 흐름이 일어나 사회적인 성공을 이루는 일들이 많다. 예를 들면, 혼신의 힘을 다해 노래연습을 하는 가수나, 참선 중인 선승의 신의 진행 양상은 같은 상태에 있는 것이다.

어쨌든 2차 사고에서 감정으로, 감정에서 생존의지로 진행하는 신의 흐름은 인간에게 긍정적인 영향을 미친다. 그래서 그 출발점인 2차 사고의 소멸을 위한 온갖 종류의 시도들이 예부터 있어 왔는데, 그 가운데서 가장 기본적으로 인정되고 있는 방법이 바로 무념무상의 상태로 빠져드는 것이다.

그러나 이것은 말처럼 그렇게 쉽게 이루어지는 상태가 아니다. 아니 정확히 말하면 불가능하다. 신의 역방향 흐름의 출발점이 2차 사고(의식)인데 이 의식을 0의 상태로 만든다는 것은, 그 다음 진입단계로 들어가는 데 필요한 힘을 인정하지 않겠다는 것과 같은 뜻이기 때문이다. 이는 끌어올릴 물 자체가 없는데도 펌프를 사용하여 물을 끌어올리려는 것과 같다. 따라서 결코 무념의 상태가 되어서는 안 되며 될 수도 없다.

기$=$정$\times$신^{2}에서 2차 사고의 소멸이란 신$=$0의 상태를 의미하는데, 신이 0이라면 기$=$0이 되고 이것은 곧 더 이상 생명체로 존재할 수 없는 죽음의 상태를 의미하는 것이다. 따라서 인간으로 살아 있는 한 의식의 소멸이라는 무념의 상태는 있을 수 없다. 따라서 무념무상이라는 말은 분명 언어의 잘못된 사용이다. 의미가 와전된 잘못된 언어의 사용은 인식(이해)의 잘못을 유발한다. 그것은 곧 수많은 헛된 노력의 원인이 되고 있는 것이다.

무념이란 2차 사고의 완전한 소멸 상태를 의미한다. 그러나 의식은 완전한 소멸이 불가능한 것이다. 신의 순방향 진행과정에 의해 이미 생성된 2차 사고의 소멸이란 있을 수 없는 일이다.

다만 2차 사고의 존재 형식을 변화시킬 수 있을 뿐이다. 솥에 들어 있는 물이 끓으면 수증기가 무질서하게 발생하여 위로 올라온다. 그때 이 무질서하게 피어 오르는 수증기를 하나의 관을 통해 한 곳으로 모으는 것이 바로 2차 사고의 소멸을 의미하는 것이다. 결코 수증기 자체를 없앨 수는 없다. 다만 무질서한 수증기를 한 곳으로 모을 수 있을 뿐이다. 우리는 지금껏 수증기 자체를 없애(무념) 보려는 불가능한 시도를 해왔던 것이다.

따라서 2차 사고를 소멸시키는 것이 아니라 한 곳으로 모으는 노력이 필요하다. 다시 말해, 무념이 아닌 일념의 상태에 빠지기 위한 노력이 필요한 것이다. 일념의 상태란 잡념이 없는 상태이다.

당신이 매우 배가 고플 때 밥을 먹으면, 적어도 허겁지겁 밥을 먹는 그 순간 만큼은 당신은 일념의 상태에 빠져 있는 것이다. 고등학생이 밥 먹는 것도 잊고 수학문제를 풀고 있다면 그는 일념의 상태에 빠져 있는 것이다. 그러나 배고플 때 밥을 먹고, 입시를 위해 수학문제를 풀려는 것과 같은 종류의 일념으로는 사회적 성공은 이룰 수 있으나, 역방향 진행의 최종 목적지인 생존의지까지는 도달할 수 없다.

이는 다시 말해 이러한 종류의 일념으로는 진기를 만들지 못한다는 것을 의미한다. 다시 말해 진기를 생성하기 위해서는 특별한 종류의 일념의 상태에 빠져야 한다는 것이다. 이것이 어떤 종류의 일념이어야 하는지는 기를 수련하는 개인과 단체들의 고유한 문제이다. 그러나 적어도 진기의 생성을 목적으로 한다면 처음에 기본적으로 가져야 하는 일념이 어떤 종류이어야 한다는 것은 추론해 볼 수 있다.

기＝정×신^{2}에서 신(2차 사고, 의식)이 가져야 할 일념은 정과 관계된 것이어야 함을 알 수 있다. 그것은 곧 정에 가해지는 자극에 관한 것이어야 함을 의미한다. 그렇다면 정에 가해지는 가장 기본적인 자극인 호흡에 관한 일념이어야 함을 알 수 있다. 결국 단 하나의 의식(일념)은 호흡에 관한 것이다.

생명계에 존재하는 생명체가 신계로 진입하기 위해 필요한 에너지인, 진기를 생성하는 가장 첫 단계는, 생명체에 가해지는 가장 기본적 자극인 호흡에서 출발한다. 이는 지극히 당연한 것이다. 깨달음의 시작은 호흡인 것이다. 자신의 숨소리를 듣는 데 의식을 집중하는 것이 일념의 첫 단계이다.

2차 사고는 너무나 구체적인 것에 익숙해져 있기 때문에 처음부터 추상적인 것에 의식을 집중하기란 매우 어렵다. 그럼에도 소위 스승이란 사람들은 처음 시도하는 사람들에게 애매하고 모호한 추상적 개념들에 의식을 집중하라고 가르친다. "우주에 충만해 있는 기를 당신 몸 안으로 빨아들인다는 생각으로 정신을 집중하시오"라는 식이다. 이러한 말들은 너무나 무책임한 말들이다.

논리적이고 합리적인 사고방식에 익숙해 있는 의식은 우주에 충만해 있다는 기를 알지(이해하지) 못한다. 구체적인 대상이 없는 것에는 집중하지 못하는 2차 사고의 속성을 이해하지 못한 자들의 잘못된 가르침 때문에 많은 초보자들이 실망하게 되는 것이다.

처음엔, 우주에 충만해 있는 기운, 단전, 석문, 마음의 평정, 이런 것들은 무시하고, 자신만의 가장 편한 자세로 자신의 코로 들어갔다가 나오는 숨소리를 들어보는 것, 야외에 있다면 지나가는 바람소리(자연의 호흡소리)를 들어보는 것과 같은 구체적인 것에 2차 사고를 집중하는 일부터 시작해야 한다. 이런 연습을 많이 하다보면 일상생활에서 필요한 집중력은 놀라울 정도로 향상된다. 일상생활에서 접하는 것들은 의식을 집중할 구체적인 대상이 있는 것들이다. 영화를 볼 때, 독서를 할 때, 오락을 할 때, 토론을 할 때 등과 같이, 숨소리에 귀기울이는 것보다는 훨씬 더 구체적인 집중의 대상이 있는 것들이기 때문이다.

우주에 충만한 기운, 내 몸속의 기, 단전, 무념무상의 경지에 빠지자는 것과 같은 뜬구름에 의식을 두는 것보다는, 숨소리에 의식을 집중하는 것이 더 구체적이기 때문에 이 방법을 권장하는 것이다. 우리들의 2차 사고(의식)는 태어난 후 지금까지 너무나 구체적인 대상(그것이 비록 눈에 보이지는 않는 것이라 하더라도 논리적 추론이 가능한 것들)들에만 익숙해져 있기 때문이다.

실지로 현대인들은 진기 같은 것은 못 모아도 좋지만, 집중력을 높여서 자신의 능력을 극대화하는 것에는 관심을 둘 것이다. 그래야 잘 먹고 잘살 수 있으니까. 어느 시대에서나 마찬가지였겠지만 특히 21세기를 살아가는 사람들에게 가장 필요한 능력은 자신의 두뇌작용을 극대화하는 일일 것이다. 이러한 관점에서, 신의 역방향 진행을 위한 수련은 비록 완전한 성취를 이루지는 못하더라도 자신의 발전은 물론이고 국가와 인류 전체를 위해서도 이로운 일인 것이다.

결코 신비주의에 빠진 과대망상가가 되라는 말이 아니다. 사회의 한 구성원으로서 자신의 책임을 성실히 수행하는 보통의 생활인의 태도에서 벗어날 필요는 전혀 없다. 좀더 열심히 수련해 보겠다고 가정과 직업을 버리고 산 속으로 들어갈 필요까지는 없다는 것이다. 불제자들이 예불을 올리듯, 카톨릭 신자들이 미사의식에 참여하듯, 그렇게 자신만의 시간을 내어 조용히 앉아 자신의 숨소리에 귀기울여 보라는 것이다. 단지 이것뿐이다.

숨소리에 의식을 집중하는 중에 다른 잡념들이 떠오를 때는, 그 잡념을 없애려고 노력하지 말고 그것은 그대로 놓아두고 숨소리에 좀더 집중해야 한다. 태양이 내리쬐는 낮에 자신의 그림자(잡념)가 따라다니는 것은 당연하다. 그림자를 떼내려고 노력하지 마라. 오직 그늘(일념의 상태)을 향해 걸어가면 되는 것이다. 그늘 속에 들어가는 순간 자신을 그토록 집요하게 따라 다니던 그림자는 사라진다.

신의 역방향 진행의 시작은 2차 사고를 한 곳으로 모으는 자신의 숨소리를 듣겠다는 일념의 상태에서 출발하는 것이다. 이 호흡에 집중된 의식은 스스로 단전의 위치를 알게 해주고 진기의 실재함(흐름)을 느끼게 된다.

그러나 아직까지 마음이 흐트러진 상태는 아니다. 마음을 흐트리기란 잡념에서 벗어나는 것보다 훨씬 쉬워 보이지만 사실은 더 어려운 것이다. 지금 세상에서 기에 대한 작은 재주를 자랑하는 사람들은 이미 마음을 흐트리길 포기한 사람들이거나, 생존의지로 한 단계 더 나아가야 한다는 사실을 모르는 사람들이다.

마음이 과연 어떤 양상으로 신의 역방향 흐름에 저항하는지에 대해서는 더 이상의 논의를 진행할 수 없다. 추론의 단서를 아직 잡지 못했기 때문이다. 그러나 생각해 볼 수 있는 것은 2차 사고가 일념의 상태가 되면, 그 순간 마음 또한 0의 상태가 된다는 것이다. 일념무심의 상태는 실현 가능하다는 것이다.

이 책의 앞부분에서 마음의 생성원리를 설명할 때 못에 전류가 흐르면 코일 주변에 자기장이 형성된다는 비유를 하였다. 일념이 된다는 것은 못 주위에 코일 형태로 감겨있던 구리선을 일직선으로 쭉 풀어 편다는 것이다. 그러면 전류가 흘러도 자기장이 형성되지 않는다.

즉, 무심의 상태가 될 수 있다는 것이다. 그래서 스님들은 "사바와의 꼬여 있는 인연의 끈을 끊어라"고 말하는 것인지도 모른다. 무심으로 가기위해……

어쨌든 말로 설명할 수 없는 과정을 거쳐 감정(마음)을 깨뜨리고 드디어 생존의지를 인식하는 단계로 진행되는 순간이 바로 깨달음의 입구에 온 단계이다. 그리고 이러한 과정이 반복되면서 세포 속에는 점점 더 많은 진기가 축적되고, 궁극에는 진정한 자기를 발견하게 되는 것이다.

27 문명과 타생명체

현재 지구에 존재하는 모든 생물체들 가운데서, 인간이라는 생명체는 다른 생명체들의 운명을 좌지우지할 만큼 매우 지배적인 위치를 점하고 있다. 그러나 인간의 이러한 위치는 최근 몇 세기 동안에 획득한 것이다. 그 이전에는 인간이 다른 생명체들의 존재 자체를 좌지우지할 만한 힘은 보유하지 못했었다. 인간의 이러한 지위는 인간이 이룩한 우수한 과학기술 덕분에 획득한 것임은 두말할 나위도 없다.

여기서는 인간의 물질문명과, 지구에 존재하는 인간 외의 다른 생명체들 사이에 어떤 관계가 형성되어 왔는지를 알아보자.

알다시피 인간이 이룩한 문명은 그것이 무생물이든 생물이든 상관없이 모두 지구에 존재하는 자원을 그 재료(source)로 삼고 있다. 따라서 인간이 이룩한 문명의 수준이 올라갈수록 인간 이외의 타생명체들은 인간의 문명의 재료로 일방적으로 희생되어 왔다.

한 가지만 예를 들면, 인간은 자연이 선사한 동굴이나 돌과 흙으로 만든 집에만 머물지 않고, 자신의 안전을 위하여 집을 짓는 일에 수많은 나무들의 희생을 강요해 왔다. 자연에 존재하는 타생물체들 가운데서 다른 생명체를 죽여가면서까지 자신이 기거할 집을 만드는 생명체가 또 있는가?

그들이 다른 생명체를 죽이는 것은 오직 먹기 위해서 일 뿐이다.(여기에서는 인간문명의 재료로 사용되는, 지구에 존재하는 무생물과 생물 자원 가운데서 생물 자원만 고려하기로 한다).

인간보다 훨씬 이전부터 지구에서 나름대로의 삶을 영위해 오던 동식물들, 이제 그들의 운명은 인간의 결정 여하에 달려 있다. 그러나, 이러한 결론은 매우 근시안적 시각이며 피상적인 것이다. 조금만 더 깊숙이 들어가서 생각해 보자.

지구에 존재하는 모든 생명체(당연히 인간도 포함된다)는 생명체 균형식을 벗어날 수가 없다. 따라서 인간이 가진 힘만큼 인간 이외의 생명체들도 자신의 생존을 유지할 힘을 지니고 있다. 다른 생명체들의 운명의 결정권이 전적으로 인간에게만 주어진 것은 아니라는 것이다.

성경에, 하나님이 세상에 동식물을 만든 후 인간들로 하여금 이들을 지배하게 하셨다라고 씌어 있지만, 결코 그렇지 않다. 인간을 제외한 다른 생명체들도 엄연히 그들의 생존의지를 인간과 동일한 힘으로 표출하고 있다. 다만 인간은 그 힘을 능동적으로 표출하고 있는 반면에 다른 생명체들은 그 힘을 수동적 방법으로 나타내고 있을 뿐이다. 수동적 방법이란, 먼저 인간의 타생명체에 대한 행위가 있고 난 후, 그 반응의 형태로 나타낸다는 뜻이다.

어떻게 보면 지구라는 정해진 원형의 링 위에서 인간과 다른 생명체들 사이의 파워게임이 벌어지고 있다고 말할 수도 있다. 그런데 하느님이 정해준 게임의 규칙은 실로 오묘하다. 어느 한쪽의 일방적인 승리를 허락치 않고 있다. 비록 인간이 다른 생명체에 비해 상대적으로 강력한 힘을 가지고 있지만 생명체 균형식만은 벗어날 수 없도록 만들어놓았기 때문이다.

이제 본론으로 들어가 보자.

먼저 인간이 이룩한 물질문명의 수준과 타생명체들과의 관계를 표시하는 하나의 그림을 만들어보자.

세로의 Y축을 변수들은 연도별 전 세계 전력 생산량, 자동차 생산량, 인구수 등 물질문명의 증가를 반영하는 것들을 사용하면 될 것이다.

가로의 X축을 구성하는 변수들은 연도별 보고된 전 세계에 서식하는 각종 동식물의 종의 숫자, 또는 환경변화에 민감한 특정 동식물의 개체 수 또는 산림, 초지 등의 면적을 사용하면 될 것이다. 그러면 아래와 같은 형태의 반비례하는 그래프를 얻게 된다.

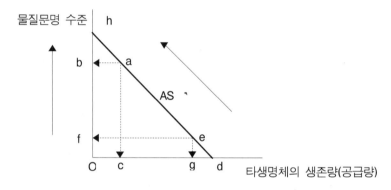

〔그림 27-1〕 물질문명 수준과 타생명체의 관계

위 그림에서 대각선을 AS선이라고 한다. 이 선은 인간의 물질문명에 타생명체들이 재료로 사용되는 양을 표시한다.

인간의 물질문명 수준이 0인 상태 다시 말해, 인간이 원시적인 생활을 영위하고 있을 때, 타생명체들은 d에 해당하는 양만큼 인간과 공존할 수 있다.

인간의 물질문명이 f수준으로 증가하면, 타생명체들은 g에 해당하는 양만큼이 인간의 물질문명과 공존한다. 즉 f수준의 물질문명 상태에서 타생명체들은 Og만큼 생존이 가능하다. 따라서 gd에 해당하는 양만큼의 타생명체들은 인간의 문명이 0에서 f수준으로 증가하는 과정에서 멸종 또는 감소의 운명을 맞이하게 된다.

인간의 물질문명 수준이 b수준으로 매우 발달하게 되면, 타생명체들은 c에 해당하는 양 만큼만 인간과 공존한다. 인간의 문명이 f에서 b수준으로 증가하는 대가로 gc에 해당하는 타생명체들이 사라진 것이다.

[그림 27-1]의 우하향하는 형태를 만드는 주체는 인간이 아니라 타생명체들 자신으로 본다. 여기에 인간의 의지는 개입되어 있지 않다. 오로지 타생명체들의 의지에 따라 위와 같은 형태를 취하게 된다. 물론 그들에게 인간의 의식과 같은 것이 있어서 스스로 생각한다는 것을 의미하진 않는다. 그러나 누차 밝혀왔듯이 인간 이외의 다른 생명체들도 스스로의 생존의지인 신을 가지고 있다. 위의 그림은 타생명체들이 가지고 있는 신의 작용에 의해서 만들어진 모양이다. 좀더 정확하게 말하면 인간의 물질문명 발달로, 단기간에 K값이 1을 초과하는 자극을 받은 결과 타생명체들이 지구에서 사라지게 된 것이다.

다시 말해 인간이 이룩하는 물질문명 수준에 따라 타생명체들이 가지는 그들 나름대로의 인간문명에 대한 대응의지(자신들의 죽음으로 인간의 K값을 증가시키려는 의도 즉, 생명체 균형식을 만족시키고자 하는 의도)를 위의 그림은 보여준다. 인간의 물질문명 발달에 따른 타생명체들의 감소가 어떻게 인간의 K값을 증가시키는지 간단한 예를 들어보겠다.

인간은 인간 이외의 다른 동식물을 원료로 한 물질대사 과정을 거쳐야 즉, 음식(타생명체)을 먹어야 살아갈 수 있다. 그런데 이들 동식물의 수가 감소함으로써 인간은 식량을 구하는 것이 어려워진다. 따라서 인간은 물질문명이 발달했음에도 식량을 구하는 데 많은 에너지(한계생존의지)를 소모해야 한다. 이는 인간의 K값의 분자값을 증가시키는 요인으로 작용하여 결국 K값을 증가시킨다.

한편으로는 식량의 수가 감소함으로써 충분한 음식을 먹지 못하게 되어, 물질대사를 물질대사 포화점까지 수행하지 못하게 된다. 이는 인간의 K값을 구성하는 분모값을 감소시키는 요인으로 작용한다. 따라서 인간의 K값은 증가하는 것이다.

즉, 인간이 타생명체들의 K값을 증가시킨 결과, 타생명체들도 인간의 K값을 증가시키려는 방향으로 행동하게 되어 결국 균형을 유지하게 된다는 말이다.

혹자는 인간문명의 발달로, 식량 생산량이 증가하기 때문에 이런 문제는 발생하지 않는다고 말할지도 모른다. 그러나 이것은 인간이 직접 재배하여 식량으로 이용하는 일부 생물체들에게 국한된 경우이다. 스스로 생존을 유지해야 하는 대부분의 다른 생명체들은 그 개체수가 감소하는 것이 확실하다. 적어도 지난 2세기 동안은 분명 그래 왔다. 여기서의 타생명체들이란 스스로 삶을 영위하는 생명체들을 의미한다.

엄밀히 말하면 인간이 사육하고 재배하는 가축과 농작물은 이미 고유한 생명체라고 볼 수 없다. 이들은 전적으로 그들의 생존을 인간에게 의지하고 있기 때문이다. 그럼에도 이들 재배 동식물들의 생존도 궁극적으로는 타생명체들 운명을 같이 하고 있다. 이들 또한 다른 생명체들로부터 제공되는 것을 그들의 물질대사의 원료로 사용하고 있기 때문이다. 이처럼 자연계에 존재하는 생물들 사이에 먹고 먹히는 관계가 존속하는 한 생명체 균형식은 성립하는 것이다.

이해를 돕기 위하여, 다른 생명체들이 마치 인간처럼 의식을 가지고 있다고 가정해 보자. 이렇게 타생명체들에게 독자적인 권리를 부여할 수 있는 것은 그들도 인간과 동등한 신을 가지고 있기 때문이다.

이제 다른 생명체들이 인간이 이룩하는 물질문명의 수준에 따라 어떻게 그들의 의지를 표출하는지 알아보자. 먼저 초창기 인간의 물질문명이 f수준 정도로 낮을 때, 타생명체들은 다음과 같이 생각한다.

"인간이 이룩한 이 정도의 물질문명은 우리들의 생존을 크게 위협할 만한 것이 못 된다. 따라서 우리들은 많은 양이 인간과 공존할 수 있다"

따라서 0에서 g까지라는 비교적 많은 양의 생명체들이 인간과 공존이 가능하다.

이제 인간의 물질문명이 b수준으로 높아진 때에는, 타생명체들은 다음과 같이 생각한다.

"이 정도의 물질문명은 우리들의 생존을 크게 위협한다. 따라서 우리들은 강력한 적응력을 가진 소수의 종들을 제외한 나머지 대다수는 인간과 공존할 수 없다. 우리들은 죽을 수밖에 없다. 우리들의 죽음이 인간에게 어떤 결과로 되돌아 가는지 똑똑히 보여주자."

이리하여 b수준의 문명상태에서는, 0에서 c까지 소수의 생명체들만이 인간과 공존하게 된다.

지난 2세기 이전에 인간의 물질문명 수준이 오늘에 비해 크게 낮은 상태였을 때는, 지금보다 훨씬 많은 동식물들이 번성하고 있었다. 그러나 지난 2세기 동안 인간의 문명이 비약적인 발전을 거듭함과 동시에 자연계에서는 수많은 생물들이 멸종했거나 그 개체수가 급격히 감소하였다.

[그림 27-1]의 그래프는 이러한 상황을 설명하기 위한 것이다. 인간의 물질문명이 발달하면 발달할수록, 그것은 인간 이외의 생명체들에겐 삶의 터전을 잃고 결국 죽어야만 하는 궁지의 상황으로 몰리는 결과를 초래한다. 즉, AS선 상에서 계속해서 좌상방으로 이동하게 된다. 이것은 인간문명이 이들을 그 재료로 하여 이룩되기 때문이다.

역으로 인간문명이 발달할수록 인간은 더 많은 타생명체들을 요구하게 된다. 이를 그림으로 나타내면 다음과 같다.

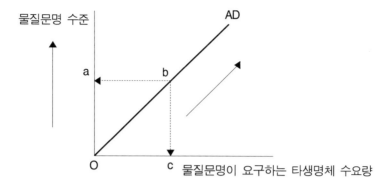

〔그림 27-2〕 물질문명 수준과 타생명체 수요량의 관계

위 그림의 대각선을 AD선이라고 한다. 이 AD선은 인간이 물질문명을 발달시키는 과정에서 필요로 하는 타생명체의 양을 의미한다. 인간의 물질문명 수준이 a이면 이때 타생명체 수요량은 c임을 보여준다.

여기에는 두 가지의 수요 패턴이 있다.

하나는, 인간이 의도한 타생명체의 수요이고 다른 하나는, 인간이 의도하지 않았지만 문명발달의 결과로 나타나는 부차적인 타생명체의 수요이다.

첫 번째는, 인간이 발달시킨 기술문명 그 자체가 직접적인 원인으로 작용하여 타생명체에 대한 수요가 증가된 경우로 종이, 어군탐지기, 총과 같은 문명의 발달로 나무, 물고기, 야생동물들이 더 많이 희생되는 것이 그 좋은 예다.(여기서는 농업기술의 발달에 따른 수요의 증가는 고려하지 않는다. 이는 인간이 만들어 수요하는 것이므로 자연에서 획득한 것으로 볼 수 없기 때문이다).

두 번째는, 환경오염 및 환경파괴로 비롯된 타생명체들에 대한 수요이다. 화학공업의 발달로 오염된 강물 때문에 물고기들이 죽어가고, 개발이라는 미명 아래 수많은 목재와 수풀이 훼손되고, 그 때문에 수많은 타생명체들이 삶의 보금자리를 잃고 죽어가고 있는 것이 그 좋은 예다.

[그림 27-2]가 시사하는 바는 지난 2세기 동안 인간이 추구해 온 방식으로 물질문명이 발달할수록, 인간은 더 많은 타생명체들을 수요하게 된다는 것이다. 즉, AD선 상에서 타생명체 수요량이 우상방으로 이동한다는 것을 의미한다. 이는 [그림 27-1]에서 보는 것처럼, 인간의 물질문명이 발달할수록 더 적은 공급을 유지하려는 타생명체들의 의지(자연의 의지)와는 정면으로 상반되는 것이다.

이 상반된 두 현상이 무엇을 의미하는지 이제부터 알아보자. 그러기 위해서는 물질문명에 대한 타생명체의 공급선 AS와, 인류의 타생명체 수요선 AD를 한 좌표평면 상에 두고 살펴보아야 한다.

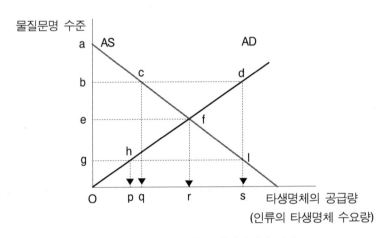

〔그림 27-3〕 물질문명과 타생명체의 관계

위 그래프에서 AS선은 움직이지 않고 고정되어 있는 것으로 본다. 지구의 자연환경은 이미 특정지워져 있는 것으로 보기 때문이다. 따라서 인간이 인위적으로 타생명체의 공급을 조종할 수 없다는 것이다. 인류는 길가에 피어 있는 하잘것없는 들풀조차 아직 만들어내지못하고 있기 때문에 AS선은 손댈 수 없는 주어진 조건으로 받아들여야 한다.

비록 현대에 유전공학과 같은 기술의 발달로 인간의 의지대로 다른 생명체를 만들어낼 수 있다 하더라도, 그것은 인간이 만들어낸 생명체이기 때문에 자연적인 것은 아니다. 따라서 이러한 생명체는 AS선을 구성하지 못하는 생명체이다. 여기서 말하는 AS선을 구성하는 생명체는 인간의 의지와는 상관없이 스스로의 의지로 태어나서 생존해 나가는 야생의 모든 생명체를 의미한다. 인간이 기르는 모든 가축 및 어류와, 인간이 재배하는 각종 식물들은 여기서 말하는 AS선을 구성하지 못한다. 이들은 따로 분석할 것이다.

마찬가지로 물질문명을 이룩하는 패턴이 자연을 그 재료로 하는 한, AD선도 움직일 수 없는 것으로 본다. 따라서 인간의 물질문명이 발달하면 일정한 AD선 상을 따라서 우상방향으로 타생명체 수요량을 증가시키게 된다.

한편으로 물질문명의 발달에 따라 타생명체들은 AS선 상을 따라 좌상방향으로 공급량을 줄여나가게 된다. 인간의 과학기술이 발달함에 따라 타생명체들의 공급량이 AS선 상을 따라 좌상방향으로 이동한다는 것은, 그만큼 타생명체들이 인간과 더불어 공존하지 못한다는 것을 의미한다.

인류가 출현한 이후 지금까지 문명을 발달시키는 과정에서 위와 같은 진행이 계속되고 있다. 특히 지난 2세기 동안에는, 이러한 진행의 속도가 그 이전의 역사에 비해 엄청나게 빨랐다.

이제 [그림 27-3]을 좀더 세부적으로 분석해 보자. 그러면, 그나마 다소 희망적인 결론에 도달하게 될 것이다.

먼저 물질문명 수준이 g점에 도달하였다면, 이러한 수준의 문명을 이룩하기 위해 인간은 gh 즉, Op에 해당하는 양의 타생명체를 필요로 한다. 그리고 이때 타생명체들은 gl점 즉, Os만큼 인간과 공존한다. 따라서 물질문명 수준이 g점인 상태에서는, 타생명체들의 공급이 인간의 타생명체 수요량을 초과하고 있다. 이 공급초과량은 hl＝ps에 해당한다. 이러한 상태에서는 인간은 계속해서 타생명체를 재료로 한 물질문명을 발달시킬 수 있다. 그리고 이러한 발달은 인간의 물질문명 수준이 e점에 도달할 때까지 계속된다.

문명의 수준이 e점에 도달하면, 인간의 타생명체에 수요량과 타생명체들의 공급량이 ef＝Or로써 동일한 값을 가지게 된다. 이 점이 의미하는 바는 다음과 같다.

물질문명이 e점에 있게 되면, 인간이 야생의 상태로 존재하는 모든 생명체들을 그 문명의 유지를 위한 재료로 사용하고 있는 상태이다. 자연에는 조금의 여유도 없다.

예를 들어, 물질문명 e수준에서 만들 수 있는 최고 수준의 장비를 갖춘 어선으로 동해에 나가 고기를 잡는다고 하자. 1년을 기준으로 했을 때 동해에서 잡아올리는 어획량은 항상 같을 것이다. 왜냐하면 동해에 있는 물고기들은 더 이상 증가하지도, 감소하지도 않고 똑같은 어획량만큼만 생존을 유지하기 때문이다.

이제 물질문명 수준이 b점에 도달할 때의 상태를 생각해 보면, 이 점에서는 인간은 b수준의 문명을 이룩하기 위해 bd＝Os에 해당하는 타생명체를 필요로 하게 된다. 그런데 타생명체들은 bc＝Oq만큼만 공급되고 있다. 따라서 cd＝qs에 해당하는 양만큼 타생명체에 대한 초과수요가 발생한다.

그림에서는 인간이 b수준의 물질문명을 이룰 수 있는 것으로 가정했으나, 현실적으로 b수준의 문명을 이룰 수는 없다. 왜냐하면, 인간이 b수준의 물질문명을 이룩하기 위해서는 bd＝Os에 해당하는 타생명체를 필요로 하는데, 이 b점에서는 bc에 해당하는 양만큼만 타생명체를 이용할 수 있을 뿐이다. cd만큼의 양이 부족하다. 따라서 AD, AS선 자체가 어떤 형태로든 변하지 않는 한, 인간은 b수준의 문명에는 도달할 수 없다.

지금까지 인류는 계속해서 문명을 발달시켜 오고 있다. 이는 아직 인류의 문명 수준이 e점에 도달하지 않았다는 것을 의미한다. 이것은 또한 아직 타생명체들의 공급량이 인류의 타생명체 수요량을 초과하고 있다는 것을 의미한다.

그러나 지금과 같은 방식의 타생명체 수요 패턴([그림 27-3]과 같은 기울기의 AD선)을 계속 유지한다면 조만간에 인류는 e점에 도달하게 되고 그 수준에서 정체하게 될 것이다. 이러한 상황에 마주치게 되는 근본원인은 인류의 과학기술문명이 전적으로 지구에 존재하는 무생물체와 야생의 타생명체들을 그 재료로 삼고 있기 때문이다.

무생물체들과 타생명체들이 인류의 독주를 가로막으려는 마지노선이 바로 f점인 것이다.

자연주의자들은 이러한 상황을 그나마 다행으로 여길지도 모른다. 그러나 인류의 맹렬한 두뇌는 자신의 정체를 인정하지 않을 것이다. 그리고, 타생명체들의 생존을 위해서 인류 스스로 과학기술문명의 발달을 정지시킬 만큼 선량하지도 않다. 인류는 지적호기심과 탐욕으로 가득차 있으면서도, 한편으론 매우 이성적인 종족이다.

그러므로, 과학자들은 이러한 정체를 깨뜨릴 수 있는 기술을 발견하고야 말 것이다. 그리고 실지로 20세기 후반부터 이러한 노력들이 도처에서 나타나고 있다.

자동차 회사는 대기오염을 일으키는 주범인 화석연료를 대체할 새로운 연료로 주행할 수 있는 자동차를 만들기 위해 연구하고 있다. 각국 정부는 환경을 극도로 오염시키는 기술은 더 이상 그 기술적 가치를 인정해 주지 않고 있다.

이것이 의미하는 바는, 산업혁명 이후 지금까지의 패턴과는 다른 형태의 AD선을 요구하게 되었다는 것이다. 그러면 20세기 후반부터 인류가 새롭게 추구하는 AD선의 형태는 어떤 것인지 알아보도록 하자. 이를 위해서는 먼저 한 가지 용어를 정의해야 한다.

기술의 환경친화도(E) : 인간의 물질문명 한 단위를 증가시키는 데
소요되는 타생명체의 수량

E = 타생명체 수요량 / 기술수준

산업혁명 이후 지금까지, 인류는 여러 분야에서 물질문명에 기여하는 과학기술을 발달시켜 왔다. 그러나 기술을 발달시킬 때, 이러한 기술의 발달이 얼마나 많은 양의 타생명체를 희생시킬지는 심각히 고려하지 않았던 것이 사실이다.

인류가 어떤 분야에서 한 단위의 기술적 진보를 이루는 과정에서 또는 이루어진 후, 그 결과로써 부정적 영향을 받은 타생명체들의 수가 많았다는 말이다. 즉, 기술의 환경친화도 값이 매우 높은 수준에 있었다는 것이다. 이러한 관계를 그림으로 나타내면 다음과 같다.

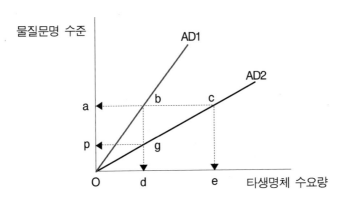

〔그림 27-4〕 기술환경친화도

물질문명 a수준에서,

AD1의 기술환경친화도(E) = Oe/ce = Oe/Oa

AD2의 기술환경친화도(E) = Od/bd = Od/Oa

Oe/Oa > Od/Oa, 그러므로 AD1의 기술환경친화도 > AD2의 기술환경친화도의 관계가 성립한다. 즉 AD선의 기울기가 클수록 기술환경친화도는 낮다.

기술환경친화도가 낮다는 것은 물질문명을 발달시키는 데 타생명체들을 상대적으로 적게 요구한다는 것이다. 이것은 더 환경친화적인 기술임을 의미한다. 따라서 위의 그림에서 바람직한 인간의 타생명체 수요선은 AD1이 아니라 AD2이다.

산업혁명 이후 20세기 중반까지, AD선의 패턴이 위의 그림에서 AD1에 해당했다면 20세기 후반부터는 점차 AD2와 같이 기술환경친화도가 낮은 패턴으로 옮겨지고 있는 추세이다.

[그림 27-4]에서 동일한 타생명체 수요량의 관점에서 분석해 보아도 위와 같은 결론에 도달한다. 즉 인간이 물질문명을 발달시키기 위해 Od에 해당하는 타생명체를 필요로 할 때, 인간이 만약 AD1의 수요 패턴을 가지고 있다면 문명을 p수준까지만 발달시킬 수 있을 뿐이다. 그런데 수요 패턴이 AD2라면 동일한 양의 타생명체를 수요하면서도 a수준까지 문명을 발달시킬 수 있다.

이제 사람들은 AD선의 기울기를 크게 하기 위해 노력하고 있다. 즉, 기술환경친화도가 더 낮은 기술을 개발하려 한다는 말이다. 이러한 노력이 앞으로도 지속된다면 장기의 AD곡선의 모양을 추론해 볼 수 있다. 즉, 어떤 일정 시점의 AD선이 다음 그림과 같이 변해간다면, 이러한 변화를 일으키는 곡선을 유추할 수 있다는 것이다.

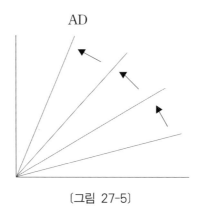

〔그림 27-5〕

각각의 한 시점에서 원점에서의 기울기가 점점 커지는 것은, 곡선의 한 점에서의 기울기가 체증하는 것을 의미한다.

따라서 장기의 AD곡선은 다음 그림과 같이 된다.

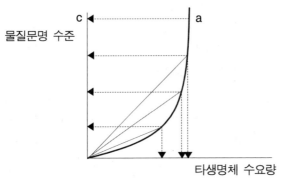

〔그림 27-6〕 장기 AD곡선

위 그림 장기 AD곡선(LAD) 상의 각 점에서 원점에 직선을 그어보면 [그림 27-5]의 모양이 나온다. 이는 인간이 앞으로 문명을 발달시키는 과학기술을 개발할 때, 환경을 최대한 고려한다(기술환경친화도를 낮게 한다)는 가정 아래 그릴 수 있는 AD곡선이다.

[그림 27-6]에서 보면 세로축의 물질문명 수준의 발달 정도는 같은 간격임에도, 가로축의 타생명체 수요량은 물질문명 수준이 증가할수록 점점 더 적은 양을 요구하고 있다. 인간의 물질문명을 발달시키는 데 희생되는 타생명체들의 숫자가 줄어든다는 것을 의미하는 것이다.

그러나 이 경우에도 타생명체들을 수요하고 있다는 사실에는 변함이 없다. 즉, 인간이 물질문명을 발달시키는 한, 타생명체는 희생될 수밖에 없다는 것이다. 다만 그 희생의 정도를 최소화해 보려는 노력을 반영하는 것이 위와 같은 모양의 장기 AD곡선이다.

이러한 장기 AD곡선에는 정의해야 할 점이 하나 있다. 이 점은 위 그림에서 a점으로 표시되어 있다. 이 점 a에서는 기술환경친화도의 값이 0이 된다. 다시 말해 이 점부터는 인간이 물질문명을 발달시키는 데 더 이상 타생명체를 필요로 하지 않는다는 뜻이다.

그러나 물질문명의 발달은 타생명체(지구의 자연자원을 대표하는 의미)를 필요로 하는 것이기 때문에, 이 말은 결국 c점 이상으로는 물질문명을 진보시킬 수 없다는 것을 의미한다. 따라서 c점이 지구의 자원을 이용해 발달시킬 수 있는 최대 수준의 물질문명이 되는 것이다. 그 이후의 인간의 지적 활동은 새로운 제3의 문명을 향해 나아가게 될 것이다. 그것이 어떤 종류의 문명인지는 지금 상황에서는 말할 수 없지만, 분명한 것은 더 이상 지구의 자원은 사용하지 않는다는 것이다.

타생명체들, 인간, 물질문명의 관계를 이야기하고 있는 지금의 논의에서 벗어나는 상태로 접어드는 점이 바로 a점, 즉 인류의 물질문명이 c점에 도달하는 점이다.

이제 다시 [그림 27-3]으로 돌아가서 논의를 계속하자.

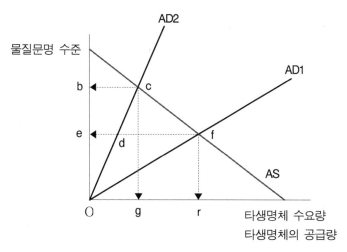

〔그림 27-7〕 AD선의 변화와 물질문명 수준의 관계

위 그림은, [그림 27-3]에서 물질문명 수준에 따른 인간의 타생명체의 수요 패턴이 AD1에서 AD2로 변화되었을 때의 상황을 보여준다.

AD1의 수요 패턴을 유지하면 인간의 물질문명은 e수준에 도달하게 되고, 여기서 더 이상 발달하지 못하는 정체상태에 빠지게 된다고 앞에서 설명하였다. 그래서 인간들은 이러한 상황을 극복하기 위해 [그림 27-6]과 같은 장기 AD곡선으로 수요 패턴을 전환하게 된다. 이것을 물질문명 수준이 b인 특정한 한 시점에서의 AD선으로 나타내면, [그림 27-7]의 AD2선으로 나타낼 수 있다. 따라서 균형점은 f에서 c점으로 이동한다.

어떤 과정을 거쳐 이런 결과가 되는지 살펴보도록 하자. 인간의 수요 패턴이 AD1인 경우에는 문명수준이 e가 되면 즉, f점에서는 타생명체들의 공급량이 초과상태를 유지하지 못하게 된다.

즉, **타생명체의 공급량 = 타생명체에 대한 수요량 = Or**인 상태에 있다는 말이다.

그러나 인간의 타생명체의 수요 패턴이 AD2인 경우에는, 문명수준 e에서 타생명체의 공급이 df만큼 초과상태가 된다.

즉, **타생명체 공급량 ef − 인간의 수요량 ed = 초과공급량 df**의 관계가 성립하게 된다는 말이다. 이러한 타생명체의 초과공급이 존재하면, 인간은 물질문명을 진보시킬 수 있는 재료를 확보하게 되기 때문에 물질문명을 b수준까지 발달시킬 수 있는 것이다. 그래서 새로운 균형점 c에 도달하는 것이다.

우리는 여기서 c점이 f점보다 절대적으로 우월한 상태에 있다고 말할 수는 없다. 인간의 물질문명 수준을 e에서 b수준으로 진보시킨 점은 긍정적이지만, 인간과 공존할 수 있는 타생명체들의 양은 r에서 g로 감소했기 때문이다. 정확히 말하면, 지구의 생물계가 더욱더 인간 중심적으로 바뀌었다는 것밖에 달라진 것은 없다. 어쨌든 인간의 타생물체 수요 패턴을 바꿈으로 해서 더욱더 높은 수준의 물질문명을 이룩할 수는 있다.

지금까지 설명한 내용들을 간략히 정리해 보면 다음과 같다.

인간은 그 속성상 물질문명을 계속해서 발달시키려 한다. 그러나 인간의 물질문명은 타생명체들을 재료로 하고 있기 때문에, 이들의 공급을 확보하기 위해 과학기술을 더욱 환경친화적인 것으로 전환해야만 하는 상황에 마주치게 되었고, 이제 그러한 노력을 시작하는 단계에 접어들고 있다.

이제까지는 인간의 물질문명 수준과 야생의 타생명체와의 관계를 논의하였다. 그러나 우리가 살고 있는 이 지구에는 전적으로 인간의 의지에 따라 태어나고 죽는 수많은 생명체들이 존재하며, 실질적으로 이들이 인간의 생존을 유지시켜 주는 식량으로 사용되고 있다.

이들은 분명 생명체임에도 공장에서 생산되는 공산품과 같이 그 생산량을 조절하는 것이 가능하다. 이들은 인간의 의지에 따라 공급량이 결정된다. 인간의 과학기술이 발달함에 따라 농업, 어업, 목축업 등의 생산성이 증가하여, 이들 식용 생명체들의 공급량도 지속적으로 증가해 왔다. 이러한 관계를 그림으로 나타내면 다음과 같다.

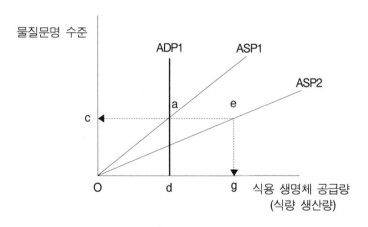

〔그림 27-8〕 물질문명과 식용 생명체 공급량의 관계

[그림 27-8]의 비례관계를 나타내는 선을 식용 생명체 공급선이라 하고 기호를 ASP라고 쓴다.

인간의 물질문명이 발달하면서 전 세계의 인구 또한 증가 추세를 보이고 있다. 이는 물질문명의 발달에 따라 식량 생산량이 증가하여, 이를 소비하는 인구 또한 자연스럽게 증가하였다고 볼 수 있다. 만약 전 세계의 식량 생산량이 감소한다면, 그에 따라 인구 또한 감소할 수밖에 없을 것이다. 결국 인구수는 인간의 물질문명 수준이 결정하고 있다고 볼 수 있다. 그 메커니즘은 다음과 같다.

물질문명 수준 ⟶ 식용생명체 공급량 결정 ⟶ 인구수 결정

즉, [그림 27-8]을 예로 들면 먼저 c가 결정되고, 그에 따라 a 또는 e가 결정되고, 그 결과 d가 결정된다는 원리이다. 물질문명이 발달하면 ADP선(인구선)은 오른쪽으로 이동하고 물질문명이 쇠퇴하면 ADP선은 왼쪽으로 이동한다. ASP선의 기울기는 물질문명 수준에 따른 식량 생산량의 증가가 어느 정도인가에 따라 결정된다.

[그림 27-8]에서 보면 ASP1보다 ASP2가 식량 생산량이 더 크다. 같은 물질문명 수준 c에서 ASP1인 경우에는 생산량이 ca=Od인 데 비해, ASP2인 경우에는 생산량이 ce=Og로서 더 크다. 결론적으로 이 ASP선은 기본적으로 물질문명의 발달과 비례하는 모양을 취하지만, 얼마간은 인간이 인위적으로 그 기울기를 조절할 수 있다.

그리고 이렇게 결정된 인구는 식용 생명체 공급량 전부를 먹어치우는 것으로 가정한다. 따라서 [그림 27-8]의 물질문명 c수준에서 인간의 식용 생명체에 대한 수요 선 ADP1을 나타낼 수 있다. 그리고 식용 생명체 공급선 ASP를 고려하지 않고 인간의 물질문명 수준과 ADP선만을 보면 수직선으로 그려지는데, 그 이유는 인간이 아무리 물질문명을 발달시킨다 하더라도 인간이 하루 동안 섭취해야 하는 칼로리는 일정하기 때문이다. 문명생활을 한다고 더 먹고, 문명생활을 못한다고 해서 덜 먹어야 하는 것은 아니다. 인간은 누구나 일정한 물질대사 포화점을 가지고 있기 때문이다.

지금까지의 모든 논의를 종합해 보자. 그러기 위해서는 자연, 인

간, 물질문명의 상호관계를 한눈에 보여주는 그림을 그려보아야
한다. 이는 지금까지 보았던 그림들을 하나의 좌표평면 위에 동시
에 나타내봄으로써 가능할 것이다.

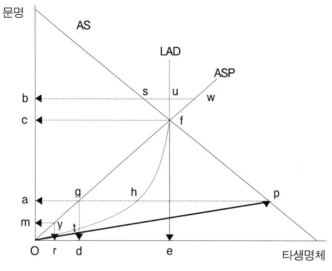

〔그림 27-9〕 자연, 인간, 물질문명의 상관관계

[그림 27-9]는, 현재 자연의 온갖 생명체들과 더불어 물질문명
의 혜택 속에서 살아가고 있는 우리들 인간의 현주소와, 앞으로
우리의 후손들이 맞이하게 될 운명을 추측케 해주는 그림이다.

우리가 살고 있는 현재는, 인류의 역사와 미래에서 어느 지점에
위치하고 있는 것일까? 또 인류의 미래는 어떤 식으로 전개될 것
인가? 우리와 함께 살고 있는 수많은 다른 생명체들의 미래는 어
떤 식으로 전개될 것인가?

이제 위 그림을 보면서 생각해 보기로 하자.

[그림 27-9]에서 20세기 중반의 인류의 물질문명 수준은 m점에
해당한다. 그리고 세계의 인구는 r에 해당하고, 식량 생산량은 y에
해당한다(y=r, 식량 소비량만큼 인구수 결정). 만약 인류가 굵은
화살표 선처럼 환경을 고려하지 않는 기술 패턴을 그대로 유지한

다면, 인간이 도달할 수 있는 문명의 최고 수준은 a점에서 그칠 것이다.

그러나 인간은 탐욕스럽기도 하지만 한편으론 매우 이성적이고 지혜롭기 때문에, 20세기 중반 이후부터는 자원의 유한성과, 생물이 인간의 생존과 기술 문명에 기여하는 중요성을 인식하게 되어, 과학기술의 진보에 이들 요소들을 고려하기 시작했다. 그 결과 기술환경친화도가 낮은, 수요 패턴 LAD선을 따르기 시작하였다.

21세기에 막 접어든 현재 인류의 위치는 t점을 막 벗어나서, LAD선을 따라 f점을 향해 이동하기 시작하고 있다. 과학기술은 계속 진보할 것이고 그 결과 인류는 더욱 풍요로운 물질문명의 혜택을 누리게 되고, ASP선을 따라 충분한 식량과 지금보다 더 많은 인구를 유지할 수 있을 것이다. 한편 자연자원은 최대한의 보존 노력에도 불구하고 계속 감소한다. 운명의 시간은, 느리지만 조금씩 조금씩 다가오고 있는 것은 분명하다.

미래의 어느 시점에 물질문명 수준이 a점에 도달할 때의 상황은 다음과 같다. 이 때 사람들은 ASP선을 따라 g만큼의 식량을 생산하며, 인구는 d수준을 유지하게 된다(g=d). 물론 현재보다 물질문명 수준은 m에서 a로, 식량 생산량은 y에서 g로, 인구는 r에서 d로 모두 증가한 상태이다. 이는 현재와 비교할 수 없을 정도로 진보한 과학기술의 덕택이다. 그러나 이러한 긍정적인 측면과 아울러 부정적인 측면도 나타난다. 그것은 현재보다 현저히 감소한 지구 자연자원으로, 여유분은 이제 hp밖에 남아 있지 않다.

이 때쯤이면 우리가 현재 볼 수 있는 동물들 가운데 상당수는 이미 멸종되고 없는 상태가 된다. 밀림의 나무들은 인간이 식량으로 삼을 수 있는 유실수들로 대체되어 있을 것이다. 아프리카의 초원에는 얼룩말은 사라지고 무언가 사람이 먹을 수 있는 곡식이 자라고 있을 것이다. 유전공학의 진보로 지금의 감자보다 훨씬 큰 감자들이 생산될 것이다. 의학의 발달로 사람들의 수명도 지금보다 늘어나 있을 것이다.

사람들은 그들 나름대로 가치관을 가지고 인생을 즐기고 있을 것이다. 이 때에 무엇이 유행할지, 그런 것은 알 수 없지만 분명한 것은 현재를 살고 있는 우리들이 그들의 삶에 영향을 미칠 새로운 가치관의 씨앗을 뿌려야 한다는 것이다.

마침내 기술의 환경수요 탄력도가 0인 c점에 도달하게 되면, 인류는 더 이상 지구의 자연자원을 이용한 물질문명의 발달을 할 수 없는 상태인 f점에 도달하게 된다. 이 f점에서는 모든 것이 균형을 이루게 되고 정체상태에 빠지게 된다. 따라서 f점 위에 그려져 있는 AS, LAD, ASP선들은 의미가 없게 된다.

이때 주의해야 할 것은 f점을 결정하는 것은 AS선과 LAD선이라는 것이다. ASP선은 f점을 결정하는 데 아무런 영향력을 미치지 않는다. [그림 27-9]에서처럼 ASP선이 AS와 LAD선을 지나게 그려진 것은 순전히 우연의 일치이다. 따라서 물질문명 c수준에서 ASP선은 f점을 기준으로 왼쪽으로 그려질 수도, 오른쪽으로 그려질 수도 있다는 것이다. 그리고 이에 따라 c수준에서의 식량 생산량과 인구수는 달라질 수 있다.

[그림 27-9]에서와 같이 ASP선이 f점을 통과하는 경우에 혹은 통과하지 않아도 상관 없지만, 물질문명 c수준에서는 지구에서 산출되는 식량 생산량도 더 이상 증가하지 않고(인간의 기술수준이 더 이상 발달하지 못하므로), 그에 따라 인구도 더 이상 늘어나지 않는다. AS선 위쪽에 있는 ASP선은 현실적으로 존재할 수 없기 때문이다. 인간과 함께 생존하는 타생명체들의 양도 e수준에서 더 이상 감소하지 않는다. 모든 요소들이 f상태에서 벗어날 유인을 가지지 못하게 된다.

과연 인류가 이러한 최종 균형상태까지 존속할 것인가는 아무도 알 수 없다. 그러나 지구에 천재지변이나 전면적인 핵전쟁, 세균전 등과 같은 그 시대의 기술로도 막지 못하는 파국적인 상황이 일어나지 않는 한, 평화적 상태로 물질문명의 진보가 계속된다면 최종 균형점 f에 도달할 수 있을 것이다.

그러나, 인류가 아무리 이러한 상태에 도달한다 하더라도 인류의 본성은 변하지 않을 것이므로, 사람들은 그들의 지적 능력을 사용할 새로운 분야를 찾아낼 것이다. 그것이 정확히 어떤 종류의 것인지는 알 수 없지만, 분명한 것은 지구 자연자원(타생명체)을 재료로 사용하지 않는 새로운 문명일 것이라는 점이다.

여기에는 세 가지 가능성이 있다.

첫째로, 이 상태가 되면 인류는 지구를 벗어나서 그 존재를 증명하는 생명체가 될지도 모른다. 인류가 본격적으로 우주시대를 맞이한다는 것이다. 실험단계가 아닌, 삶 그 자체의 무대가 우주공간 또는 다른 행성이 된다는 것을 의미한다. 이러한 문명 수준에서는 [그림 27-9]는 더 이상 적용되지 않는다.

다음으로 생각할 수 있는 가능성은, 첫 번째와는 정반대의 가치를 추구할지도 모른다는 것이다. 밤하늘에 보이는 별에로의 여행이 아니라 자기 자신 내부로 여행을 떠나게 된다는 말이다. 이는 인간들이 본격적으로 기를 수련하게 된다는 것을 의미한다.

이 때쯤이면 아마 자유에너지 밀도체의 존재를 과학적으로 증명하게 될 것이다. 사람들은 자기 몸 안에서 일어나는 이 자유에너지 밀도체를 느끼고, 그로부터 발생하는 무한한 행복감에 젖어들고 싶다는 욕망을 추구하기 위하여 실질적인 노력에 온 정열을 쏟아부을 것이다. 그 결과 [그림 27-9]의 ASP선은 물질문명 c수준에서 f점의 왼쪽으로 이동하기 시작한다.

마지막으로, 최종 균형점에 도달한 인류의 가능한 태도는 그냥 그 상태를 그대로 유지하는 것이다. 정체된 상태 그대로 세대를 이어갈지도 모른다. 이는 자녀가, 부모가 했던 내용과 똑같은 공부를, 조금의 지식도 더 추가되지 않은 채 그대로 학습하는 것과 같다.

현대에 존재하는 생명체들 가운데에는 이미 그 진화를 수십만 년 전에 끝내고, 그 상태 그대로 자손을 이어오는 종들도 있다. 최종 균형점에 도달한 인류도 이처럼 되지 말라는 법은 없다.

어느 것이든 다 가능성은 있다. 그리고 지금의 우리 세대와 비교해 볼 때, 우리보다 더 나은 삶을 산다고도, 더 나쁜 삶을 산다고도 말할 수 없다. 지금 시점에서 의미를 부여할 수 있는 결론은, 우리 자신이 생명체인 이상, 우리의 보라빛 미래는 다른 생명체와의 공존 속에서만 가능하다는 것이다.

즉, 당신 주위에 있는 사람들, 당신 주위에 모든 하찮아 보이는 생명체들에 대한 사랑만이 우리의 미래를 보장해 줄 수 있다.

이 글을 읽는 모든 이들에게 평화가 깃들기를……

도영진 합장